"十三五"国家重点出版物出
卓越工程能力培养与工程教   教材
(电气工程及其自动化、自动化专业)

电机制造工艺学

第 2 版

主　编　胡志强
副主编　徐永明　陶大军
参　编　姜庆昌

机 械 工 业 出 版 社

本书论述了电机制造工艺的特点、电机制造工艺的制订原则、工艺方案的分析方法、中小型通用电机主要零部件的加工和装配，同时兼顾了大型电机的工艺特点及直流电机换向器制造、绕组制造、定转子铁心制造等工艺，较全面地阐明了电机的制造工艺，同时适当地介绍了电机结构和常用的电工材料。

本书可作为高等工科院校电机及其控制专业方向的教材，也可作为高职高专院校电机专业的教材或参考书，并可供有关工程技术人员参考。

图书在版编目（CIP）数据

电机制造工艺学/胡志强主编. —2 版. —北京：机械工业出版社，
2019.9（2024.6 重印）

"十三五"国家重点出版物出版规划项目 卓越工程能力培养与工程教育专业认证系列规划教材. 电气工程及其自动化、自动化专业

ISBN 978-7-111-63208-5

Ⅰ.①电… Ⅱ.①胡… Ⅲ.①电机-生产工艺-高等学校-教材
Ⅳ.①TM305

中国版本图书馆 CIP 数据核字（2019）第 143006 号

机械工业出版社（北京市百万庄大街 22 号 邮政编码 100037）
策划编辑：王雅新 责任编辑：王雅新 张珂玲
责任校对：陈 越 封面设计：鞠 杨
责任印制：郜 敏
北京富资园科技发展有限公司印刷
2024 年 6 月第 2 版第 4 次印刷
184mm×260mm·16.75 印张·410 千字
标准书号：ISBN 978-7-111-63208-5
定价：42.00 元

电话服务 网络服务
客服电话：010-88361066 机 工 官 网：www.cmpbook.com
　　　　　010-88379833 机 工 官 博：weibo.com/cmp1952
　　　　　010-68326294 金 书 网：www.golden-book.com
封底无防伪标均为盗版 机工教育服务网：www.cmpedu.com

序

工程教育在我国高等教育中占有重要地位，高素质工程科技人才是支撑产业转型升级、实施国家重大发展战略的重要保障。当前，世界范围内新一轮科技革命和产业变革加速进行，以新技术、新业态、新产业、新模式为特点的新经济蓬勃发展，迫切需要培养、造就一大批多样化、创新型卓越工程科技人才。目前，我国高等工程教育规模世界第一。我国工科本科在校生约占我国本科在校生总数的1/3，近年来我国每年工科本科毕业生约占世界总数的1/3以上。如何保证和提高高等工程教育质量，如何适应国家战略需求和企业需要，一直受到教育界、工程界和社会各方面的关注。多年以来，我国一直致力于提高高等教育的质量，组织并实施了多项重大工程，包括卓越工程师教育培养计划（以下简称卓越计划）、工程教育专业认证和新工科建设等。

卓越计划的主要任务是探索建立高校与行业企业联合培养人才的新机制，创新工程教育人才培养模式，建设高水平工程教育教师队伍，扩大工程教育的对外开放。计划实施以来，各相关部门建立了协同育人机制。卓越计划要求试点专业要大力改革课程体系和教学形式，依据卓越计划培养标准，遵循工程的集成与创新特征，以强化工程实践能力、工程设计能力与工程创新能力为核心，重构课程体系和教学内容；加强跨专业、跨学科的复合型人才培养；着力推动基于问题的学习、基于项目的学习、基于案例的学习等多种研究性学习方法，加强学生创新能力训练，"真刀真枪"做毕业设计。卓越计划实施以来，培养了一批获得行业认可、具备很好的国际视野和创新能力、适应经济社会发展需要的各类型高质量人才，教育培养模式改革创新取得突破，教师队伍建设初见成效，为卓越计划的后续实施和最终目标的达成奠定了坚实基础。各高校以卓越计划为突破口，逐渐形成各具特色的人才培养模式。

2016年6月2日，我国正式成为工程教育"华盛顿协议"第18个成员，标志着我国工程教育真正融入世界工程教育，人才培养质量开始与其他成员达到了实质等效，同时，也为以后我国参加国际工程师认证奠定了基础，为我国工程师走向世界创造了条件。专业认证把以学生为中心、以产出为导向和持续改进作为三大基本理念，与传统的内容驱动、重视投入的教育形成了鲜明对比，是一种教育范式的革新。通过专业认证，把先进的教育理念引入了我国工程教育，有力地推动了我国工程教育专业教学改革，逐步引导我国高等工程教育实现从课程导向向产出导向转变、从以教师为中心向以学生为中心转变、从质量监控向持续改进转变。

在实施卓越计划和开展工程教育专业认证的过程中，许多高校的电气工程及其自动化、自动化专业结合自身的办学特色，引入先进的教育理念，在专业建设、人才培养模式、教学内容、教学方法、课程建设等方面积极开展教学改革，取得了较好的效果，建设了一大批优质课程。为了将这些优秀的教学改革经验和教学内容推广给广大高校，中国工程教育专业认证协会电子信息与电气工程类专业认证分委员会、教育部高等学校电气类专业教学指导委员会、教育部高等学校自动化类专业教学指导委员会、中国机械工业教育协会自动化学科教学委员会、中国机械工业教育协会电气工程及其自动化学科教学委员会联合组织规划了"卓越工程能力培养与工程教育专业认证系列规划教材（电气工程及其自动化、自动化专业）"。本套教材通过国家新闻出版广电总局的评审，入选了"十三五"国家重点图书。本套教材密切联系行业和市场需求，以学生工程能力培养为主线，以教育培养优秀工程师为目标，突出学生工程理念、工程思维和工程能力的培养。本套教材在广泛吸纳相关学校在"卓越工程师教育培养计划"实施和工程教育专业认证过程中的经验和成果的基础上，针对目前同类教材存在的内容滞后、与工程脱节等问题，紧密结合工程应用和行业企业需求，突出实际工程案例，强化学生工程能力的教育培养，积极进行教材内容、结构、体系和展现形式的改革。

经过全体教材编审委员会委员和编者的努力，本套教材陆续跟读者见面了。由于时间紧迫，各校相关专业教学改革推进的程度不同，本套教材还存在许多问题。希望各位老师对本套教材多提宝贵意见，以使教材内容不断完善提高。也希望通过本套教材在高校的推广使用，促进我国高等工程教育教学质量的提高，为实现高等教育的内涵式发展贡献一份力量。

卓越工程能力培养与工程教育专业认证系列规划教材
（电气工程及其自动化、自动化专业）
编审委员会

前　言

"电机制造工艺学"是电机及其控制专业方向的必修课。本书以介绍中小型电机的制造工艺为主，着重介绍电机制造工艺的特点、工艺方案的分析方法、常用工艺装备的结构和设计方法。产品检查试验以及加工质量对产品性能的影响。较详细地介绍了直流电机换向器制造工艺、绕组制造工艺、定转子铁心制造工艺，同时还兼顾了大型电机工艺的特点。

本书的任务是使电机及其控制专业方向的学生在校学习期间能获得初步的电机制造工艺的基本理论知识，具备设计和分析一般工艺方案的基本能力，掌握典型工艺装备设计的一般原理和方法，并对产品的结构工艺性有较全面的认识。

本书可作为高等院校电机及其控制专业方向电机制造工艺学课程的教材，也可以作为高职高专院校电机专业电机制造工艺学课程的教材或参考书，并可供有关工程技术人员参考。

本书在编写过程中参考了1996年常玉晨主编的《电机制造工艺学》一书，并在此基础上加深拓宽，并按现有新规程和国家标准进行编写。

本书由哈尔滨理工大学胡志强主编，常玉晨主审。哈尔滨理工大学徐永明编写第3章、第6章，哈尔滨理工大学陶大军编写第2章和第4章部分内容；佳木斯大学姜庆昌编写第5章。胡志强编写绪论、第1章、第4章，并对全书进行了统稿修改。

自2010年《电机制造工艺学》出版以来，深受广大读者的喜爱，有鉴于此，我们对本书进行了部分修定，这次主要修定了第4章，增加了软绕组的嵌装（散嵌）部分内容。

由于编者水平有限，书中难免存在缺点和错误，欢迎读者批评指正。

编　者

目　　录

绪论

电机制造工业为电力工业提供发电设备，又为其他工业以及交通运输业和农业等提供动力机械。因此，电机制造工业的发展程度已成为衡量一个国家工业技术水平的重要标志之一。

尽管电机制造都是从零件的加工到组成部件，并进一步将零部件装配成电机，但即使产品图样是统一的，各生产厂制造的产品质量也有一定差异。这是由于各生产厂采用的工艺手段不同所造成的。而且近年来，虽然国内电机制造工业得到迅速发展，但与工业发达国家相比还有一定差距，其主要原因也是工艺发展滞后。

工艺是工厂生产产品的基础，是提高劳动生产率、节约能源和原材料、确保安全生产、提高经济效益的重要手段。工艺不仅是工艺部门的专职工作，而且是与之密切配合的工厂其他部门的工作。只有将工艺工作做好，工厂才能走上健康发展的道路。因此，工厂必须建立和健全工艺管理机构，充实工艺人员队伍，使工艺工作得到加强。这就充分说明电机制造工艺在电机制造工业中的重要性。

0.1 电机制造工艺的多样性

电机制造是整个机器制造业中的一个重要部分。电机除了具有和一般机器类似的结构，还具有特殊的导电、导磁和绝缘结构。电机制造工艺包括以下六方面：

1) 电机零部件的机械加工工艺。包括电机主要支撑件如机座、端盖和轴的加工，定子、转子等部件的加工，以及其他结构零件的加工。

2) 铁心制造工艺。包括定转子、电枢和磁极铁心冲片的制造，以及将冲片叠压成部件的工艺。

3) 绕组制造工艺。包括线圈制造、绕组嵌线及绝缘处理等工艺。

4) 笼型转子制造工艺。包括笼型转子的铁心叠压、转子铸铝的工艺。

5) 换向器集电环及电刷装置制造工艺。包括换向器集电环及电刷装置的零件制造及其装配成部件的工艺。

6) 电机装配工艺。包括转动部件的校平衡、轴承装配以及电机的总装配和调整工作。

在电机制造的工艺过程中，除了具有一般机器制造中所共有的锻、铸、焊、金属切削加工和装配等工艺外，还具有电机制造所特有的工艺，如铁心的冲制和压装、换向器的制造以及绕组的制造（绕制、成型、绝缘、浸漆和嵌线）等。

这些工艺过程的工作质量对电机的性能及其工作的可靠性有着很大的影响。例如，电枢

（或定子）铁心是由大量很薄的硅钢片经过冲制和绝缘处理再叠压成一体的，因此，铁心制造中的尺寸准确性、铁心的紧密度和装配的牢固性等，都将直接影响电机气隙均匀度、振动、噪声、励磁电流和铁损的大小。又如，换向器是由大量的铜片、云母绝缘和金属（或压塑料）固定件组成的，换向器在运行中要受到机械力和热的综合作用，因此，换向器的制造工艺过程和所采用的参数（温度、压力、时间等）是否合理，将直接影响换向器在长期运行中形状的稳定性和绝缘的可靠性，而换向器的变形则是导致换向不良、火花严重的主要原因之一。再如，电机的绕组是由铜导线和绝缘材料组合而成，结构和工艺都很复杂，线圈的形状和尺寸的准确性、绝缘的可靠性都是保证电机性能和使用寿命的关键。

由于电机铁心、换向器和绕组等结构特殊且复杂，致使制造这些结构件的工艺特殊，机械化、自动化水平目前还很低，手工劳动的比重还很大。因此，为了提高电机制造中的劳动生产率，实现铁心制造和绕组制造等的机械化和自动化，已成为人们十分关心的问题。

在电机制造中，为了完成这些特殊的工艺过程，除了金属切削机床以外，还要有大量的非标准设备（专用设备），如铁心冲片涂漆和干燥所用的专用设备，转子铸铝所用的熔铝炉、预热炉及压铸机（或离心机），绕组制造中所用的绕线机、张形机、包绝缘机及浸渍设备等。这些设备，许多是由电机制造厂自行制造和改制的。不但电机制造工艺具有多样性，而且所使用的材料的种类也多样化。电机制造中不但要用到黑色金属材料，还要用到有色金属及其合金以及各种绝缘材料。在微型电机方面，塑料得到广泛应用。塑料不仅可以做接线板、换向器和风扇等小零件，还可以做电机的外壳，这样不但节省了金属材料，免去了机械加工，而且减轻了电机的重量。

电机制造的另一特点是电机的品种、规格繁多，电机的容量、电压、转速及几何尺寸等的变化范围很大，电机的用途、安装方式、冷却方式、防护形式多种多样，因此，在制造工艺上也不尽相同而且各有特点。

0.2　电机结构和制造工艺之间的关系

电机结构和制造工艺之间有着极其密切的关系。可以说，电机结构是制造工艺进行的基础，而制造工艺是电机结构实现的条件。所以，在设计电机时，电机的结构工艺性必须充分考虑。所谓结构工艺性问题，是指在研究确定电机结构时，既要考虑产品运行性能的要求，又要重视其生产条件和经济效益。当产品的运行性能和生产条件之间出现矛盾时，应作具体分析，合理地把它们统一起来，确定出最合理的结构方案。当电机结构不合理时，往往即使采用了极复杂昂贵的工艺装备，也仍然不能保证电机的性能和生产的效率。例如，以拱形换向器和楔形换向器作比较，虽然后者具有变形小、运行性能可靠等优点，但由于加工困难，所以拱形换向器得到了广泛的应用。还应指出，电机结构中的某些难点，有时会因为出现了合理的工艺方法而得到满意的解决。例如，由于塑料压制工艺在换向器上的应用，出现了塑料换向器，因而使得形状复杂的 V 形绝缘环和精度要求很高的 V 形槽和钢质 V 形压圈的加工可以省略。又如，以铸铝工艺代替铜条焊接工艺来制造异步电动机的笼型绕组，获得了高质量、高效率的生产效果。

在考虑电机结构时，除要考虑如何满足电机运行性能的要求外，还应考虑电机生产的经济效益。电机结构对电机的加工工时和生产成本影响很大，每一个零件都可以有几种不同的结构方案，即使是一种方案中，其加工精度、表面粗糙度、加工余量、材料选择、零件形状的确定等，都对工时和成本有很大影响。在确定电机结构方案时，还应考虑尽量缩短生产周期、减少制品和半制品的数量，这样可以加速资金周转，同时应尽量采用标准件、通用件、标准工艺装备以及利用现有的工艺装备等，以期获得更高的经济效益。

因为在电机结构确定的同时常常是工艺原则也就随之而定了，所以在设计一台电机（特别是大型电机）时，设计人员的工作和工艺人员的工作应该自始至终密切配合、平行交叉地进行。如果设计人员仅考虑所设计电机的运行性能的优越而忽视了电机结构工艺性，或者工艺人员仅注意工艺方法而并不了解所设计电机的结构意图，对电机的生产都是不利的。

在中小型三相异步电动机的改型设计中，可以举出许多实例说明设计与工艺间的密切关系。例如，在确定定子外径时应该考虑硅钢片的最佳冲裁方案；在选择槽形时应考虑冲模制造的难易及其寿命；在设计绕组、安排导线时，应考虑绕线和嵌线的方便；在机座和端盖的设计中，既要考虑刚度、强度等力学性能要求，又要考虑铸造、加工等工艺性。一个既有优良的运行性能又有优越的工艺性的产品设计，才是一个成功的设计。因此设计人员和工艺人员都应该深入生产实际，结合工厂的生产条件确定切实可行的工艺原则，并把它作为设计和制定工艺规程的指导思想，决不可生硬地照搬，那怕是别人的成功经验，如果不结合本厂实际情况，也可能给生产带来损失。

0.3 生产类型

电机的生产类型与制造工艺和生产经济性有很密切的关系。根据电机产品的大小和生产规模，电机制造一般可分为三种不同的生产类型。

1. 单件生产

单件生产的产品种类较多，但数量不多，只制造一个或几个。制造完以后就不再制造，即使再制造也是不定期的。例如，大型电机的制造、新产品的试制等都属于单件生产。

单件生产时使用的是通用设备，一般情况下，仅制造一些必不可少的专用设备和工具，而且力求简单和利用现有设备。例如，在铁心冲片的制造方面就仅制造最简单的落料冲模和单槽冲模，使用半自动冲槽机来完成。对于单件生产，为了保证电机产品质量，就必须提高操作人员的技术水平，而且使用工时较多；如果为了便利生产而制造较多的专用设备和专用工具，则成本高、生产周期长，在经济上是不利的。

2. 成批生产

成批生产的产品种类较少，但同一产品的数量较多且成批地制造，一般为周期性地重复进行。

每批所制造的相同工件的数量，称为批量。批量是根据工件的年产量及产品装配周期而定的。按批量的大小和产品的特征，成批生产又可分为小批生产、中批生产及大批生产三种。在确定是大批、中批还是小批生产时，不仅要根据电机台数的多少，还要考虑电机制造的难易程度、重量大小以及制造时所需劳动量的大小来决定。大批生产的工艺特征类似于大量生产，小批生产的工艺特征类似于单件生产。成批生产是电机制造中最常见的生产类型。

当成批生产时，使用较多的工艺装备、专用工具和专用设备。例如，在铁心制造方面，要制造较复杂的复式冲模，机械加工要用高效率的转塔车床和仿形车床，使用多刀切削、多头钻等。生产批量越大，工艺步骤划分得越细，工艺文件制定得越多、越详细。这样既可保证产品质量，又可保证较高的生产效率和较短的生产周期。对于操作人员的技术水平要求也可以适当降低，使生产成本得以下降。因此，成批生产具有较大的经济意义。

3. 大量生产

大量生产是指同一种产品的制造数量很多，大多数工作地点经常重复地进行某一种零件的某一工序的加工。当大量生产时，常采用大量的专用设备和工艺装备等，以提高生产效率；采用各种专用工具进行检查；组织流水作业，并尽可能采用机械化、自动化生产。例如，采用转轴、机座等自动流水生产线；采用多冲床的冲片自动流水线或采用级进式冲模和带料连续冲制的工艺。大量生产具有更大的经济意义。

单纯从生产的经济性来考虑，生产规模越大，采用的专用设备和专用工具越多，专业加工流水线越多，生产效率就越高；但此时工艺装备的制造和生产线调整使用的专用工具要多些。为了获得较大的经济效益，一个工厂（或车间）所生产的产品品种应尽量少而批量应尽量大。

0.4 电机生产的技术准备和工艺准备工作

电机生产的准备工作是按照一定的计划和一定的生产程序进行的，其目的是为了使产品能顺利地进行生产，以及改善现有制造技术。电机生产的准备工作还应包括材料和工夹模具的准备。通常试制新产品时，其技术准备工作所占时间要达全生产过程的一半以上。

0.4.1 机械加工工艺过程的组成

在电机生产过程中，有一部分是与原材料变为成品直接有关的过程，如毛坯制造、机械加工、热处理及装配等，称之为工艺过程。机械加工工艺过程是指用机械加工方法直接改变毛坯的形状和尺寸，使之成为成品的那一部分生产过程。将比较合理的机械加工工艺过程确定下来，写成的作为施工依据的文件，即为机械加工工艺规程。

机械加工工艺过程是由一个或若干个顺序排列的工序所组成，毛坯依次通过这些工序变为成品。

1. 工序

一个（或一组）工人在一台机床上（或一个工作位置）对一个或几个工件所连续完成的工艺过程的一部分，称为工序。工序是工艺过程的基本单元，也是生产计划的基本单元。划分工序的主要依据是零件加工过程中工作地是否变动。

2. 安装与工位

在同一道工序中，有时需要对工件进行一次或多次装卸加工，则每装卸一次单件所完成的那部分工作（工件在机床或夹具中定位和夹紧的过程）称为一次安装。工件加工中应尽可能减少安装次数。因为安装次数越多，安装误差越大，而且安装工件的辅助时间也越多。为减少安装次数，常采用各种回转夹具，使工件在一次安装中先后处于几个不同的位置进行加工。此时，在一次安装过程中，工件在机床上占据的每一个加工位置称为工位。工件在每个工位上完成一定的加工工作。

3. 工步

当加工表面、切削刀具和切削用量中的转速和进给量都保持不变时所完成的那一部分工序，即为工步。一道工序包括一个或若干个工步。构成工步的任一因素（加工表面、刀具或规范）改变后，一般即成为另一新的工步。但对于那些连续进行的若干个相同的工步（如对 4 孔 $\phi 10mm$ 的钻削），为简化工艺，习惯上多看作一个工步。采用复合刀具或多刀加工的工步称为复合工步。在工艺文件上，复合工步应视为一个工步。

0.4.2 电机生产的技术准备

电机生产的技术准备工作是依据电机设计过程中所给出的工作图样来进行的。一般情况下，电机生产的技术准备包括以下几个方面，它们之间互成平行作业关系。

1. 产品的结构设计与改进

保证生产中所需要的图样、技术条件、说明书、规范以及其他设计资料。

2. 编制工艺规程

工艺规程是反映比较合理的工艺过程的技术文件。它是指导生产、管理工作以及设计新建或扩建工厂的依据。合理的工艺规程是在总结广大工人和技术人员的实践经验的基础上，依据科学理论和必要的科学试验而制定的。按照它进行生产，可以保证产品质量和较高的生产效率与经济性，因此生产中一般应严格执行既定的工艺规程。实践证明，不按科学的工艺进行生产，往往会引起产品质量的严重下降及生产效率显著降低，甚至使生产陷入混乱状态。

但工艺规程并不是一成不变的。它应不断地反映工人的革新创造，及时地汲取国内外先进工艺技术，不断予以改进和完善，以便更好地指导生产。

制定工艺规程的基本原则，是在一定的生产条件和生产规模下，保证以最低的生产成本及最高的劳动生产率，可靠地加工出符合图样要求的零件。为此，必须正确处理质量与数量、人与设备之间的辩证关系，在保证加工质量的前提下，选择最经济合理的加工方案。在制定工艺规程时，工艺人员必须认真研究原始资料，如产品图样、生产纲领（年产量）、毛坯资料以及现场的设备和工艺装备的状况等，然后参照国内外同行业工艺技术发展状况，结合本部门已有的生产实践经验，进行工艺文件的编制。为了使所拟工艺符合生产实际，工艺人员要深入现场，调查研究，虚心听取工人师傅的意见，集中群众的智慧。对于先进工艺技术的采用，应先经过必要的工艺试验。在制定工艺规程时，尤其应注意技术上的先进性、经济上的合理性及具有良好的劳动条件。

3. 编制工艺规程的内容及步骤

1）研究分析电机产品的装配图和零件工作图，从加工和制造角度对零件工作图进行分析和工艺审查，检查图样的完整性和正确性；分析图样上尺寸公差、形位公差及表面粗糙度等技术要求是否合理，审查零件的材料及其结构工艺性等。如发现有缺点和错误，工艺人员应及时提出，并会同设计人员进行研究，按照规定的审批手续对图样作必要的补充和修改。

2）确定生产类型，并将零件分类分组和划分工段，按生产纲领确定生产组织形式。制定其中有代表性零件的工艺过程（其他零件的工艺过程可能只需增减或更换个别工序），此时要考虑机床和工艺装备的通用性。根据生产组织形式的不同，对大批生产应注意采用流水作业，尽量采用高效率的加工方法并广泛应用专用的工艺装备。同时，还要求严格地平衡各工序的时间，使之按规定的节奏进行生产。对单件或小批生产则采用万能机床和万能工艺装备，不需平衡各工序的时间，只需考虑各机床的负荷率。

3）确定毛坯的种类和尺寸，选择定位基准和主要表面的加工方法，拟定零件加工工艺路线。

4）确定工序尺寸及其公差。

5）选择机床、工艺装备。

6）确定切削用量、工时定额及工人等级。

7）填写工艺文件。

4. 定额的制定

先进技术定额的制定的内容主要是材料消耗定额、劳动消耗量、设备及工艺装备的需要量等。

5. 工艺装备的设计与制造

工艺装备的设计与制造包括生产中所需要的冲模、模具、砂箱、工夹具、刀具及量具等。

6. 检查与调整

深入车间生产现场，检查调整所设计的工艺过程，以便掌握与贯彻工艺规范中所规定的最合理的工序、制度和方法。要求按图样、工艺、技术标准生产，同时检查与调整设备与工艺装备。

0.4.3 生产工艺准备工作

1. 电机生产工艺准备工作

1）工艺规程的编制和推行。

2）有关工具设备的设计、制造与调整。

3）编制先进工具及设备使用的定额。

4）编制材料消耗、工时消耗定额。

5）设计与贯彻合理的检验方法、先进的生产技术。

下面仅就工艺文件的格式及其应用加以叙述。

工艺规则制定后，以表格或卡片的形式确定下来，作为生产准备和施工依据的技术文件即为工艺文件。工艺文件大体上分为两类：一类是一般机械加工通用的工艺过程卡片、工艺卡片及工序卡片；另一类是电工专用的工艺守则。

2. 工艺过程卡片（也称路线单）

工艺过程卡片主要列出了整个零件加工所经过的路线，包括毛坯加工、机械加工、热处理等过程，按加工先后顺序注明工序安排次序，加工车间及所用设备、工艺装备等，它是制定其他工艺文件的基础，也是生产技术准备、编制生产作业计划和组织生产的依据。在单件小批生产中，一般零件仅编制工艺过程卡片作为工艺指导文件。其格式见表0-1。

3. 工艺卡片

工艺卡片是局限在某一加工车间范围内，以工序为单元详细说明整个工艺过程的工艺文件。它是用来指导工人进行生产和帮助车间领导、技术人员掌握整个零件加工过程的一种最主要的文件，是广泛应用于成批生产和小批生产中比较重要的文件。工艺卡片不仅标出工序顺序、工序内容，同时对主要工序还要表示出工步内容、工位和必要的加工简图或加工说明。此外还包括零件的工艺特征（材料、重量、加工表面及其公差等级和表面粗糙度要求等）。对于一些重要零件还应说明毛坯性质和生产纲领。其格式见表 0-2。

表 0-1　工艺过程卡片

厂　名	简明工艺过程卡片	产品型号		零件图号	零件名称		共　页
							第　页
毛坯种类		材料		材料定额		工时定额	
序号	工序	操作内容	车间	设备		准备终结	单件
⋮							
编制		日期	审核		日期	车间会签	日期

表 0-2　工艺卡片

＿＿＿工厂	产品型号		零件名称			零件号		
机械加工工艺卡	每台件数	下料方式	每料件	毛重	kg	第　页	共　页	
	材料	毛坯尺寸	净重	kg	责任车间			
工序号	安装	工步号	工序内容	加工车间	机床设备名称与编号	工艺装备名称与编号				工时定额/min	
						夹具	刀具	量具	辅助工具	准备终结	操作时间
⋮											
更改内容											
编制		审核			会签		批准				

4. 工序卡片

工序卡片是根据工艺卡片为每个工序制定的、主要用来具体指导工人进行生产的一种工艺文件。工序卡片中详细记载了该工序加工所必需的资料，如定位基准选择、安装方法、机床、工艺装备、工序尺寸及公差等级、切削用量、工时定额等。其格式见表 0-3。

由于电机制造的自动化水平不断提高，各种自动或半自动机床加工时的操作已变得简单，而机床（或流水线）的调整比较复杂，因此还需要编制调整卡片，而不需要编制工序卡片。此外，在大批量生产中还要编制技术检查卡片和检验工序卡片。这类卡片是技术检查员用的工艺文件，在卡片中详细填写出检查项目，允许的误差、检查方法和使用的工具等。

在电机生产中有许多工艺过程对相似类型的产品都基本相同，如绕组的浸漆干燥、硅钢片的涂漆、转子铸铝、轴承装配及总装配等，这些工艺过程的内容比较复杂，在操作上要求稳定，以便保证产品质量。这种工艺过程的说明较难用卡片、表格的形式表示，常采用文字加以叙述而编成工艺守则。工艺守则是现行工艺的总结性文件，起着指导生产的作用。

还有一种工艺文件，如绝缘规范，是用来说明各种绝缘结构的指导性文件。

表 0-3 工序卡片

机械加工工序卡				产品型号		零件名称		零件号	
车间	工段	工序名称				工序号			
工序简图				材料		机床			
				牌号	硬度	名称	型号		编号
				夹具		定额			
				夹具名称	代号	每批件数	准备终结	单件时间	工人级别

工序号	工步内容	进给次数	每分钟转数或往复次数	每分钟进给量	机动时间/min	辅助时间	工具种类	工具代号	工具名称	工具尺寸	数量
⋮											
							工艺员		主管工艺员		
							定额员		车间主任		
更改	页数	日期	签字	页数	日期	签字	页数	日期	签字	技术科长	第 页

0.5 电机制造过程概述

三相异步电动机同直流电机和同步电机相比，结构简单，零部件的种类也比较少，但是一些基本零部件（如机座与定子、轴与转子、冲片与铁心、线圈与绕组等）的加工过程及技术条件和一些关键性的工序（如铁心压装工艺、绕组绝缘处理工艺、转子动平衡工艺等）都有类似的要求和相近的工艺方法。

图 0-1 为小型三相异步电动机（笼型）的工艺流程，是以笼型转子为例，采用"两不光"工艺方案（详见第 1 章 1.2.4 节）；图 0-2 为中型绕线转子异步电动机的工艺流程，采用"内压装"工艺。当采用不同的工艺方案时，上述工艺流程应做相应的改变。

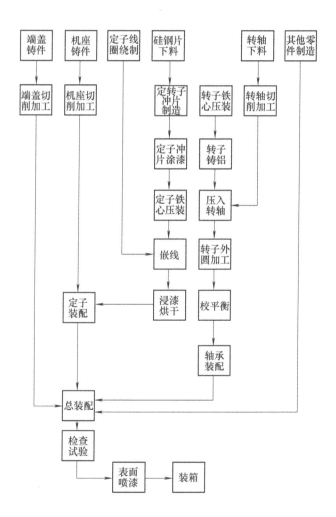

图 0-1 小型三相异步电动机（笼型）的工艺流程

图 0-2 所示中型三相异步电动机（绕线转子）的工艺流程，对于直流电机和同步电机的

制造，除了机械加工、硅钢片和其他零件的冲剪加工、电加工外，还需增加换向器和集电环制造（绕线转子异步电动机也需进行集电环制造）。制造换向器和集电环的车间可以独立存在，也可以附属于机械加工车间中的零件制造部分。制造好的换向器和集电环，在压装工段同转子汇合，压入转轴，再送嵌线工段嵌线。

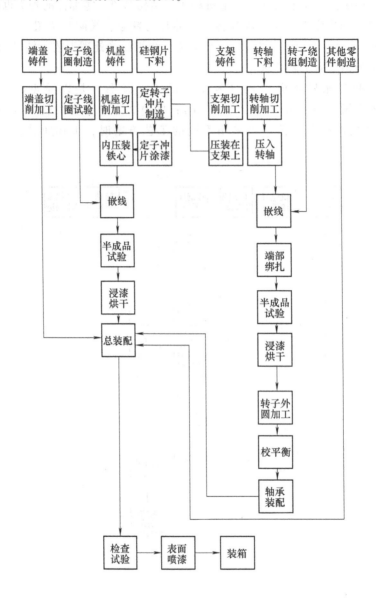

图 0-2　中型三相异步电动机（绕线转子）的工艺流程

0.6　本课程的学习方法和要求

"电机制造工艺学"是一门密切结合生产实际的专业课程。本课程的内容以中批量生产的、常用的中小型电机制造工艺为主，兼顾大型电机的制造工艺特点。通过本课程的学习，学生应具备产品结构工艺性的概念，掌握常用典型工艺的基本理论知识及工艺方案的分析方法，掌握常用工艺装备的结构和设计的一般原理和方法。

复 习 题

0-1 电机制造工艺由哪几部分组成？其具体内容是什么？

0-2 电机的生产类型有哪几种？它们对电机制造工艺有何影响？

0-3 电机生产的技术准备包括哪几方面？电机生产的工艺准备包括哪几方面？

0-4 试画出小型三相异步电动机（笼型）的工艺流程图。

0-5 何谓最佳工艺方案？如何进行工艺方案的经济评价？

第1章

电机零部件的机械加工

在整个电机制造过程中，金属切削加工占有很重要的位置。由于电机的一些主要零部件——机座与定子、端盖、轴与转子的加工质量，直接影响电机的电气性能和安装尺寸，而且金属切削加工的工时在电机制造的总工时中占有相当的比重，因此，采用更先进的工艺、应用专用的工艺装备、提高机械化和自动化水平、提高产品及其零部件的加工质量、提高劳动生产率、缩短生产周期、降低成本等，是电机制造厂的经常性任务。

本章主要分析讨论电机零部件的金属切削加工方面的有关问题：分析电机的同轴度问题，提出在金属切削加工方面保证电机同轴度的工艺措施；分析电机主要零部件金属切削加工的技术要求及其工艺方案的选择原则，了解其基本的工艺方法。

为了阐述上面这些问题，需先了解有关互换性、公差与配合、表面粗糙度和尺寸链等方面的基础知识。

1.1 电机制造中机械加工的一般知识

1.1.1 零件的互换性

任何机器（包括电机）都是由一定数量的零件组成和装配起来的，除了一些特殊的、专用的、大型的零件外，大部分零件都是成批地或大量地组织生产的。这样生产出来的零件在装到部件或机器中去时，要求不经挑选和修配就能装上，并完全符合规定的技术要求。零件的这种性质，称为具有互换性。

为了使零件具有互换性，最好使每个零件的尺寸和大小都完全一样，但事实上是不可能做到的。影响零件尺寸的因素很多，其中多半因素还是变化的（例如机床本身存在的精度误差、刀具的磨损、装夹力变化和切削热造成工件尺寸的变形等），所以，即使在同一台机床，由同一个工人用同一把刀具加工相同的工件，加工出来的尺寸和形状还是不可能完全相同。但是，当把零件的尺寸变化控制在一定的范围内时，就不会影响装配的性能要求，也就是说，允许零件尺寸有一定偏差，不妨碍零件的互换性。

1.1.2 尺寸公差的基本概念

在图上标注的公称尺寸，是设计零件时按照结构和性能要求，根据所选用的材料强度、刚度或其他参数，经过计算或根据经验确定的。形成配合的一对结合面，它们的基本尺寸是相同的。在加工中通过测量所得到的实际尺寸，不可能同公称尺寸相同，但必须限制实际尺寸在一定范围内。这个范围有上下两个界限值，称为极限尺寸。两个界限值中较大的一个称为上极限尺寸 D_{max}，较小的一个称为下极限尺寸 D_{min}，如图 1-1 所示。

某一尺寸减其公称尺寸所得的代数差称为尺寸偏差（简称偏差）。上极限尺寸减其基本偏差所得的代数差为上偏极限差（ES、es），下极限尺寸减其公称尺寸所得的代数差称为下极限偏差（EI、ei）。上极限偏差与下极限偏差统称为极限偏差。

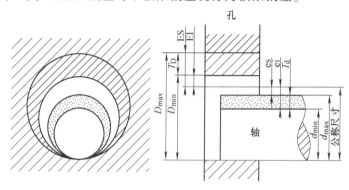

图 1-1　公差配合的示意图

对孔

$$ES = D_{max} - D_{基} \qquad EI = D_{min} - D_{基} \qquad (1-1)$$

对轴

$$es = d_{max} - d_{基} \qquad ei = d_{min} - d_{基} \qquad (1-2)$$

式中　ES、es——孔和轴的上极限偏差；

EI、ei——孔和轴的下极限偏差；

$D_{基}$、$d_{基}$——孔和轴的公称尺寸；

D_{max}、D_{min}——孔的上极限尺寸和下极限尺寸；

d_{max}、d_{min}——轴的上极限尺寸和下极限尺寸。

极限偏差可以是正值、负值和零。为加工方便起见，图上标注极限偏差而不标注极限尺寸。

允许尺寸的变动量称为尺寸公差（简称公差）。公差等于上极限尺寸与下极限尺寸之代数差的绝对值（也等于上极限偏差与下极限偏差之代数差的绝对值）。用公式表示

$$T_D = D_{max} - D_{min} = ES - EI \qquad (1-3)$$

$$T_d = d_{max} - d_{min} = es - ei \qquad (1-4)$$

式中　T_D、T_d——孔、轴的公差。

对于同一基本尺寸来说，其公差值的大小标志着精度的高低和加工的难易程度。在满足产品质量的条件下，应尽量采用最大公差。

由代表上极限尺寸和下极限尺寸或上极限偏差与下极限偏差的两条直线所限定的区域，称为尺寸公差带（简称公差带）。公差值的大小只和公差带的宽窄有关，与其长短无关，如图 1-2 所示。

公称尺寸相同的、互相结合的轴和孔之间的关系称为配合关系。

当孔的实际尺寸大于轴的实际尺寸时，两者之差叫作间隙（代号为 X）。由于孔和轴都有公差，因此间隙数值将随着孔和轴的实际尺寸大小而发生变化。由图 1-3 可知：

最大间隙为

$$X_{max} = D_{max} - d_{min} = ES - ei \tag{1-5}$$

最小间隙为

$$X_{min} = D_{min} - d_{max} = EI - es \tag{1-6}$$

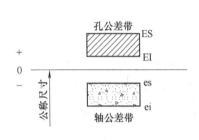

图 1-2　公差带

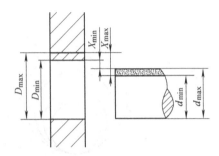

图 1-3　有间隙配合的示意图

具有间隙（包括最小间隙等于零）的配合称为间隙配合。这类配合的特点是保证具有间隙（$X_{min} \geqslant 0$），这样便能保证互相结合的零件具有相对运动的可能性。同时，它可以储存润滑油，补偿由温度变化而引起的变形和弹性变形等。

平均间隙为

$$X = (X_{max} - X_{min})/2 \tag{1-7}$$

当孔的实际尺寸小于轴的实际尺寸时，装配后孔胀大而轴缩小。装配前，两者的尺寸差叫做过盈（代号为 Y）。过盈的大小决定结合的牢固程度和结合件传递扭矩的能力。由图 1-4 可知：

最大过盈为

$$Y_{max} = D_{min} - d_{max} = EI - es \tag{1-8}$$

最小过盈为

$$Y_{min} = D_{max} - d_{min} = ES - ei \tag{1-9}$$

具有过盈（包括最小过盈等于零）的配合称为过盈配合。这类配合的特点是保证具有过盈。平均过盈为

$$Y = (Y_{max} + Y_{min})/2 \tag{1-10}$$

当配合件在允许公差范围内时，有可能具有间隙也有可能具有过盈的配合叫做过渡配合。它是介于间隙配合与过盈配合之间的一种配合。即孔的公差带和轴的公差带互相重叠，如图 1-5 所示。这种配合产生的间隙与过盈量也是变动的。当孔做成下极限尺寸，轴做成上极限尺寸时，配合后将产生最大过盈。

在过渡配合中，平均配合的性质可能是间隙（$|X_{max}| > |Y_{max}|$），也可能是过盈（$|Y_{max}| > |X_{max}|$）。平均间隙或平均过盈为

$$X_平(Y_平) = (X_{max} + Y_{max})/2 \tag{1-11}$$

计算的值为正时则为平均间隙；为负时则为平均过盈。

允许间隙或过盈的变动量叫做配合公差。它表示配合精度的高低，是由产品的性能要求

和装配精度所决定的。对于间隙配合，其配合公差等于最大间隙与最小间隙代数差的绝对值；对于过盈配合，其配合公差等于最小过盈与最大过盈代数差的绝对值；对于过渡配合，其配合公差等于最大间隙与最大过盈之差的绝对值。

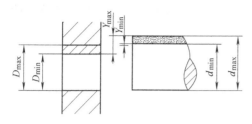

图 1-4 过盈配合示意图

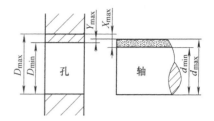

图 1-5 过渡配合示意图

间隙配合的配合公差为

$$T_X = |X_{max} - X_{min}| = (D_{max} - d_{min}) - (D_{min} - d_{max})$$

$$= (D_{max} - D_{min}) + (d_{max} - d_{min}) \quad\quad (1\text{-}12)$$

$$= T_D + T_d$$

同理可得过盈配合的配合公差为

$$T_Y = |Y_{min} - Y_{max}| = T_D + T_d \quad\quad (1\text{-}13)$$

过渡配合的配合公差为

$$T_{过} = |X_{max} - Y_{max}| = T_D + T_d \quad\quad (1\text{-}14)$$

由上可知，三种类型的配合公差都等于相互配合的孔公差和轴公差之和。这说明装配精度与零件加工精度有关，零件加工公差的大小将直接影响间隙或过盈的变化范围。

1.1.3 极限与配合

新国标公差等级（即确定尺寸精度的等级）分为 20 级，并用标准公差等级 IT 和阿拉伯数字表示，即 IT01、IT0 及 IT1～IT18。其中 IT01 级精度最高，IT18 级精度最低。我国颁布的关于极限与配合的国家标准编号有 GB/T 1800～GB/T 1804。根据基准制的不同，国家标准中规定了基孔制和基轴制两种基准制。

基孔制的特点是：公称尺寸与公差等级一定，孔的极限尺寸保持一定（公差带位置固定不变），改变轴的极限尺寸（改变轴的公差带位置）而得到各种不同的配合，如图 1-6a 所示。在基孔制中，孔是基准零件，称为基准孔，代号为 H。基准孔的公差带位置偏于零线上方，上极限偏差 ES 为正值，即为基准孔的公差，下极限偏差 EI 为零。轴为非基准件。

基轴制的特点是：公称尺寸的公差等级一定，轴的极限尺寸保持一定改变孔的公差带位置，而得到各种不同的配合。如图 1-6b 所示。在基轴制中，轴是基准件，称为基准轴，代号为 h。基准轴的公差带位置偏于零

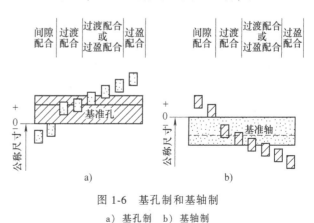

图 1-6 基孔制和基轴制

a）基孔制 b）基轴制

线下方，其上极限偏差 es 为零，下极限偏差 ei 为负值，其绝对值即为基准轴的公差。孔为非基准件。

　　为了满足机械中各种不同性质配合的需要，标准中对孔和轴分别规定了 28 个基本偏差，用拉丁字母及其顺序表示，大写字母表示孔，小写字母表示轴。基本偏差系列如图 1-7 所示。

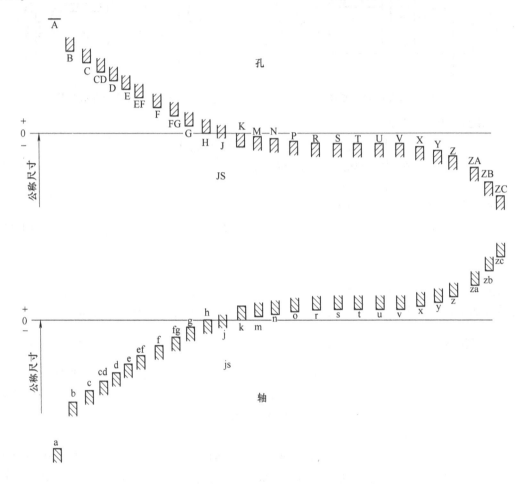

图 1-7　基本偏差系列

　　按照极限与配合标准中提供的标准公差和基本偏差，将任一基本偏差与任一公差等级组合，可以得到大量不同大小与位置的轴孔公差带，以满足各种使用需要。但是，在生产中如果这么多的公差带都使用，不但不经济，也不利于生产。因此，国家标准中根据生产实际需要，并考虑到减少定值刀具、量具和工艺装备的品种和规格，分别对于轴和孔提出了优先选用的公差带、常用公差带和一般用途公差带各若干种（详见国标）。

　　未注公差尺寸的公差等级规定为 IT12～IT18。未注公差尺寸的极限偏差规定：一般孔用 H；轴用 h；长度用 ±IT/2（即 JS 或 js），必要时，可不分孔、轴或长度，均采用 ±IT/2（即 JS 或 js）。

　　从工艺上看，加工一定精度的孔所需的劳动量比加工同样精度的轴所需劳动量要多，且基孔制可以减少加工孔用的定位尺寸工具及量具的规格和数量，所以在一般情况下多采用基孔制配合，仅在特殊场合下（如电机中滚动轴承外圆与端盖轴承室的配合等）才用基轴制。在正常条件下，电机制造中各种加工方法所达到的公差等级一般可参考表 1-1。

零件精度规定越高，公差等级 IT 越小，需要经过多道工序加工，会使生产成本显著增加。例如，加工同一基本尺寸的轴时，不同公差等级的加工成本相差好几倍，若选用 IT6 以上的公差等级时，精度的小幅提高，会造成成本的急剧增加。一般在满足要求前提下，应尽量选用较低的公差等级。

表 1-1　公差等级与加工方法的关系

加工方法	公差等级 (IT)																			
	01	0	1	2	3	4	5	6	7	8	9	10	11	12	13	14	15	16	17	18
细研磨		—	—	—	—	—	—													
粗研磨					—	—	—	—												
精磨				—	—	—	—													
粗磨								—	—											
精铰								—	—											
精铣									—	—	—									
粗铣										—	—	—								
精车、精刨、精镗								—												
细车、细刨、细镗									—	—										
粗车、粗刨、粗镗											—	—	—							
钻削												—	—	—	—					
冲压													—	—						
压铸																	—	—		
锻造																	—	—		
砂型铸造																—	—			
冷作焊接																	—	—	—	—

有时为了经济性，可以采用不同基制或不同公差等级的孔和轴相配，以得到更适当的配合性质。例如，对于公称尺寸为 3~500mm 的高精度配合，由于高精度的孔比轴难加工，故选用孔的公差等级要比轴低一个等级，即选用 H8/f7。

1.1.4　几何公差

国家标准 GB/T 1182—2008《产品几何技术规范（GPS）几何公差形状、方向、位置和跳动公差标注》规定，几何公差项目共有 14 项。电机制造中常用的形状公差有平面度、圆度、圆柱度和直线度等；方向公差有平行度、垂直度等；位置公差有同轴度、对称度、位置度等；跳动公差有圆跳动和全跳动等。

部分几何公差符号见表 1-2。

表 1-2　部分几何公差符号

类别	名称	符号	类别	名称	符号
形状公差	平面度	▱	位置公差	同轴度	◎
	圆度	○		对称度	=
	圆柱度	⌭		位置度	⊕
	直线度	—	跳动公差	圆跳动	⌿
方向公差	平行度	//			
	垂直度	⊥			

几种常用几何公差的标注方法如图 1-8 所示。

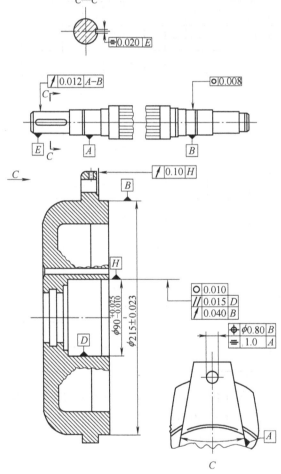

图 1-8　几何公差的标注方法

1.1.5　表面粗糙度

表面粗糙度是指加工表面上具有的较小间距和峰谷所组成的微观几何形状特征,一般由所采用的加工方法和其他因素形成。按照国家标准 GB/T 1031—2009《表面粗糙度参数及其数值》规定，表面粗糙度有 14 个优先选用值。表 1-3 给出了表面粗糙度的数值及获得这些数值的加工方法。为便于与表面光洁度对照，表中还列出了相应的表面光洁度。

零件的表面粗糙度是同公差等级、配合间隙或过盈有关的；另一方面，表面粗糙度决定于加工方法和零件的材料。

表 1-3 表面粗糙度数值及获得的加工方法

表面粗糙度 Ra/μm	表面光洁度	表面状况	获得表面粗糙度的加工方法
50	▽1	明显可见刀痕	锯断、粗车、粗铣、钻孔及用粗纹锉刀、粗砂轮等加工
25	▽2	可见的刀痕	
12.5	▽3	微见的刀痕	
6.3	▽4	可见加工痕迹	拉制、精车、精铣、粗铰、粗磨、刮研、粗拉刀加工
3.2	▽5	微见加工痕迹	
1.60	▽6	看不见加工痕迹	
0.80	▽7	可辨加工痕迹的方向	
0.40	▽8	微辨加工痕迹方向	研磨、金刚石车刀的精车、精铰、拉制、拉刀加工、抛光
0.20	▽9	不可辨加工痕迹方向	
0.100	▽10	暗光泽面	
0.050	▽11	亮光泽面	精磨、研磨、抛光、镜面磨削等
0.025	▽12	镜状光泽面	
0.012	▽13	雾状镜面	
0.008	▽14	镜面	

Y 系列三相异步电动机（Y160～Y280）主要零件公差配合、表面粗糙度及几何公差见表 1-4。

表 1-4 Y 系列三相异步电动机主要零件公差配合、表面粗糙度及几何公差

零部件及部位		配合制	公差代号	表面粗糙度 Ra/μm	几何公差要求
机座	止口内径	基孔	H8	3.2	1）机座铁心挡内圈对两端止口公共基准轴线的同轴度公差为 8 级 2）机座止口端面对止口基准轴线的端面圆跳动为 8 级和 9 级公差值之和的 1/2 3）机座止口内径和铁心挡内径的圆度公差为相应直径公差带的 75%，而且其平均直径应在公差带内 4）机座轴向中心线对于底脚支承面的平行度公差为 H80～250,0.16；H280～315,0.30；平面度公差为 H80～112,0.125；H132～200,0.15；H225～280,0.20；H315,0.25
	铁心挡内径	基孔	H8	3.2	
	总长度	基孔	h11	6.3	
	底脚孔直径	—	H14	—	
	中心高	—	H80～250$_{-0.40}^{-0.10}$ H280～315$_{-0.80}^{-0.20}$	—	
	底脚孔中心至轴伸端止口平面距离	—	JS14	—	
	A/2	—	H80～132,±0.4 H160～225,±0.6 H250～315,±0.8	—	

（续）

零部件及部位		配合制	公差代号	表面粗糙度 $Ra/\mu m$	几何公差要求
端盖	止口直径	基孔	JS7	6.3 3.2	1）轴承室内圆对止口基准轴线的径向圆跳动公差为8级 2）与机座配合的止口平面对轴承室内圆的基准轴线的端面圆跳动公差为8级和9级公差值之和的1/2 3）轴承室内圆的圆柱度公差为7级
	轴承室内径	基轴	$>30 \sim 50^{+0.020}$ $>50 \sim 80^{+0.020}$	1.60	
	轴承室深度	—	h11	6.3	
	止口平面至轴承室内平面距离	基孔	H11	6.3	
转轴	全长	—	JS14	—	1）轴的轴伸处圆（磨削尺寸）对两端轴承挡公共基准轴线的径向圆跳动公差为7级 2）轴的两端轴承挡外圆的圆柱度公差为6级 3）轴的轴伸端键槽对称度公差为8级和9级公差值之和的1/2
	铁心挡直径（热套）	基孔	$>24 \sim 50$ t7 $>50 \sim 120$ t8	3.2	
	轴伸挡直径	基孔	$\leqslant 28$ j6 $\leqslant 55$ m6 $\geqslant 32 \sim 48$ k6	6.3	
	轴承挡直径	基孔	k6	0.80	
	轴承盖挡直径	基孔	b11	0.80	
	风扇挡直径	基孔	h7		
	轴承挡直径	—	h1	6.3	
	键槽宽	—	N9	1.60	
定子冲片	外径	基孔	自定公差	—	定子冲片外圆对内圆的同轴度公差为8级
	内径	基孔	H8	—	
	槽形	基孔	H10	—	
	槽口宽	基孔	H12	—	
	扣片槽宽	基孔	H11	—	
	槽底直径	基孔	H10	—	
转子冲片	内径（热套）	基孔	H8	—	—
	槽形	—	H10	—	
	槽底直径	—	h10	—	
	键槽宽	—	H9	—	
	槽口宽	—	H12	—	

1.1.6　尺寸链基本概念

一个零件或一个装配体，需要由一些彼此连接的尺寸构成一个封闭形式来描述，这些相互连接而又组成封闭形式的尺寸总体，称为尺寸链。

图1-9所示为一个小轴的长度尺寸，在图样上注有尺寸 A_1 及 A_2，而尺寸 N 在图样上不注，但尺寸 N 的数值却是一定的，并由尺寸 A_1 及 A_2 所确定。

为了分析方便，常不画出零件的具体结构而只依次画出各个尺寸，每个尺寸用双向箭头表示。所有组成尺寸的箭头均沿着回路顺时针（或逆时针）方向旋转，而把各个尺寸连成一个封闭回路的尺寸（即封闭尺寸），其箭头方向则与之相反。整个尺寸组成一个封闭形式，用单向箭头一次首尾相接，绘出尺寸链简图，如图1-9所示。

在尺寸链中每个尺寸都称为环，其中有一个尺寸必须附于其他尺寸而最后形成，如图1-9中的尺寸 N，称为封闭环，其他各个尺寸都称为组成环。

在图1-9中，组成环 A_1 及 A_2 对封闭环 N 有不同的影响。尺寸 A_1 的变化与 N 的变化是同向的，（A_1 增大，使 N 增大）。但尺寸 A_2 的变化则与 N 变化反向（A_2 增大，使 N 减小）。A_1 称为增环，A_2 称为减环。由图1-9知，封闭环的基本尺寸为

$$N = A_1 - A_2 = A_+ - A_-$$

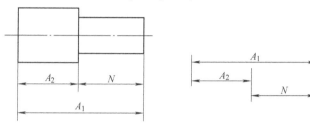

图1-9 小轴的长度尺寸及尺寸链简图

如令增环 A_+ 有 m 个，减环 A_- 有 n 个，则

$$N = \sum_1^m A_+ - \sum_1^n A_- \tag{1-15}$$

每个组成环都有两个极限尺寸。封闭环的上极限尺寸就是当增环为上极限尺寸（$A_{+\max}$）、减环为下极限尺寸（$A_{-\min}$）时的尺寸。即

$$N_{\max} = \sum_1^m A_{+\max} - \sum_1^n A_{-\min} \tag{1-16}$$

同理，封闭环下极限尺寸按下式计算：

$$N_{\min} = \sum_1^m A_{+\min} - \sum_1^n A_{-\max} \tag{1-17}$$

所以，封闭环的公差为

$$\Delta_N = N_{\max} - N_{\min} = \sum_1^m \delta A_+ + \sum_1^n \delta A_- = \sum_1^{m+n} \delta A \tag{1-18}$$

式中　δA——组成环 A 的公差。

式（1-18）说明，封闭环公差等于各组成环公差之和。封闭环是在加工或装配过程中最后得到的尺寸，每个组成环的精度都直接影响到封闭环的精度。

若图样要求尺寸为：$A_1 = 50_{-0.05}^{\ 0}$mm，$N = (30 \pm 0.10)$mm。加工时以 B 面为基准，按尺寸 A_2 加工，保证尺寸 $N = (30 \pm 0.1)$mm 的要求，则 A_2 的计算步骤如下：

公称尺寸为

$$N = A_1 - A_2$$

$$30\text{mm} = 50\text{mm} - A_2$$

所以

$$A_2 = 20\text{mm}$$

极限尺寸为

$$N_{\max} = A_{1\max} - A_{2\min}$$

$$30.1\text{mm} = 50\text{mm} - A_{2\min}$$

所以

$$A_{2\min} = 19.9\text{mm}$$

$$N_{\min} = A_{1\min} - A_{2\max}$$

$$29.9\text{mm} = 49.95\text{mm} - A_{2\max}$$

所以

$$A_{2\max} = 20.05\text{mm}$$

尺寸 A_2 的上极限偏差和下极限偏差如下：

上极限偏差为

$$\Delta_\text{s}A_2 = A_{2\max} - A_2 = 20.05\text{mm} - 20\text{mm} = 0.05\text{mm}$$

下极限偏差为

$$\Delta_\text{x}A_2 = A_{2\min} - A_2 = 19.9\text{mm} - 20\text{mm} = -0.10\text{mm}$$

所以

$$A_2 = 20^{+0.05}_{-0.10}\text{mm}$$

$$N = N_{\max} - N_{\min} = \delta A_1 + \delta A_2 = 0.20\text{mm}$$

1.1.7　电机的互换性

在成套的机器设备中，电机常被作为一个附件（或部件）来使用，因此同样要有互换性。电机互换性要求规定统一的安装尺寸及其公差。

不同的安装结构形式有不同的安装尺寸。小型异步电动机的基本安装结构形式如图 1-10 所示。图 1-10a 为 B3 型，它是卧式、机座带底脚、端盖上无凸缘的结构形式，是最常用的安装结构；图 1-10b 为 B5 型，它是机座不带底脚、端盖上带大于机座的凸缘的结构形式；图 1-10c 为 B35 型，它是机座带底脚、端盖上带大于机座的凸缘的结构形式。此外，在基本安装结构形式基础上，还有派生的安装结构形式。

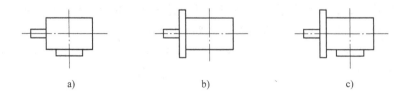

a)　　　　　　　　　b)　　　　　　　　　c)

图 1-10　小型异步电动机的基本安装结构形式

各种安装结构形式的安装尺寸及其公差均在相应的电机技术条件中规定。

1.2　电机同轴度及其工艺措施

1.2.1　电机的气隙及其均匀度

要使电机定、转子间形成的间隙（气隙）在整个圆周上获得一个均匀的指定数值，就要保证电机的同轴度。

电机气隙的基本尺寸是由电机的电磁性能决定的。小型异步电动机的气隙都很小，如 Y 系列电动机的气隙值见表 1-5。

表 1-5　Y 系列（IP44）电动机气隙长度　　　　　　　（单位：mm）

中心高 H	80	90	100	112	132	160	180	200	225	250	280
2 极	0.3	0.35	0.4	0.45	0.55	0.65	0.8	1	1.1	1.2	1.5
4 极	0.25	0.25	0.3	0.3	0.4	0.5	0.55	0.63	0.7	0.8	0.9
6 极	—	0.25	0.25	0.3	0.35	0.4	0.45	0.5	0.5	0.55	0.65
8 极	—	—	—	—	0.35	0.4	0.45	0.5	0.5	0.55	0.65

气隙不均匀使电机磁路不对称，引起单边磁拉力使电机的运行恶化。对于直流电机而言，主极和电枢之间气隙不均匀常是换向不良、火花严重的原因。所以，必须规定气隙的均匀度。由于气隙是在电机装配以后才形成的，所以气隙均匀度的保证主要取决于电机零件的加工质量，首先是切削加工的质量。按 Y 系列（IP44）三相异步电动机技术条件规定，电动机气隙不均匀度 ε/δ（%）应不大于表 1-6 的规定。

表 1-6　Y 系列电动机的 ε/δ 值

δ/mm	0.20	0.25	0.30	0.35	0.40	0.45	0.50	0.55	0.60	0.65	0.70	0.75
ε/δ（%）	26.5	26.6	24.6	23.6	23.0	22.0	21.0	20.5	19.7	19.0	18.5	18.0
δ/mm	0.80	0.85	0.90	0.95	1.0	1.05	1.1	1.15	1.2	1.25	1.3	>1.4
ε/δ（%）	17.5	17.0	16.0	15.5	15.0	14.5	14.0	13.5	13	12.5	12.0	10.0

表 1-6 中，δ 值代表气隙公称值，ε 代表气隙的不均匀值，其定义为

$$\varepsilon = \frac{2}{3}\sqrt{\delta_1^2 + \delta_2^2 + \delta_3^2 - \delta_1\delta_2 - \delta_2\delta_3 - \delta_1\delta_3} \tag{1-19}$$

式中　δ_1、δ_2、δ_3——在相距 120° 的三点间测得的气隙值。

1.2.2　气隙均匀度的影响因素

当定、转子之间存在着如图 1-11 所示的偏心 e 时，就会使电机的气隙不均匀。令其不均匀值为 ε，如转子半径为 r，平均（或均匀）气隙为 δ_{M}，过 A 点做 AB 线平行于 OO'，过 B 点做 BC 垂直于 AE，则由图 1-11 可知

$$\delta_1 = AC + CD + DE$$

而　　　　　　　　　　$$AC = AB\sin\varphi = e\sin\varphi$$

$$DE = \delta_M$$

$$CD = OD - OC = r - \sqrt{r^2 - e^2\cos^2\varphi}$$

代入气隙公式

$$\delta_1 = \delta_M + e\sin\varphi + CD$$

$$= \delta_M + e\sin\varphi + r - \sqrt{r^2 - e^2\cos^2\varphi}$$

因为 $\qquad r \geqslant e$

所以 $\qquad \delta_1 \approx \delta_M + e\sin\varphi$

同样可得

$$\delta_2 = \delta_M + e\sin(120° + \varphi) = \delta_M + e\sin(60° + \varphi)$$

$$\delta_3 = \delta_M + e\sin(240° + \varphi) = \delta_M + e\sin(60° + \varphi)$$

将 δ_1、δ_2、δ_3 值全部代入式 (1-19)，得

$$\varepsilon = \frac{2}{3}\sqrt{\delta_1^2 + \delta_2^2 + \delta_3^2 - \delta_1\delta_2 - \delta_2\delta_3 - \delta_3\delta_1}$$

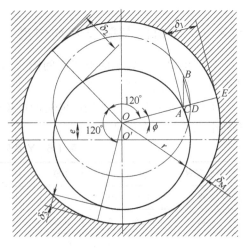

图 1-11　偏心 e 与 E 的关系

$$= \frac{2e}{3}\sqrt{\sin^2(60° - \varphi) + \sin^2(60° + \varphi) + \sin^2\varphi - \sin\varphi\sin(60° + \varphi) + \sin(60° - \varphi)\sin(60° + \varphi)}$$

$$= \frac{2e}{3}\sqrt{\frac{9}{4}(\sin^2\varphi + \cos^2\varphi)} = e$$

　　上式说明，气隙不均匀值 ε 与偏心值 e 在数值上是相等的。所以，解决气隙不均匀度的问题，主要是解决定转子不同心问题。

　　异步电动机的剖视如图 1-12 所示。由图可知，异步电动机定转子偏心 e，主要取决于定子（即机座与带绕组铁心一起组成的部件）、端盖、轴承、转子四大零部件的几何公差及这些零部件的配合间隙。

　　机座与定子铁心外圆的配合，既要考虑到在电磁拉力作用下保证两者不能相对移动或松

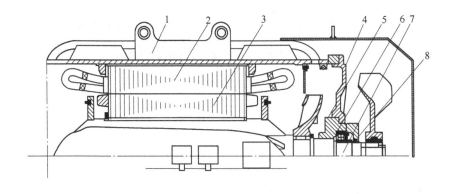

图 1-12　异步电动机的剖视

1—机座　2—定子铁心　3—转子铁心　4—端盖　5—轴承内盖　6—轴承　7—轴　8—轴承外盖

动（因而必须是一种过盈配合），又要考虑到机座是一个薄壁件，过大的过盈将使机座圆周面变形，甚至在装配时压裂，因此，通常按较小的过盈量的过盈配合来确定机座与定子铁心外圆的公差。

为了能够可靠地传递转矩，轴与转子内孔的配合必须采用具有较大过盈的配合。采用上述两种过盈配合，不会有间隙产生，因而不会引起定、转子偏心。

机座与端盖止口圆周面采用过渡配合，轴承内圈与转轴以及端盖轴承室与轴承外圈的配合也采用过渡配合，一般不会引起间隙或间隙非常小，因而对定、转子不同心造成的气隙不均匀的影响也是非常小的。

1.2.3 定子同轴度是保证气隙均匀度的关键

影响电机气隙均匀度的几何公差有以下五种：

J_1——定子铁心内圆对定子两端止口公共基准线的径向圆跳动；

J_2——转子铁心外圆对两端轴承挡公共基准轴线的径向圆跳动；

J_3——端盖轴承孔对止口基准轴线的径向圆跳动；

J_4——滚动轴承内圈对外圈的径向圆跳动；

Z_1——机座两端止口端面对两端止口公共基准轴线的端面圆跳动（即垂直度）。

为了使电机气隙不均匀度不超过允许值，必须控制上述几何公差在一定范围内。如 Y 系列电动机 Y180M-4 的几何公差如下：

J_1——定子铁心内圆对两端止口（0.12mm）；

J_2——转子外圆对两端轴承挡（0.05mm）；

J_3——端盖轴承孔对止口（0.04mm）；

J_4——轴承内圈对外圈（0.015mm）；

Z_1——机座止口端面对两端止口公共基准线（0.08mm）。

以上五种几何公差对电机气隙均匀度的影响程度是不同的，现分析如下：

轴承是一种标准的精密零件，由专门的工厂生产。尽管轴承合格品的保证值公差 J_4 较小，但外购的轴承都能保证这个要求。

J_2 与 J_3 值在工艺上也是比较容易保证的（在工艺上采取的相应措施在以后几节中分析）。

机座两端止口端面对两端止口公共基准轴线的端面圆跳动 Z_1 对于偏心影响如图 1-13 所示。

图中 O 点为定子止口中心，当垂直度 $Z_1=0$ 时，端面止口和定子止口中心重合在 O 点，当 $Z_1 \neq 0$ 时，端面止口中心移至 O'，由图 1-13 可知

$$O_1 C = O'C - O'O_1 = \frac{O_1 O'}{\cos\alpha_1} - \frac{D}{2} = \frac{D}{2}\left(\frac{1}{\cos\alpha_1} - 1\right)$$

$$O_1 A = \frac{O_1 C}{\tan\alpha_1} = \frac{D}{2}\frac{1}{\sin\alpha_1}(1 - \cos\alpha_1)$$

$$e_{x1} = FE = AE\sin\alpha_1 = (O_1 E + O_1 A)\sin\alpha_1$$

$$= b\sin\alpha_1 + \frac{D}{2}(1 - \cos\alpha_1)$$

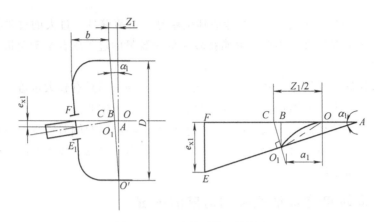

图 1-13 Z_1 对转子偏心的影响

当 α_1 很小时

$$\sin\alpha_1 \approx \tan\alpha_1 = \frac{Z_1}{D}, \quad \cos\alpha_1 = \sqrt{1 - \frac{Z_1^2}{D^2}}$$

故

$$e_{x1} = b\frac{Z_1}{D} + \frac{1}{2}\left(D - \sqrt{D^2 - Z_1^2}\right) \tag{1-20}$$

由式（1-20）可知，在异步电机中，$b < D$（一般为 $0.05 \sim 0.10\text{mm}$），且 $Z_1^2 \leqslant D^2$，故 e_{x1} 值很小，就是说对气隙均匀度的影响也是不大的。

对气隙均匀度影响最大的因素是定子铁心内圆对定子两端止口公共基准轴线的径向圆跳动（或称定子同轴度）。这是由定子的结构工艺特点决定的。定子铁心是由冲片一片片叠压而成的，各道工序都会造成形位误差积累。机座是一种薄壁零件，铁心压入后止口极易造成形位误差。根据电机的电磁性能要求，定子铁心内圆通常是不准加工的。上面给出的 J_1 公差比其他公差虽然大些，但从工艺上看，控制 J_1 值要复杂得多。

1.2.4 保证定子同轴度的工艺方案

在我国，保证定子同轴度的工艺方法有下列三种不同的方案：

1）W 方案——定子铁心以其内圆为基准精车铁心外圆，然后压入机座，不再进行任何补充的机械加工，称为"光外圆"方案。

2）Z 方案——定子铁心内外圆不进行机械加工，压入机座以后，以铁心内圆为基准精车机座止口，称为"光止口"方案。

3）L 方案——定子铁心内外圆不进行补充加工，压入机座后不再精加工止口，称为"两不光"方案。

三种工艺方案各有优缺点，经过生产验证，都能满足气隙均匀度要求。

以定子止口为基准，磨铁心内圆，也是保证定子同轴度的可行方案，但这种工艺方法将使电机的铁损增加、性能下降，除在特殊情况下（例如采用扇形片内压装铁心时）还保留这种工艺外，一般都已淘汰。

Z 方案的工艺特点是：由于止口在铁心装入机座后进行精加工，所以可以放松机座、定子冲片和定子铁心的有关精度要求。对机座与铁心本身没有同轴度要求，铁心和机座的配合过盈也可较其他两种方案为大。

W 方案的工艺特点是：可以放松冲片内外圆同轴度和冲片外圆的精度要求。铁心外圆精度和铁心内外圆同轴度是依靠铁心压装后，以内径为基准精车外圆的方法来保证，由于铁心压入机座后不再进行补充加工，所以机座的精度和同心度要求较 Z 方案为高。

L 方案的工艺特点是：定子同轴度完全依靠零件质量来保证，对冲片、机座、铁心的质量要求都较高。

每一个工厂究竟应采用哪一个工艺方案为好，必须具体考虑本厂的技术经济条件，不能盲目采用。例如，在大量生产条件下，机座都在自动（或半自动）流水线上或组合机床上加工，但现阶段组合机床不易经济地保证 8 级公差及两端止口和铁心挡内径较高的同轴度，通常只能保证 9 级公差，因此应采用 Z 方案。又如，在小批生产条件下，冲片的槽形大都采用单槽冲制，冲片内外圆通常不是一次冲落，因此冲片与铁心的内外圆的同轴度就不易保证，所以采用 W 方案最为合适。

L 方案的生产效率较 W 及 Z 方案为高，因为它既不要精车止口，又不必精车铁心外圆。因此，在成批生产条件下，冲模、叠压工具能保证质量，机座加工质量也能保证，采用 L 方案最合适的。

采用 Z 方案时，精车止口是在带绕组铁心压入机座后才加工，因此加工时必须注意避免切屑进入绕组端部，以避免降低电气质量。

1.3 转轴和转子的加工

1.3.1 技术要求

转轴是电机的重要零件之一，它要支承各种转动零部件的重量，工作时还要承受由不平衡重量引起的弯曲力矩和气隙不均匀引起的单边磁拉力，更重要的是，转轴还是传递转矩、输出（以电动机为例）机械功率的主要零件。

电机转轴都是阶梯轴，轴和转子的典型结构如图 1-14 所示。

一般电机轴都采用 45 号优质碳素结构钢。采用 45 号钢，除强度较好以外主要还可进行调质处理。对小功率电机，允许用 35 号钢或 A5 普通碳素钢代替，后者强度较差，但价格便宜。常用转轴的力学性能与相对价格见表 1-7。

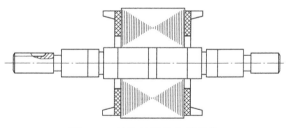

图 1-14　轴和转子的典型结构

表 1-7　常用转轴的力学性能与相对价格

钢　号	屈服点 σ_s/MPa	抗拉强度 σ_b/MPa	伸长率 σ_s(%)	相对价格
A5	≥260	500~530	21	1.0
35	≥320	540	20	1.3
45	≥360	610	16	1.33

转轴毛坯通常用热轧圆钢，只有直径较大的电机转轴（例如 100mm 以上），才考虑采用由圆钢锻成的阶梯轴毛坯。采用锻件毛坯能节省金属材料消耗，提高力学性能，但同时却增加了锻造费用。因此究竟采用什么样的毛坯形式，必须根据工厂具体条件进行具体的技术经济分析。

毛坯尺寸与转轴加工中的余量大小有关，当毛坯采用热轧圆钢时，毛坯尺寸 d' 为

$$d' = d + \Delta d$$

式中　d——转轴铁心挡直径；

　　Δd——毛坯加工余量。

由上式计算的数值 d'，尚需按 GB/T 702—2008 热轧钢标准规格进行调整。

1）转轴各主要表面的加工尺寸精度及表面粗糙度要求见表 1-4。

2）转轴和转子的形位公差，以 Y180M—4 为例有：

① 转子外圆对两端轴承挡公共基准轴线的径向圆跳动（0.05mm）；

② 转子轴伸外圆对两端轴承挡公共基准轴线的径向圆跳动（0.025mm）；

③ 转轴轴承挡的圆柱度（0.019mm）；

④ 轴伸挡圆度（0.008mm）；

⑤ 键槽对称度（0.035mm）。

1.3.2 结构要素选择

1. 中心孔

轴和转子的加工工序，大都以中心孔作为定位基准。中心孔的质量对工件加工精度有直接的影响。常用中心孔有两种形式，如图 1-15 所示。在电机轴中都采用 B 型中心孔，即带护锥中心孔。

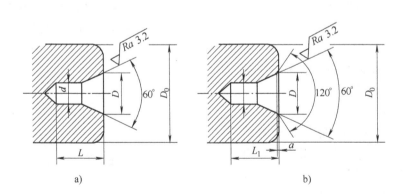

图 1-15　转轴中心孔

a）A 型不带护锥　b）B 型带护锥

中心孔尺寸由 GB/T 145—2001 规定，并按表 1-8 的数据进行选择。在选择时主要根据毛坯最大直径，并参考端部最小直径及工件最大重量（对重型零件，则按重量来选择）。

中心孔由圆柱孔和圆锥孔两部分组成。圆柱孔用来储存润滑油，以减少顶尖的磨损。圆锥孔必须与车床顶尖相配，角度一般为60°，用来担负压力和定中心。B 型带护锥的中心孔，

在 60°锥孔的端部还要加 120°倒角，可起保护锥孔表面的作用。

尺寸 d 是中心孔的主要尺寸，用它来表示中心孔规格，例如 $d=4$mm 的 B 型中心孔，在图样上标注为：中心孔 B4 GB/T 145—2001。

表 1-8　中心孔尺寸　　　　　　　　　　（单位：mm）

d	D_{max}	L	L_1	a	选择中心孔参考参数		
					D_{0min}	毛坯最大直径	工件最大重量/kg
2	5	5	5.8	0.8	8	>10~18	120
2.5	6	6	6.8	0.8	10	>18~30	200
3	7.5	7.5	8.5	1	12	>30~50	500
4	10	10	11.2	1.2	15	>50~80	800
5	12.5	12.5	14	1.5	20	>80~120	1000
6	15	15	16.8	1.8	25	>120~180	1500
8	20	20	22	2	30	>180~220	2000
12	30	30	32.5	2.5	45	>220~260	3000
16	38	38	40.5	2.5	50	>260~300	5000
20	45	45	48	3	60	>300~360	7000
24	58	58	62	4	70	>360	10000

2. 退刀槽

为了便于轴颈加工，使装配工艺可靠，应在台阶过渡处加工出退刀槽（或称砂轮越程槽）。退刀槽尺寸按 GB/T3—1997 选用，如图 1-16 所示。

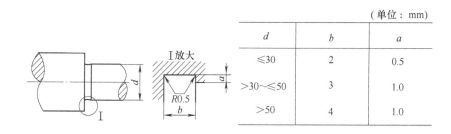

（单位：mm）

d	b	a
≤30	2	0.5
>30~≤50	3	1.0
>50	4	1.0

图 1-16　退刀槽尺寸

3. 键槽

键和键槽尺寸按 GB/T 1096—2003 选取，表 1-9 列出了电机转轴采用的键和键槽尺寸。当轴上有两个及两个以上键槽时，为了考虑结构工艺要求，应尽量统一键槽宽度，并布置在轴的同一母线上，便于在铣床上通过一次装夹把全部键槽铣出来。

4. 倒角

为了使装配容易和安全，一般在车削加工结束前都需进行端面倒角，倒角尺寸按 GB/T 3—1997 规定，见表 1-10。

表 1-9 键和键槽尺寸 （单位：mm）

轴径 D	键公称尺寸		键 槽 深				r
	B(h9)	H(h11)	轴 t		轮毂 t₁		
			公称	公差	公称	公差	
自 6≤8	2	2	1.2	+0.10 0	1	+0.10 0	0.08~0.16
>8≤10	3	3	1.8		1.4		
>10≤12	4	4	2.5		1.8		
>12≤17	5	5	3.0		2.3		0.16~0.25
>17≤22	6	6	3.5		2.8		
>22≤30	8	7	4.0	+0.20 0	3.3	+0.20 0	0.25~0.4
>30≤38	10	8	5.0		3.3		
>38≤44	12	8	5.0		3.3		
>44≤50	14	9	5.5		3.8		
>50≤58	16	10	6.0		4.3		
>58≤65	18	11	7.0		4.4		
>65≤75	20	12	7.5		4.9		
>75≤85	22	14	9.0		5.4		0.4~0.6
>85≤95	25	14	9.0		5.4		
>95≤110	28	16	10.0		6.4		
>110≤130	32	18	11		7.4		
>130≤150	36	20	12	+0.30 0	8.4	+0.30 0	0.7~1.0
>150≤170	40	22	13		9.4		
>170≤200	45	25	15		10.4		

表 1-10 倒角尺寸 （单位：mm）

轴直径	倒角尺寸	轴直径	倒角尺寸
3≤6	0.4×45°	>80≤120	3×45°
>6≤10	0.6×45°	>120≤180	4×45°
>10≤18	1×45°	>180≤260	5×45°
>18≤30	1.5×45°	>260≤360	6×45°
>30≤50	2×45°	>360≤500	8×45°
>50≤80	2.5×45°		

1.3.3 工艺和工艺方案分析

各类电机轴的基本加工过程有平端面和钻中心孔、车削、铣键槽和磨削等工序，有关压轴、校平衡等工艺将在第6章中分析。

1. 平端面和钻中心孔工序

由锯床锯成的毛坯不能保证端面与轴线相垂直，对转轴全长精度也不易保证，因此必须留有余量，然后在车床或有关设备上平端面及钻中心孔。

中心孔也称顶尖孔，是用作车削、磨削等一系列工序基准定位的孔。因此，中心孔在加工过程中自始至终应保持准确、清洁，并保留在轴上。

转轴两端中心孔要在同一中心线上，否则中心孔易磨损，工件质量不易保证，严重的会留有"黑皮"。

中心孔是用中心钻加工的。中心钻是一种复合钻头，一次走刀即加工出中心孔的圆柱部分和圆锥部分。中心钻用高速钢制造，是一种标准刀具，由专门的工厂生产，如图 1-17 所示。这种方法比较简便，但精度不太高，不易保证两端中心孔在一条中心线上，需适当放大车削的加工余量。此外，效率也较低，对于单件小批量生产比较适合。

图 1-17　中心钻

对大批或大量生产的工厂，或精度要求较高的零件，应采用专门的设备加工。把两端平端面和钻中心孔合并在一台设备上完成。

图 1-18 所示为两工位专用半自动机床的工作部分。机床有两个动力头，每个动力头有两根主轴，一根轴装盘铣刀，另一根轴上装中心钻。两端平面及中心孔是同时加工的，机床通过液压传动系统自动送进与退出，先铣端面，再钻中心孔。在这种设备上附加上料、接料装置和机械手，可用在自动流水线上。图 1-19 是另一种平端面钻中心孔专用机床，它也是两端同时加工，但平端面和钻中心孔是在一起完成的。为了使平端面和钻中心孔有不同的切削速度，带动动力头的电动机应为双速电动机，能自动切换变速，并采用液压夹紧工件。

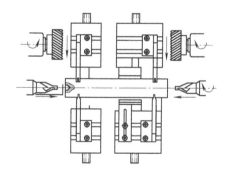 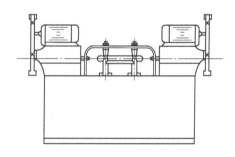

图 1-18　两工位专用半自动机床的工作部分　　　　图 1-19　平端面钻中心孔专用机床

工件在 V 形铁上的送料、卸料，利用简单的机械结构，可以做到自动化。其动作原理如图 1-20 所示。由图可知，加工完一个零件后，液压缸下降，当下降到低于上料板时，下一工件就滚到挡块处，液压缸继续下降到低于卸料板时，加工完的工件就沿斜坡滚出。当液压缸升起，超过挡块高度时，第二个工件被抬起，滚到 V 形铁中，并继续上升到夹紧为止。

要求刀具能同时钻中心孔及平端面，因此是一种复合刀头，结构如图 1-21 所示。使用此设备时，由于中心孔在平端面以前加工，因此对毛坯锯断质量有较高要求，否则易损坏中心孔。

2. 车削工序

为了保证转轴各表面相互位置的精度，要求在各道工序中采用统一的定位基准——中心孔，因此在车削工序中，普遍采用双顶尖定位装夹。这种定位装夹方法如图 1-22 所示。在

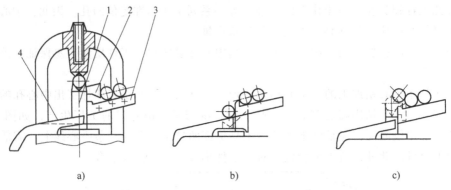

图 1-20　上料、卸料动作原理

a）加工状态　b）卸料状态　c）上料状态

1—液压缸　2—机械手　3—上料板　4—卸料板

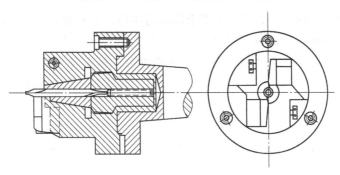

图 1-21　复合刀头结构

车床主轴上装有拨盘 1，通过拨杆 3 带动鸡心夹头 2，鸡心夹头通过方头螺钉与工件连在一起，也可以不用拨杆，把直尾鸡心夹头改成弯展的，同样能达到目的。

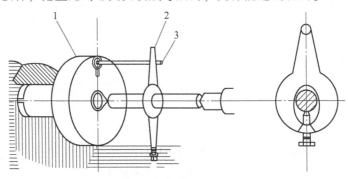

图 1-22　双顶尖定位装夹

1—拨盘　2—鸡心夹头　3—拨杆

　　电机转轴的车削加工一般分为粗车与精车，在两台车床上进行。粗车时，得到和轴相似的轮廓形状，但在每一轴挡的直径和长度尺寸上都留有精车及磨削工序的加工余量，不要求得到精确的尺寸，只要求在单位时间内加大切削量。采用强力的机床和坚固的刀具。精车时，除需要磨削的台阶留出磨削加工余量外，其余各轴挡的直径和长度全部按图样规定的要求加工。端面倒角和砂轮越程槽也在精车时加工。精车工序采用较精密的车床。

以图 1-14 所示的电机轴为例，用圆钢进行粗车，切掉带斜线的那部分金属，如图 1-23 所示，精车切掉深色部分的金属。

轴在车削加工时，通常由以下 4 道工序组成：

工序 1：粗车左端（轴伸端）各轴挡；

工序 2：粗车右端各轴挡；

工序 3：精车左端各轴挡及倒角、切槽；

工序 4：精车右端各轴挡及倒角、切槽。

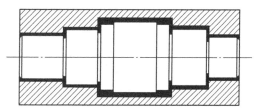

图 1-23　轴的车削加工

在粗车时，留出精车加工余量，粗车外圆的精度为 h12 或 h13。在精车时，对需要磨削表面留出磨削加工余量，需要磨削的外圆，精车时精度为 h10。余量大小见表 1-11。

表 1-11　电机轴的工序余量　　　　　　　　（单位：mm）

轴　径	轴的长度				
	>100~250	>250~500	>500~800	>800~1200	>1200~2000
>10~18	0.9/0.3	1.0/0.3	1.1/0.3	—	—
>18~30	1.0/0.3	1.1/0.3	1.3/0.4	1.4/0.4	—
>30~50	1.0/0.3	1.1/0.3	1.3/0.4	1.5/0.5	1.7/0.6
>50~80	1.1/0.4	1.2/0.4	1.4/0.5	1.5/0.6	1.8/0.7
>80~120	1.2/0.4	1.2/0.5	1.4/0.5	1.6/0.6	1.9/0.7
>120~180	1.2/0.5	1.3/0.6	1.5/0.6	1.7/0.7	2.0/0.8

注：分子——粗车外圆后精车余量；分母——精车外圆后磨削余量。

为了提高车削工序的生产效率，多刀切削工艺得到了广泛的应用。图 1-24 列举了两种不同的多刀切削方法。

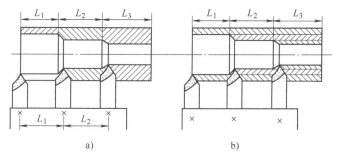

图 1-24　多刀切削的两种方法

a）按阶梯加工　b）按分配余量加工

图 1-24a 的方法是每一阶梯用一把车刀加工，刀架行程长度等于轴的最长一个阶梯的长度。图 1-24b 的方法是各车刀依次参加车削，前一把刀要切去其后面各刀所加工的总余量的一部分，刀架行程长度等于各阶梯长度之和。比较这两种方法可知：当各阶梯轴径相差较小，长度相差不大时，用图 1-24a 的方法是有利的；当各阶梯轴径相差较大，余量较大时，则应采用图 1-24b 的方法，但要注意刀架需在尾座旁能自由通过。

采用多刀切削，要考虑机床消耗功率的增大而产生的影响。最适合应用多刀切削工艺的是型号为 C720 及 C730 的多刀半自动车床，这种机床有前后两个刀架，与普通车床相比具有高的强度和稳定性，有较大的功率。如图1-25所示，刀架A作纵向切削，加工外圆表面；刀架B作横向切削，加工砂轮越程槽及端面倒角。

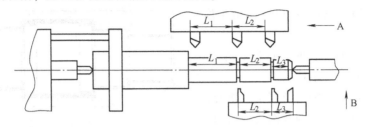

图1-25　双刀架多刀切削

3. 转轴加工工序卡片

转轴加工工序卡片见表1-12。

表1-12　工序卡片

转轴加工工序卡片		产品名称	产品型号	零件名称
加工简图		三相异步电动机	Y100	转轴
		车间	工序号	工序名称
		机加	3	半精车
		材料牌号	毛坯种类	毛坯外形尺寸
		45号钢	热轧钢	φ40mm×366mm
		设备名称	设备型号	夹具名称
		普通车床	C620—1	鸡心夹头

工序号	工步内容	工艺装备	主轴转速 /(r/min)	切削速度 /(m/min)	进给量 /(mm/r)	背吃刀量 /mm	走刀次数	工时定额
1	以中心孔定位、鸡心夹头夹紧、半精车轴伸外圆及轴承挡外圆、车空刀槽、倒角至图样尺寸及技术要求	YT15车刀,0~150mm游标卡尺,20~50mm外径百分尺	600	55.6~59.4	0.17~0.2	0.5~0.8	2	
2	调头夹紧、半精车风扇、轴承挡外圆、车空刀槽倒角至图样尺寸及技术要求	YT15车刀,0~150mm游标卡尺,25~50mm外径百分尺	600	55.6~59.4	0.17~0.2	0.5~0.8	2	

4. 铣键槽和磨削工序

电机轴上的轴伸挡和两端轴承挡的精度与形位公差要求都较高，都需要进行磨削加工。对于小容量电机，由于轴较细，当轴压入铁心内时，极易产生变形（压弯），因此磨削加工都在转轴套入铁心后进行。当轴的直径较大时，上述工艺方法使劳动量大大增加，甚至一般外圆磨床都无法使用。在实际生产应用中，对直径在φ60mm以上转轴，因其刚度和强度较好，压入铁心时引起弯曲变形的可能性不大，因此普遍采用轴全部加工后（包括磨削）再压入铁心的工艺，这种工艺方法的优点是：劳动强度低，生产周期短，消除了在磨削时冷却液进入转子铁心的现象。

对于轴伸端键槽铣削与直径磨削的安排，把精加工的磨削工序放在铣键槽工序之后进行是合理的。这样一方面可以消除由于铣削工序可能引起的变形，同时也能有效地去除铣槽口的毛刺。但是先铣后磨也有不利的一面，即磨削不连续，如切削用量选用不当，容易损坏砂轮，并且键槽的精度相对地也要求高一些。

为了说明最后这个问题，下面以某电机转轴为例，按规定的工艺方案：

工序 1：精车，$D_1 = 32.3_{-0.1}^{0}$ mm；

工序 2：铣键槽，得尺寸 X（见图 1-26），是待求量；

工序 3：对尺寸 D_1 进行磨削至尺寸 D_2，已知要求 $D_2 = 32_{+0.003}^{+0.020}$ mm，尺寸 X 则成为尺寸 G，已知要求 $G = 26.8_{-0.14}^{0}$ mm。

由图 1-26 可知，这是个尺寸链问题，图中未考虑精车和磨削对工件同轴度的影响。

根据尺寸链的基本概念，尺寸 G 为封闭环，待求量 X 是一个增环，而 $D_1/2$ 是减环，$D_2/2$ 是增环。因为 $D_1/2 = 16.15$ mm，$D_2/2 = 16$ mm，所以

$$G_{max} = X_{max} - (D_1/2)_{min} + (D_2/2)_{max}$$
$$26.8\text{mm} = X_{max} - 16.1\text{mm} + 16.01\text{mm}$$
$$X_{max} = 26.89\text{mm}$$
$$G_{min} = X_{min} - (D_1/2)_{max} + (D_2/2)_{min}$$
$$26.66\text{mm} = X_{min} - 16.15\text{mm} + 16.0015\text{mm}$$
$$X_{min} = 26.8085\text{mm}$$

可取为 $X = 26.8_{+0.0085}^{+0.09}$ mm

根据同样理由，在铣键槽时，不能采用由平口钳夹住外圆的定位方法，因为外圆本身的公差较大，尺寸 $(D-t)$ 很容易超差和使键槽偏斜。

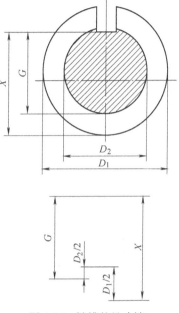

图 1-26　键槽的尺寸链

5. 转子外圆加工工序

感应电动机转子外圆的尺寸公差，是一种非标准公差，即采用 (+h7)。这是因为铁心内圆的公差基本为正公差，为了使气隙的偏差不至太大，应使转子外圆与定子铁心内圆的公差带中心基本一致，转子外圆应采用正公差。

转子铁心外圆不允许采用磨削工艺，尽管采用磨削可以同轴承挡磨削在一次装夹中完成从而使形位误差极小，但转子铁心是由一张张冲片叠压而成，磨削时大量的冷却液必将渗入冲片间隙中，降低使用寿命；同时，外圆表面上由于槽口铝条的影响，磨削比较困难。所以，转子铁心外圆加工无例外地都采用车削加工。由于槽口铝条影响，车削是交替地从硬的钢到软的铝，对刀具来讲，与断续切削相似，因此刀具磨损较快，尤其在自动流水线上，加工效率低，成为加工的薄弱环节，并且刀具刃磨调整频繁，尺寸精度不易控制。

先进的工艺方法是采用旋转圆盘车刀加工。这种方法同用普通硬质合金车刀相比，切削速度可提高 1 倍，刀具寿命可提高 10 倍多（根据某电机厂试验，一般车刀刃磨一次可加工30 个转子，圆盘车刀一次刃磨可加工 400 个转子）。这种刀具结构如图 1-27 所示。刀片 1 是一个用 YG6 材料制成的硬质合金圆环，用压板 4 通过 6 个 M5 内六角螺钉紧固。刀体 2 固定在带圆锥的轴上，而轴则在刀体座 6 中，通过轴承能自由转动。利用圆盘车刀加工转子外圆

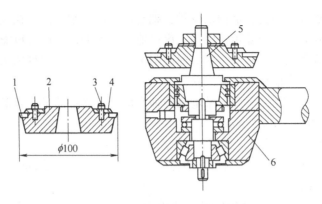

图 1-27 旋转圆盘车刀结构

1—刀片 2—刀体 3—固定螺钉 4—压板 5—心轴 6—刀体座

图 1-28 圆盘车刀加工转子外圆

如图 1-28 所示。

圆盘车刀的刃口比普通车刀长几十倍，刀具磨损相应减小，又由于刃口是在旋转，切削热导散特别有利，故这种刀具寿命长，耐用度高。

1.3.4 小型电机转轴加工自动化概要

为了提高劳动生产率，降低劳动强度，根据工厂的不同情况，采用了不同的措施，大体上可归纳为以下几类：

1）实现单机自动。即在一个专用机床上实现自动化，包括自动装夹，自动进刀、退刀和自动停车、卸工件等，只有搬运传递还依靠人工。装夹工件是利用压缩空气或液压传动的夹具来自动完成；自动进刀、退刀靠程序控制。例如，有的工厂生产中使用的齐头打孔机床、仿形自动车床（未做到自动装卡）都可以自动完成一个工序。

2）实现自动流水生产线。转轴转子加工较先进的方法是组织自动流水线。几个实现了单机自动的机床联在一起，包括工件的传递（转序）也实现了自动化，即实现了生产自动线。例如，某电机厂的 Y 系列 Y90～Y160 电机转轴、转子自动线，节拍为 1.5min，全线由11 台机床组成（不包括最后作动平衡的机床），工件传递、装夹、进刀、退刀等全部自动化，生产效率很高，劳动强度大为降低。

图 1-29 所示为转轴自动加工流水线示意图，图中，轴料在备料车间下好后送到流水线旁的送料架上，然后自动传送给平端面钻中心孔机床。图内两台粗车和两台精车机床分别加工轴伸端和风扇端，它们反方向布置在流水线两边，因此工件传递来可以不必调头，即可

装夹切削。精磨的工序是为了校正由于滚花和压入转子而引起的转轴弯曲和变形。

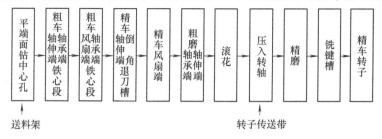

图 1-29　转轴自动加工流水线示意图

1.4　端盖的加工

1.4.1　结构与技术要求

端盖是连接转子和机座的结构零件。它一方面对电机内部起保护作用，另一方面通过安放在端盖内的滚动轴承来保证定子和转子的相对位置。

小型电机端盖的典型结构如图 1-30 所示。

图 1-30 为封闭式异步电动机的端盖。对于防护式电机，则在端盖下部开有两个很大的进风口，在端盖内侧，有安装挡风板的凸台。

图 1-30 所示的端盖结构可以不必用外轴承盖，这是外轴承盖和端盖合在一起的结构。采用这种结构可以减少零件，端盖外侧面不必加工。当电机容量较大时，考虑到检修方便，添加润滑脂不必拆卸端盖，因此仍采用外轴承盖，此时端盖轴承室是一个通孔。

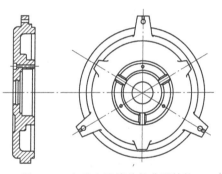

图 1-30　小型电机端盖的典型结构

所有上述结构上的差别，不影响端盖的工艺方法，端盖的基本技术要求也是一样的。

1. 端盖各表面的加工尺寸精度及表面粗糙度

其要求见表 1-4。

2. 端盖的形位公差

以 Y180 为例有：

1）止口平面对轴承室轴线的端面圆跳动（0.12mm）。

2）轴承室内圆的圆度（0.01mm）。

3）轴承室内径对止口基准轴线的圆跳动（0.04mm）。

4）轴承室内外侧面对轴承室轴线的端面圆跳动（0.10mm）。

5）端盖固定孔对标称位置的位置度（0.80mm）；轴承盖固定孔位置度（0.80mm）。

由于端盖外沿圆周是一个圆锥面，在加工时装夹很困难，所以，为了工艺需要，在端盖外沿圆周上铸出三个 120°分布的凸台（或称搭子）。

一般电机端盖毛坯都采用牌号为 HT150 的灰铸铁，因为这种材料成本较低。只有在特殊场合使用的电机，才采用其他材料，如油泵电机端盖用铝合金，防爆电机端盖用铸钢等。

端盖有不少表面是不必要进行切削加工的。因此，不同表面的铸造余量由该表面的特点来决定。为了使毛坯余量一致，便于制造造型用的模型，需在加工图基础上，规定铸件图。例如，图1-30所示端盖的铸件图及加工余量如图1-31所示。图中网状阴影线的面积表示加工余量。

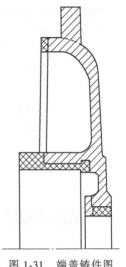

图1-31　端盖铸件图
及加工余量

1.4.2　端盖加工工艺方案

端盖加工按照轴承室和止口加工时装夹次数的不同，可以分为以下两种加工方案。

第一种加工方案：轴承室和止口是在一次装夹中加工出来的。

工艺过程如下：

1）将端盖装夹于机床卡爪上，校准中心和端面。

2）粗车轴承室、轴承室的两端面、挡风板凸台平面，粗车止口。

3）稍微回松卡爪，精车止口和端面。

4）精车轴承室。

5）钻孔和攻螺纹。

一次装夹加工方案的优点是由于止口和轴承室是在一次装夹中精车出来的，它们的同轴度较高，辅助工时较少。缺点是轴承室容易因夹持应力过大而产生变形。

第二种加工方案：轴承室和止口是在两次装夹中精车出来的。

工艺过程如下：

1）将端盖装夹于机床卡爪上，校准中心和端面。

2）粗车轴承室、轴承室内端面、挡风板凸台平面。

3）粗车和精车止口。

4）将端盖止口装在止口胎具上并压紧。

5）精车轴承室和轴承室外端面。

6）钻孔和攻螺纹。

两次装夹的优点是夹持应力对精加工部位的变形影响小，夹持稳定可靠，切削速度可适当提高；缺点是止口与轴承室不是在一次装夹中精车出来的，容易产生不同轴，同时两次装夹导致辅助工时增多。

1.4.3　端盖加工工艺方法分析

为了消除铸件的内应力，端盖毛坯在加工之前必须进行时效处理。端盖加工过程比较简单，基本上是车削和钻孔两项。但是，端盖是一种薄壁件，因此不正确的装夹、过大的夹紧力或过大的切削用量，都有可能使端盖尺寸超差和变形。当然，减小夹紧力将不得不减小切削用量，从而降低了生产效率。为了解决这个矛盾，在电机制造厂实际生产中，都将车削工序分为粗车和精车，在不同机床上进行专业化生产。粗车和精车都用凸台定位。

当铸件精度较低时，为了避免端盖车削后圆周壁厚不均，在粗车前增加一道工序，以毛坯止口外圆定位，车凸台外径，然后用三爪自定心卡盘夹住三个凸台，进行粗车和精车，端盖圆周壁厚就不会产生厚薄不均现象。

对于有轴承外盖的端盖，轴承孔外端面必须加工，通常用止口胎定位，如图 1-32 所示。止口胎 4 通过旋紧蝶形螺母 2、压板 3 来压紧端盖。

有的电机制造厂在加工图 1-32 所示端盖时，采用两次装夹加工，即首先用凸台定位车出止口和轴承室内端面，然后以止口定位按图 1-32 的夹紧方法，车轴承室内孔和外端面。

采用两次装夹，由于加工轴承孔时为轴向夹紧，因此可以消除装夹变形，轴承孔的圆度和圆柱度要求较易保证。但是增加装夹次数，引起安装误差，它极易使轴承孔和止口不同心。所以，应该采取哪一种工艺方法更能保证产品质量，每一个工厂必须进行具体分析。在一般情况下，安装误差是不容易消除的，而装夹变形由于粗、精车分开，随着操作经验的积累，变形程度可以控制在要求范围内，因此一次装夹车削工艺应用较普遍。

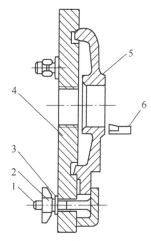

图 1-32　车轴承室外端面
1—拉紧螺杆　2—蝶形螺母
3—压板　4—止口胎
5—端盖　6—车刀

提高端盖车削生产率的有效方法是采用多刀车削。无论粗车和精车都可以采用多刀切削。多刀切削工艺在一般工厂中都有条件进行推广，因为它不需要特殊的设备，只要在普通车床上改装一个刀架即可。

图 1-33 所示为小型电机端盖粗车多刀车削的情况。首先刀架横向进给，刀杆 A 及 B 分别加工轴承室端面和轴承盖内侧平面；然后刀架纵向进给，加工轴承室和轴承盖的内孔。当纵向移动一定距离后，刀架又作横向移动，通过刀杆 C 和 D 加工止口外圆和两个端面。

多刀车削必须保证刀架的相对位置，其位置完全由工件的尺寸决定。为了对刀方便，通常特制一个对刀样板，以便于随时检查刀具位置（刀具磨损会引起工件尺寸的变化）。

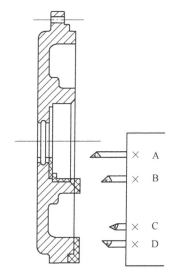

在普通车床上采用多刀切削工艺，要考虑车床功率变化及机床刚度的情况。各个刀杆也必须保证有足够的刚度。

端盖钻孔工序一般都在台钻或立式钻床上进行。为了保证各个固定孔的相对位置，必须采用钻模（钻孔夹具）。

图 1-33　端盖粗车多刀切削

进一步提高钻孔生产率的有效方法是采用多头钻。考虑到电机制造厂都是多规格成批生产，多头钻最好做成可调整的。调整范围要考虑工厂生产的电机具体规格。

1.4.4 端盖加工工艺卡片

端盖加工工艺卡片见表1-13。

表1-13 工艺卡片

端盖加工工艺卡片		产品型号	产品名称	零件名称
加工简图		Y90	三相异步电动机	端盖
		设备名称	型号	工序号
		卧式车床	C620—1	3-精车
		胎、刀具编号	胎、刀具名称	材料牌号
		YG8	硬质合金	HT150
		主轴转速/(r/min)	进给量/(mm/r)	背吃刀量/mm
		305～480	0.1～0.2	0.5～1

序号	项目	内容	检查项目	工艺要求	测量工具	工时定额
1	粗车	以端盖止口毛坯外圆定位,粗车三个凸台,车圆为止,保证深度	三个凸台	圆凸台车		
2	粗车	以粗车凸台外圆定位,三爪自定心卡盘夹紧,粗车端面、止口、轴承室至图样尺寸要求	轴承室止口止口深度	$\phi50mm$ $\phi135mm$ 17mm	卡尺0～150mm,深度尺0～300mm	
3	精车	以凸台定位,重新装夹,找正,精车端面、止口,至图样尺寸要求	轴承室止口止口深度	$\phi52mm$ 18mm	专用卡板,塞规,深度尺0～300mm	
4	车轴孔	以精车端面止口定位,上精车止口胎、用压板螺母紧固精车轴孔及油槽至图样尺寸要求	轴孔	$\phi25^{+0.013}_{0}mm$	塞规	
5	钻孔	以轴承室端面定位,上钻孔胎,钻孔至图样要求	孔	$\phi5.8mm$ $\phi6.2mm$ 三孔 120°等分 $\oplus\phi0.3H$	卡尺0～150mm	
6	钻孔	以精车端面止口定位,上钻孔胎,钻孔至图样要求	孔	$\phi7mm$ $\phi152mm$ 三孔 120°等分 $\oplus\phi0.4H$	卡尺0～300mm	
7	钻孔攻螺纹	以端面轴承室定位,上定位胎,钻孔、攻螺纹至图样尺寸要求	螺纹孔	3×M5 三孔 120°等分	卡尺0～150mm	

1.5 机座的加工

机座在电机中起着支撑和固定定子铁心、在轴承端盖式结构中通过机座与端盖的配合以支撑转子和保护电机绕组的作用。本节将主要介绍小型异步电动机机座的加工工艺，同时对直流电机机座加工特点作一般介绍。

1.5.1 结构与技术要求

小型异步电动机的基本系列有防护式和封闭式两种。防护式电机（YR 系列）能防止水滴或其他杂物沿与垂线成 45°角的范围内落入电机内部，适用在无特殊要求的场合。封闭式电机（Y 系列）能防止灰尘、铁屑或其他杂物侵入电机内部；Y 系列电动机外壳防护等级为 IP44。在相同安装尺寸条件下，防护式电机与封闭式电机相比，有较高的输出功率。

防护式电机的机座两旁和底脚部分有出风口，机座内圆有 4 条固定铁心的轴向肋，如图 1-34 所示。封闭式电机的机座外表面带有散热片，通过外风扇把冷却空气吹在散热片表面以带走热量。机座内圆表面除引出线部分外，与铁心是整圆接触，如图 1-35 所示。

机座结构的上述区别，并不影响工艺方案的分析。下面，以封闭式电机（Y160）机座为例来分析介绍其加工工艺。

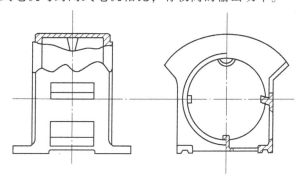

图 1-34　防护式电机机座结构

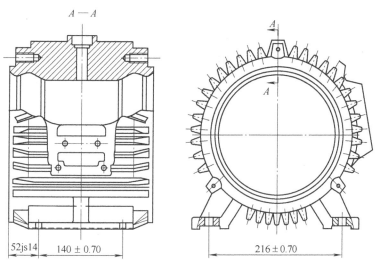

图 1-35　封闭式电机机座结构

机座与端盖的配合面称为止口。在电机结构中存在两种不同的止口形式：内止口和外止口。当机座止口面为内圆时称为内止口，如图 1-36a 所示；当机座止口面为外圆时称为外止口，如图 1-36b 所示。通常中、大型异步电动机和所有直流电动机都采用外止口，只有在小型电机（100kW 以下）中才采用内止口。

为了便于装配和维修，止口处必须留有间隙 δ_1，也不允许两个端面都接触，必须保留间隙 δ_2，如图 1-36 所示。

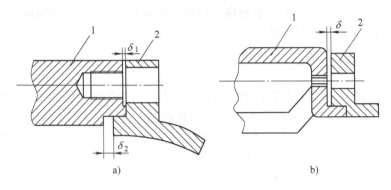

图 1-36 止口形式

a) 内止口 b) 外止口

1—机座 2—端盖

一般用途的异步电动机无例外地都采用牌号为 HT150 的灰铸铁。为了消除内应力，铸件必须进行时效处理。大型电机的机座则采用钢板焊接结构。对于直流电机，由于机座是磁路的一部分，而铸铁的导磁性能很差，因此都采用钢板辗压或铸钢毛坯制造。

机座各加工表面可分为配合用和安装用两大类：

1）配合用表面的加工尺寸精度、几何公差和表面粗糙度要求见表 1-4。

2）安装用表面的加工尺寸精度、几何公差和表面粗糙度要求见表 1-4。

电机中心高是一项重要的安装尺寸。为了使电机安装后中心高不超差，必须首先对机座中心高加以控制，即加工机座底脚平面时必须保证其到机座轴线的距离控制在公差之内。由于考虑气隙不均匀的影响，机座中心高必须比电机中心高有较高的公差等级。例如，Y180M 型电机，电机中心高为 $180_{-0.5}^{0}$ mm，而机座中心高为 $180_{-0.4}^{-0.1}$ mm。

底脚孔用来将电机安装在地脚螺钉上。一般钻削工艺即能保证其公差等级。底脚孔包括孔径与孔距两个尺寸。

底脚孔距包括：轴向孔距 B 及径向孔距 A，此外，还需规定底脚孔对电机轴中心线的尺寸 $A/2$，如图 1-37 所示。

底脚孔距的公差由孔和地脚螺钉间的间隙（底脚孔与地脚螺钉的直径差）T 来决定。对于尺寸 A 及 B，公差 $\delta = 0.35T$；对于尺寸 $A/2$，公差 $\delta = \pm 0.2T$。

此外，为了保证电机的安装尺寸 C（参见图 6-29），在机座加工时要保证尺寸为 C，如图 1-37 所示。尺寸 C 的公差等级，在光止口方案中要比 L、W 方案为高，因为要考虑到精车止口工序产生的误差。

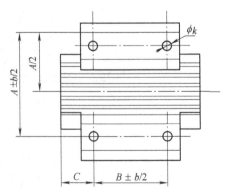

图 1-37 机座底脚孔尺寸布置

对机座的几何公差要求：以 Y180M 型电机为例有：

1）铁心挡内圆对两端止口公共基准线的径向圆跳动（0.12mm）。

2）机座止口两端面对两端止口公共基准轴线的端面圆跳动（0.08mm）。

3）机座止口圆周面的圆度（75%公差带，其平均值仍在公差带范围内）。

4）机座内圆铁心接触面的圆度（75%公差带，其平均值仍在公差范围内）。

5）底脚平面的平面度（100∶0.04）。

6）底脚平面与机座两端止口公共基准轴线的平行度（100∶0.04）。

7）轴伸端左右底脚孔中心连线对其止口平面的平行度（100∶0.36）；一端左右底脚孔中心连线对另一端底脚孔中心连线的平行度（1.05）。

8）两端各一处端盖固定螺孔中心对其凸台中心线的对称度（1.0）。

1.5.2　机座加工的工艺方案

一般小型异步电动机机座的机械加工，大体上有如下三类工艺：对止口及铁心挡内圆进行车削；底脚平面的加工（刨或铣）；固定孔、底脚孔与吊环孔的加工（钻孔和攻螺纹）。

对于前两类工艺方法，各电机制造厂根据本厂的具体条件以及电机的规格不同，采用着各种不同的方法。但就选用的定位基准不同，基本上可分为两种类型：一种是先加工底脚平面，并以底脚平面为定位基准，加工止口和铁心挡内圆；另一种是以止口（或内圆）为定位基准，加工底脚平面。

1）先加工底脚平面，再以底脚平面为基准加工止口和铁心挡内圆。这种方案的工艺过程为：①加工底脚平面。②钻底脚孔，并铰对角二孔。③镗两端止口、端面及铁心挡内圆。④钻孔、平面划线、攻螺纹。这种方案的主要优点是机座内圆和两端止口可在一次装夹中加工出来，因此同轴度较高。为了加工内圆和止口，工厂里通常在经改装的专用镗孔设备上进行。机座固定在工作台上，由机床主轴带动装在镗杆上的刀具旋转，进行切削加工，如图1-38所示。

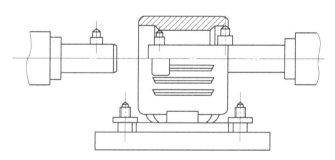

图 1-38　以底脚平面定位加工止口内圆

采用此方案，机座的中心高不易保证。因为在加工底脚平面时，内圆尚未加工，底脚平面加工量的多少，将影响内圆加工，造成圆周壁厚不均或中心高超差。因此，有些工厂采取的补救办法是在加工完止口和内圆以后，增加一道精铣底脚的工序（在粗铣时留出加工余量）。

由于机座壁薄、刚性差，因此在加工止口和内圆时，装夹方法对质量影响很大。首先要避免采用径向装夹，以保证工件圆度不超差，机座在工作台上用压板压在底脚上。在切削时，要考虑到正确选择切削用量，以减少在切削时产生振动，影响尺寸精度。

2）先加工完机座止口和铁心挡内圆，再以止口或内圆定位加工底脚平面。这种方案的工艺过程为：①车一端止口和端面。②车另一端止口、端面和铁心挡内圆。③加工底脚平面。④钻孔、平面画线、攻螺纹。这种方案的主要优点是夹具简单，不需要专用设备，工艺方法容易掌握，机座圆周壁厚均匀，中心高容易保证。但也应看到这种加工方法存在的缺点：机座两端止口不可能在一次装夹中加工出来，必须把先加工完的一端止口，套在一个专门夹具（称为止口胎）上，再加工内圆和另一端止口。这样就容易造成两端止口不同心或止口与内圆不同心。尤其当止口胎磨损或不能经常保持清洁的情况下，几何公差就会超差。

在我国电机制造厂中，采用第二方案加工比较普遍。因为这种方案的生产率比镗孔工艺要高得多，夹具简单，不需要专用设备，质量也容易保证。但是，当机座加工向自动流水线发展时，由于要求工件在各个工位上传运时，夹紧状态保持不变，而这个要求在以底脚定位时较容易做到，所以又趋向采用第一方案。在整个加工线中为了保证机座中心高的精度，通常把底脚平面加工工序分为粗铣和精铣两个工序，分别安排在止口和内圆加工工序的前面和后面。

1.5.3　机座加工方法分析

机座加工的具体工艺方法是多种多样的。条件（如电机的品种规格，生产批量，工厂设备状况、工艺水平等）不同，工艺方法也不一样。下面介绍一些常见的工艺方法。

1. 底脚平面加工

机座底脚平面加工方法主要有两种：在刨床上加工和在铣床上加工。

对于小型电机机座，通常在牛头刨床上加工。尺寸大一些的机座则在龙门刨床上加工。

机座在刨床上加工底脚平面采用的装夹方法如图1-39所示。图1-39a适用于"底脚定位的工艺方案"，机座毛坯件以机座端面及底脚背面定位；而图1-39b则适用于"内圆定位（或止口定位）工艺方案"，机座在胎具上定位。为了装夹方便，螺杆夹紧时，采用U形压板。

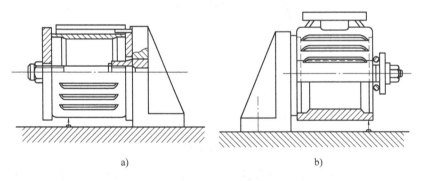

a)　　　　　　　　　　　　　　　b)

图1-39　机座底脚刨削加工

在刨床上加工机座底脚，刨刀是单刀作往复运动，切削量较小，每次装夹都要检查安装位置，因此，生产率较低。此外，底脚平面的加工质量（表面粗糙度、平面度等）也不如铣削加工。

铣底脚可以采用与刨削时同样的装夹方法。为了提高装夹质量和速度，可以采用偏心式夹紧机构或自动定心式胀胎等，如图1-40所示。

在铣削时采用一个大直径的镶片式刀盘，加工时接近连续切削，因此没有很大振动，可以提高切削用量，通常只需一次走刀，可以大大提高生产率，质量也较好。

由机座技术条件可知，加工底脚平面时除保证底脚支承平面的表面粗糙度、平面度以外，还必须保证机座的中心高尺寸精度。由图 1-41 可知，在一般条件下，尺寸 H_1 是无法直接测量的，因此必须通过测量尺寸 N 来保证尺寸 H_1，尺寸 N 也是在加工底脚时进行对刀的依据。

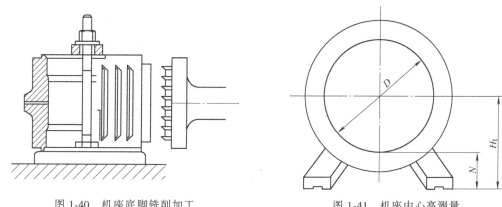

图 1-40　机座底脚铣削加工　　　　　　图 1-41　机座中心高测量

以某一小型电机的机座为例，已知 $H_1 = 132^{-0.1}_{-0.4}\text{mm}$，$D = 210^{-0.073}_{0}\text{mm}$，则尺寸 N 的计算是一个尺寸链问题。H_1 为封闭环，$D/2$、N 为增环

$$H_1 = N + D/2$$

因为　　　　　　　　　　　　$D/2 = 105^{+0.037}_{0}\text{mm}$

所以　　　　　　$N = H_1 - D/2 = 132\text{mm} - 105\text{mm} = 27\text{mm}$

$$H_{1\max} = N_{\max} + (D/2)_{\max}$$

$$N_{\max} = H_{1\max} - (D/2)_{\max} = 131.9\text{mm} - 105.037\text{mm} = 26.9\text{mm}$$

$$H_{1\min} = N_{\min} + (D/2)_{\min}$$

$$N_{\min} = H_{1\min} - (D/2)_{\min} = 131.6\text{mm} - 105\text{mm} = 26.6\text{mm}$$

故尺寸 $N = 27^{-0.10}_{-0.40}\text{mm}$。

2. 止口和铁心挡内圆的加工

止口和铁心挡内圆的加工除了以底脚平面定位采用镗孔的方法以外，一般情况下都采用车削加工。

中心高为 112mm 以下电机的机座，适宜在卧式车床上加工。尺寸较大的机座因自身较重，会使车床主轴弯曲变形而降低机床精度，而且装卸不方便，所以最好采用立式车床加工。

在卧式车床上加工时，首先用三爪自定心卡盘的夹头撑紧机座内圆，为了尽量减小机座的装夹变形，应夹在出线盒端处（如果出线盒不在中间时），如图 1-42 所示。然后对加工完的止口端面钻孔和攻螺纹，加工出三个固定螺孔。最后再在另一台车床上以止口胎定位，通过端面的螺钉夹紧，加工另一端止口和铁心挡内圆，如图 1-43 所示。采用这种夹紧方法能够减小机座的装夹变形，但必须很好地控制切削用量以避免工件的圆柱度超差。

在立式车床上加工机座能获得较好的质量，利用特别的压板在机座端面三根肋上压紧，基本上可消除装夹变形。与卧式车床相比，刀杆直径大得多，增强了刚性，从而可以增大切削用量，甚至可以采用多刀切削，且加工误差仍可保证在形位公差范围内。此外，可以不必先钻孔和攻螺纹再切削，以缩短装夹时间，提高加工效率。

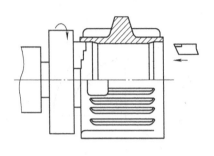

图 1-42 毛坯面定位加工机座

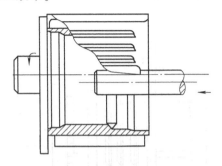

图 1-43 止口胎定位加工机座

图 1-44 为在立式车床上加工机座的装夹情况。止口胎与车床花盘孔相配，机座用止口定位后，由两个压板压紧，其中一个压板呈人字状，以便能压在机座的两个肋上。压板螺杆放在花盘 T 形槽内，压紧前，由弹簧顶起压板。为了便于装卸工件，压板可以移动，因为支柱伸入压板槽内，所以压板移动轨迹是固定的。考虑到压板定位面是毛坯面，所以在夹紧螺杆中放置球面垫圈。

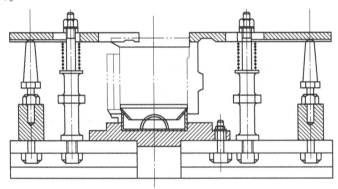

图 1-44 在立式车床上装夹机座

机座车削加工表面如图 1-45 所示。在加工端面时，要使两端余量大小接近，以保证图 1-45 中的尺寸（3mm）。在加工内圆时，先车出一端的 $\phi215H8$mm 及 $\phi212H14$mm 两个尺

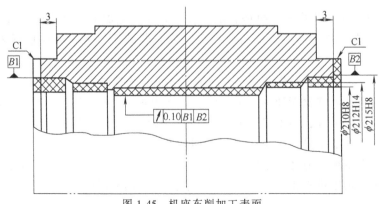

图 1-45 机座车削加工表面

寸，然后调头，用止口胎定位。车出另一端的尺寸 φ215H8mm 及 φ212H14mm，并再车出尺寸 φ210H8mm。为了便于装配，止口两端必须进行 C1（1mm×45°）倒角。

3. 各种固定孔的加工

底脚孔和固定端盖用螺纹孔在钻孔时，由专门的钻模来保证孔的位置度公差。对 L 和 W 方案的机座钻孔，都可以用止口圆周面来定位；对 Z 方案的机座钻孔，因止口公差等级低（H11），需采用铁心挡内圆定位。

图 1-46a 为铁心挡内圆定位的夹具简图，图 1-46b 为止口定位的夹具简图。

中小型电机机座的吊环螺孔如图 1-47 所示。首先预钻 φ8.3mm 的孔，再扩钻出带 120 锥度的孔 φ15mm，并把端面铣平，再用机丝锥攻出螺纹孔 M10。

完成上述工序需要多次更换刀具，为了提高生产效率，广泛使用快换钻夹头，做到不停车就能更换刀具。

快换钻夹头结构如图 1-48 所示。它由夹头体 1、安装刀具的可换钻套 3

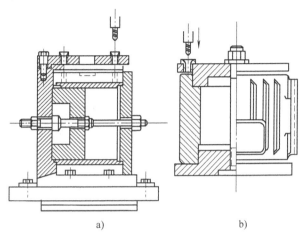

图 1-46　机座底脚孔和端盖孔的加工
a）内圆定位　b）止口定位

和外压环 4 等零件组成。夹头体插入钻床主轴孔内，换装不同刀具时，首先将刀具装在可换钻套内，然后以左手向上推外压环，右手将可换钻套插入夹头体中，再放松外压环，借自重下滑，迫使钢球向中心移动，陷入可换钻套的圆窝中，于是机床主轴的主运动，便通过夹头体、钢球传给可换钻套，以承受切削扭矩。

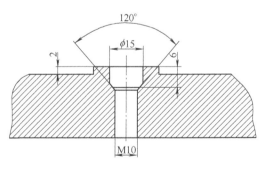

图 1-47　中小型电机机座吊环螺孔

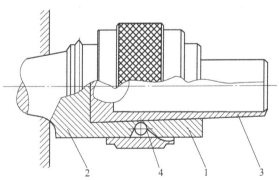

图 1-48　快换钻夹头结构
1—夹头体　2—定位圈　3—可换钻套　4—外压环

4. 定子止口精车

如前所述。当电机工艺按 Z 方案生产时，机座全长及止口直径尺寸都留有余量。把带绕组的定子铁心压入机座（成为定子）以后，以定子铁心内径为定位基准进一步精加工止口直径与端面。

为了精车止口，必须采用一种自动定心夹具。图1-49为这种夹具的典型结构。通过螺母1，把胀套2压向左边，由于胀套2与心轴3为锥面配合，因此迫使胀套直径增大，夹紧工件。胀套由三块组成，为了防止散开，套上两个橡胶圈。应用这种夹具精车止口，可以在一次装夹中完成两端的止口加工，为此需采用一种特制的Ⅱ形的刀杆，两头装以刀片。

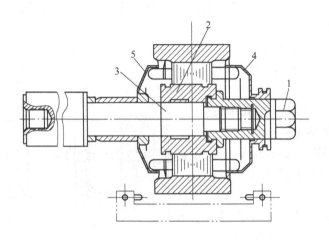

图1-49　精车止口夹具的典型结构
1—螺母　2—胀套　3—心轴　4、5—防护罩

定子止口精车时，要特别注意防止铁屑进入绕组端部，以免损伤绕组影响电机的电气质量。因此，在精车止口时应采用防护罩保护绕组端部。

这种夹具的缺点是：随着工件尺寸的变化，三块胀套与工件的接触面积也在变化，容易使胀胎变形，影响定位精度。

1.5.4　机座加工自动流水线

较先进的机座加工方法是组织自动流水线。例如，某电机厂小型号机座的加工自动线如图1-50所示，节拍为3.5min，全线由27个工位组成。其中加工工位11个，检测工位5个，连线工位6个，空工位5个。工件毛坯上自动线后，用液压夹具一次装夹（夹具随工件前进）完成全部加工工序。工件的装夹位置为卧式，底脚平面垂直于水平面，出线盒在上面，每个工位加工完后以传送带输送到下道工序。

工序数目按如下确定：把底脚平面的铣加工分为粗、精两道工序，把内径镗加工分为粗镗、半精镗和精镗三道工序。因为底脚和止口垂直，故随行夹具需能旋转90°（两次）。为了控制工件加工温升所引起的误差，在精镗的工位加装吸尘装置以吸净铁屑，控制工件温升在4℃左右，这样，热变形引起的误差可以忽略。

6个连线工位即夹具降位、装工件、夹具顺时针转90°、夹具逆时针转90°、卸工件及夹具升位6个工位。夹具采用升降位，使全线设备上空敞开，便于调试检修，随行夹具上的铁屑也不会落入线内。

全线采用刮板排屑装置进行连续排屑。

全线长27m、宽6m、高3m，由4人操作。

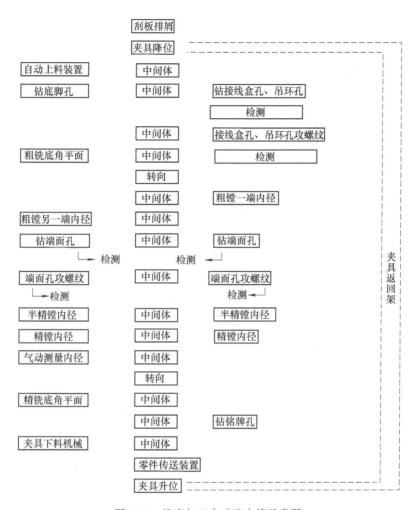

图 1-50　机座加工自动流水线示意图

1.5.5　直流电机机座的加工特点

直流电机的机座是磁路的组成部分，也是固定主磁极、换向极、端盖等零部件的支撑件。它一般由铸钢或钢板焊接构成，按其结构形式可分为整体焊接机座（见图 1-51），分半机座（见图 1-52）和扇形片组合机座。铸钢整体机座的加工工艺与上述基本相同。

1. 钢板焊接机座的加工特点

机座的加工工艺过程如下：

锻成形（或用弯板机弯制）→焊圆→车光内外圆→划线→焊底脚→精车内圆止口→刨底脚（以内圆定位）→划线→钻磁极孔→钻端盖孔→攻螺纹。

由以上工序看，直流电机机座加工的特点有以下几方面：

1）内圆和外圆都经过车光，外表美观，而底脚是在车加工后焊上去的。

2）为保证电机的磁路对称，主磁极铁心与换向极铁心沿圆周的分布要求均匀，这就要求磁极孔的位置要很准确。这也是钻孔工序的主要矛盾。有的工厂使用分度机构及钻模钻磁极孔，这样可以保证孔在机座外圆上的位置合乎要求，但在机座内圆上的位置仍

49

会有误差。

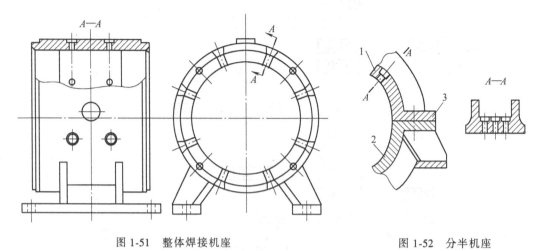

图 1-51 整体焊接机座　　　　　　　　　图 1-52 分半机座
　　　　　　　　　　　　　　　　　　　　1—上半机座　2—下半机座　3—并合面

某厂试制成功了从内圆向外钻孔的专用钻孔机床，成功地解决了这个问题，质量有了显著的提高。

3）由于机座是用钢板弯成圆形再焊接的，焊缝的导磁性能与钢板是有差异的，因此，机座的焊缝位置安排要防止引起主磁极磁路的不对称。

2. 分半机座的加工特点

分半机座的并合面位置要着重考虑安装和维修的方便，通常将并合面设计在水平直线以上略高处。机座截面为槽形（见图 1-52），以增加机座刚度。其加工工艺过程如下：

1）划上、下两半机座的并合面线。

2）镗（或车）上、下两半机座的并合面。

3）划上半机座每边并合面上的螺钉孔及销钉孔线。

4）钻上半机座每边并合面螺孔及销钉孔的预孔，并用上半机座配钻下半机座每边并合面螺孔的预孔及销钉孔的预孔。

5）装配，并合上、下两半机座用螺栓固紧。钻铰每边销孔，装定位销。

6）划校正线，将机壳卧放，且使并合面垂直于划线平台，沿外圆和两端面划垂直于并合面的线；再将机壳立放，且使并合面垂直于划线平台，沿外面划磁极孔的平分线。

7）在立式车床上车两端面、内圆及止口。

8）划底脚平面线和侧面线。

9）镗底脚平面和侧面。

10）划磁极孔线及底脚螺孔线。

11）镗工序孔（即第 10 道工序的孔）。

12）钻每个端面孔的预孔并攻螺纹。

由以上工艺过程可以看出，直流电机分半机座的划线次数较多，几乎全都依靠划线进行机械加工，对划线质量要求较高，为严格控制并合面的加工，在距并合面加工线 5mm 处还应划出一条检查线。当并合面加工线被镗掉或车掉以后，依靠检查线能及时检查并合面的位置。加工并合面时，必须确实保证并合面与检查线之间的距离为 5mm。分半机座的加工特点如下：

1）首先加工并合面，使上、下两个坯件组成完整的机壳，以便后续工序加工。

2）为减少磁路的不对称，并合面要平整，接缝要紧密。

3）为使分半机座加工时不错位及以后拆装方便，并合面处以销钉定位。

4）加工端面、内圆、止口或底脚平面时，不能使用内圆胀胎，只能采用外圆装夹。因为机座接缝是用螺栓紧固的，使用内圆胀胎时，将造成接缝松动，使加工尺寸不准确。

5）与整体机座相比，分半机座的刚度较差。为防止变形，加工时的切削用量不宜过大。

6）加工工时较多。

1.6　电机制造工艺对电机质量的影响

电机制造当中工艺波动因素往往对电机的质量影响很大，一方面影响电机运行性能，另一方面影响电机的装配质量。电机制造工艺对电机性能指标影响比较复杂，常常电机的一项性能指标与几种工艺波动因素有关联，对于不同种类的电机又各有其不同的特点，必须根据具体情况进行分析。

在电机制造中，机座、端盖、轴、定子和转子铁心等的加工质量，是影响电机质量的重要因素。如果加工这些零部件时尺寸发生误差，则电机质量会降低，严重时，电机将无法运行。本节重点分析电机制造中机械加工对异步电动机质量的影响，对同步电机、直流电机，只简要说明机械加工对两种电机性能的影响。

对异步电动机，车定子铁心内圆或锉定子槽，将会导致铁损增加、效率降低、温度增高。当转子铁心外圆尺寸较小时，会使气隙大于设计值，将导致定子谐波漏抗和转子谐波漏抗减小，电机总漏抗随着减小，因而起动电流增大。同时，也导致气隙磁动势和空载电流增大，功率因数降低，定子电流和定子铜损增大、效率降低、温升增高。当转子铁心外圆尺寸车大时，会使气隙小于设计值，导致定子谐波漏抗和转子谐波漏抗增大，因而电机总漏抗增大，结果使异步电动机的起动转矩和最大转矩降低，满载时电抗电流增大，转子电流和转子铜损也增大，效率低、温升高、转差率增大。当机座止口、端盖轴承室和止口、轴承挡、定子铁心内圆与转子铁心外圆等处的圆柱度、同轴度和端面跳动偏差过大时，会造成气隙不均匀，使电机产生单边磁拉力，引起振动和噪声，严重时，将使转子外圆与定子内孔相擦，电机发生局部烧伤。当定子与转子铁心间发生轴向偏移时，会引起铁心有效长度减小，将导致空载电流增大，功率因数降低。当普通封闭式电机机座内圆表面粗糙度偏大或缺陷过多，使得定子铁心与机座接触不良、热阻增大，将导致电机温升增高。

机座止口、端盖轴承室和止口、轴承挡等部位加工尺寸超差，使电机装配困难、运转不灵活或抱死。轴承室和轴承挡的尺寸精度与形位公差超差，将使滚动轴承内外圆变形，产生振动与噪声，轴承摩擦损耗变大，轴承温升增高。

对于同步发电机，若气隙偏小，同步电抗将偏大，短路比变小，发电机的电压变化率增大；并联运行稳定性较差；转子表面损耗增加；效率降低。若气隙沿周边分布发生偏差，将导致线电压波形畸变，输电线路损耗增大。

对于直流电机，若气隙偏大，将使励磁电流和励磁损耗增加，效率降低。若气隙偏小，则电枢反应增强，引起发电机或电动机性能波动。若定子与转子的同轴度偏差过大，将使电枢绕组产生环流，杂散铜损增加；而且电流换向困难，换向器上出现严重火花。

<h2 style="text-align:center">复　习　题</h2>

1-1　试述几何公差定义，公差等级和配合制度。

1-2　试述保证定子同轴度的工艺方案。

1-3　轴上的中心孔有何功用？中心孔有哪几种类型？最常用的中心孔是哪几种？

1-4　轴在车削加工时分成哪几道工序？

1-5　画出转轴自动流水线示意图。

1-6　对端盖的机械加工有哪些技术要求？

1-7　简述机座加工的工艺方案。

1-8　直流电机机座的加工具有哪些特点？

1-9　试述机械加工对异步电动机质量的影响。

第2章

定子铁心的制造工艺

2.1 铁心冲片的材料

2.1.1 硅钢片

定子铁心是电机磁路的重要组成部分,它和转子铁心,以及定子和转子之间的气隙一起组成电机的磁路。在感应电机中,定子铁心中的磁通是交变的,因而产生铁心损耗,称铁损。铁损包括两部分:磁滞损耗和涡流损耗。磁滞损耗是由于铁心在交变磁化时磁分子取向不断发生变化所引起的能量损耗。涡流损耗是由于铁心在交变磁化时产生涡流所产生的电阻损耗。因此,为了减小铁损,交流电机的定子铁心必须用电阻率较大、磁滞回线面积较小的薄板材料硅钢片,经冲制和绝缘处理后叠压而成。硅钢片中含硅量越高,电阻系数越大,材料越脆,硬度增加,给冲裁和剪切工艺带来了困难。硅的含量很大时,则无法进行轧制和加工。硅钢片的含硅量(质量分数)一般平均超过5%,见表2-1。电工用热轧硅钢片的牌号用字母 DR 表示;冷轧硅钢片用字母 DW 表示。型号中,字母后面的数字含义如下:横线前的数字为铁损值的100倍;横线后的数字为厚度值的100倍。

表 2-1　电工用硅钢片

合金等级	制造方法	硅的质量分数(%)	理论密度/(g/cm²)	
			酸洗钢板	未酸洗钢板
低硅钢	冷、热轧钢	<2.8	7.75	7.7
高硅钢	冷、热轧钢	>2.8	7.65	

2.1.2 热轧硅钢片和冷轧硅钢片

1. 热轧硅钢片

硅钢片越薄,铁损越小,但冲片的机械强度减弱,铁心制造的工时增加,叠压后由于冲片绝缘厚度所占的比例增加,因而减小了磁路的有效面积。所以,过薄的硅钢片在电机中是不宜采用的。在电机和变压器中,一般采用厚度为 0.5mm 和 0.3mm 的硅钢片。热轧硅钢片的电磁性能见表2-2。不同牌号和规格的硅钢片,力学性能是不同的。含硅量低的硅钢片韧性较好,宜于冷冲加工。随着含硅量的增加,硅钢片的硬度也增加,而且变脆,容易磨钝冲模的刃口，冲件的冲断面不光滑，甚至在冲剪处产生裂纹。所以，硅钢片 DR510—50～DR405—50 主要用于制造电机的铁心，DR360—50～DR225—50 主要用于制造变压器铁心，因为后者不需要复杂的冷冲加工。硅钢片的厚度对冲模的结构有很大影响，通常，凸凹模刃口之间的间隙为硅钢片厚度的 10%～15%。因此冲制厚度不同的硅钢片，应该选用不同间隙的冲模，否则将影响冲片的质量和冲模的寿命。热轧硅钢片大都供应的是板料，常用板料有750mm×1500mm、860mm×1720mm 和 1000mm×2000mm 三种规格，厚度为 0.5mm，允许厚度误差为±10%。硅钢片出厂时，已经进行了退火处理。退火处理的重要目的是改善电磁性能，并降低其抗剪强度。

表 2-2　热轧硅钢片电磁性能

牌　号	旧牌号	厚度	最小磁感应强度/T			最大铁损/（W/kg）	
			B_{25}	B_{50}	B_{100}	$P_{1.0/50}$	$P_{1.5/50}$
DR510—50	D23	0.5	1.54	1.64	1.76	2.1	5.1
DR490—50	D24	0.5	1.56	1.66	1.77	2.00	4.90
DR450—50	D24	0.5	1.54	1.64	1.76	1.85	4.50
DR420—50	D24	0.5	1.54	1.64	1.76	1.80	4.20
DR400—50	D24	0.5	1.54	1.64	1.76	1.65	4.00
DR440—50	D31	0.5	1.46	1.57	1.71	2.00	4.40
DR405—50	D32	0.5	1.5	1.61	1.74	1.80	4.05
DR360—50	D41	0.5	1.45	1.56	1.68	1.60	3.60
DR315—50	D42	0.5	1.45	1.56	1.68	1.35	3.15
DR290—50	D43	0.5	1.44	1.55	1.67	1.20	2.90
DR265—50	D44	0.5	1.44	1.55	1.67	1.10	2.65
DR360—35	D31	0.35	1.46	1.57	1.71	1.60	3.60
DR325—35	D32	0.35	1.50	1.61	1.74	1.40	3.25
DR320—35	D41	0.35	1.45	1.56	1.68	1.35	3.20
DR280—35	D42	0.35	1.45	1.56	1.68	1.15	2.80
DR255—35	D43	0.35	1.44	1.54	1.66	1.05	2.55
DR225—35	D44	0.35	1.44	1.54	1.66	0.9	2.25

注：B_{25}、B_{50}、B_{100} 分别表示磁场强度分别为 $25×10^2$A/m、$50×10^2$A/m、$100×10^2$A/m 时的磁感应强度。$P_{1.0/50}$、$P_{1.5/50}$ 分别表示当用 50Hz 反复磁化和按正弦变化的磁感应强度最大值为 1.0T 和 1.5T 时单位铁损（W/kg）。

2. 冷轧硅钢片

冷轧硅钢片和热轧硅钢片相比较，有明显的优点。即当沿着轧制方向交变磁化时，冷轧硅钢片的铁损小得多，导磁性能也有所改善。冷轧硅钢片电磁性能见表 2-3。

冷轧硅钢片可分晶粒取向和无取向两种。硅钢是立方晶系的多晶体，每个晶体有三个相互垂直的易磁化方向，多晶体中的晶粒排列本来是混乱的，各方向的磁性能相同，即无取向也称各向同性。将晶粒的一个易磁化方向都沿轧制方向排列，而使其余两个易磁化方向都不与硅钢片平面平行，即轧制成的硅钢片便只有一个易磁化方向，称为取向硅钢片，或称各向异性。

表 2-3　冷轧硅钢片的电磁性能

牌　号	最小磁感应强度/T	最大铁损/（W/kg），$P_{1.5/50}$	理论密度/（g/cm²）
DW315—50	1.58	3.15	7.6
DW360—50	1.60	3.6	7.65
DW400—50	1.61	4.10	7.65
DW270—50	1.58	2.7	7.6
DW310—35	1.60	3.1	7.65
DW360—35	1.61	3.6	7.65

2.2 冲压设备

铁心制造工艺包括硅钢片冲制工艺和铁心压装工艺，所用的主要设备有剪床、冲床、半自动冲槽机和油压机等。

2.2.1 剪床

剪床用来将整张硅钢片剪成方料或条料。在电机制造厂中使用的剪床有两种：直刀剪床和滚剪床。直刀剪床的上下刀刃的间隙借螺钉调整，根据剪切材料厚度，调到合理数值。间隙过大，使工件的剪切边缘产生毛刺，间隙过小，使工件的断裂部分挤坏并增加剪切应力。在剪切 0.5mm 的硅钢片时，间隙为 0.05 ~ 0.07mm。直刀剪床分平口剪床和斜口剪床两种。平口剪床上下剪刃平行，如图 2-1 所示，适宜于剪切比较窄而厚的材料，剪切快，劳动生产率高，但所需动力大。斜口剪床的上剪刃斜交下剪刃一个角度 ϕ，如图 2-2 所示，ϕ 角不大于 15°，通常在 2° ~ 6° 之间，适于剪切宽而薄的条料。由于只有一个剪切点，故所需动力较小。在冲片制造中，一般采用斜口剪床。

在直刀剪床上，装有定位挡板，以控制工件尺寸。剪刀的后角 α 磨成 1.5° ~ 3°，以减小剪刀与材料间的摩擦。剪刃角 β 与剪切材料的性质有关，对较硬的材料取 75° ~ 85°。材料较软时（如纯铜板），可取 65° ~ 70°。选定了剪刃角和后角后，剪刃的前角 γ 也就确定了（因为 $\beta+\alpha+\gamma=90°$。为了便于剪刃修磨，常使 $\beta=90°$），此时 $\alpha=\gamma=0$，对剪切硅钢片来说，是完全允许的。

剪切力的大小，取决于材料的厚度、剪切长度和材料的抗剪强度。对于平口剪床，剪切力为

$$P=KtB\tau \tag{2-1}$$

对于斜口剪床，并不是所有剪切长度同时受到剪切，而是在每一瞬间，都只有一部分材料受到剪切。所以，剪切力的大小与上剪刃的斜度有关。经推导可得

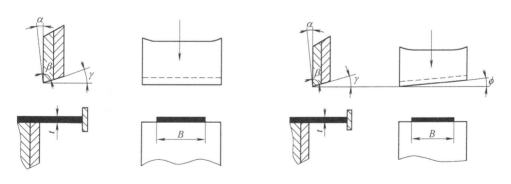

图 2-1　平口剪床　　　　　　　　　　图 2-2　斜口剪床

$$P=Kt^2\tau/2\tan\phi \tag{2-2}$$

式中　t——材料的厚度，单位为 mm；

　　　B——剪切长度，单位为 mm；

τ——材料的抗剪强度，单位为 MPa；

K——考虑材料厚度公差的变化、间隙的变化，以及剪切变钝等因素使剪切力加大的系数。一般取 $K=1.3$。

电机常用材料的抗剪强度见表 2-4。

表 2-4 电机常用材料的抗剪强度

材料名称	牌 号		抗剪强度 r/MPa	材料名称	牌 号		抗剪强度 r/MPa
电工硅钢片	DR510—50～DR405—50 DR360—35～DR225—35 退火处理		190	纯铜	T1 T2、T3	软	160
						硬	240
普通碳素钢	A3	已退火	310～380	黄铜	H62	软	260
	A5		400～500			半硬	300
						硬	370
碳素结构钢	08	已退火	260～360	纸胶板			140～200
	10		260～340	布胶板			120～180
	20		280～400	玻璃布胶板			160～185
	30		360～480	绝缘纸板			6～10
	45		440～560	橡胶			20～80
不锈钢	2Cr13		320～400	云母厚 0.2～0.8mm			60～100
铝板	L2、L3 已退火		80				

滚剪床是利用一对滚动的圆形刀刃来剪裁板料。图 2-3 为滚剪示意图。轴上装有许多对刀轮，用 W18Cr4V 高速工具钢或 T8A、T10A 优质碳素工具钢制成。它们的直径相等、转速相同，但转向相反，如图 2-4 所示。两刀轮之间有重叠部分 b，当板料插入滚刀间时，刀口与材料间的摩擦力会把板料拉入进行剪切。与此同时，滚刀作用于板料的压力有将板料推回的趋势。因此，欲完成滚剪，必须使摩擦力大于推回力。

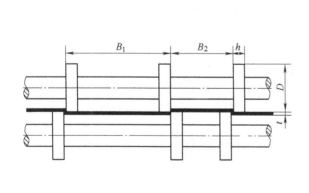

图 2-3 滚剪示意图

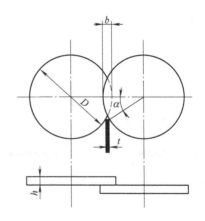

图 2-4 滚刀轮示意图

实践证明，解决上述矛盾的关键是选择一个合适的 α 角，此角称为咬角。显然，α 角太大，材料便不能卷入。α 角与材料厚度及滚刀直径有关，当滚剪 0.5mm 硅钢片时，采用的实际数据如下：

咬角：$\alpha = 6°$；

重叠高度：$b = 0.5\text{mm}$；

滚刀直径：$D = 181\text{mm}$；

滚刀厚度：$h = 40\text{mm}$。

滚剪床的两根轴借齿轮传动作反向转动，刀刃之间的距离 B_1、B_2 等可以按不同条料宽度进行调整，以便同时剪出不同宽度的材料。并且可以连续送料，不受长度限制，便于组织自动流水线，特别对卷料硅钢片，更为合适。所以这种剪床比直刀剪床效率高许多倍。

2.2.2　冲压式压力机

冲压式压力机用来安装冲模，冲制定、转子冲片或其他冲压工件。常见的有偏心冲压式压力机和曲轴冲压式压力机两种。偏心冲压式压力机的行程由主轴同飞轮中心线的偏心距来决定。这种冲压式压力机的特点是：行程不大，冲次较高，可达每分钟 50~100 次。曲轴冲压式压力机的滑块由曲轴（见图 2-5）驱动作上下往返运动，它较偏心冲压式压力机有较大的行程，冲次在每分钟 45~75 次。典型的曲轴冲压式压力机如图 2-6 所示。

为了正确选用冲床，必须了解它的一些主要数据。

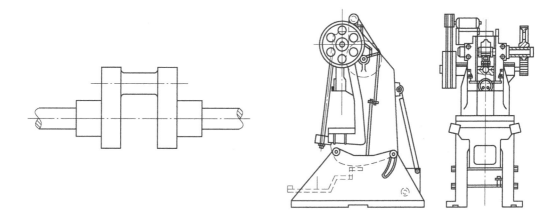

图 2-5　曲轴冲压式压力机的主轴　　　　　图 2-6　曲轴冲压式压力机

1. 额定吨位

冲压式压力机铭牌上规定的吨位为冲压式压力机的额定吨位。额定吨位的大小，反映冲压式压力机的冲裁能力。在我国，偏心冲压式压力机和曲轴冲压式压力机都已成系列生产，公称压力可分为 15 个等级，即 4t、6.3t、10t、16t、25t、40t、63t、80t、100t、125t、160t、200t、250t、315t、400t。选择冲压式压力机时，必须使冲压式压力机的额定吨位大于工件所需要的冲裁力。

冲片冲裁时所需要的冲裁力 P（单位为 t）按下式计算：

$$P = Ktl\tau / 9810 \tag{2-3}$$

式中　t——硅钢片的厚度，单位为 m；

　　　l——冲制轮廓线的长度，单位为 m；

　　　τ——材料的抗剪强度，单位为 MPa（见表 2-4），经过退火的硅钢片 $\tau = 190\text{MPa}$；

K——考虑弹性脱料装置的压缩力、硅钢片厚度公差、冲模间隙的变化及刃口变钝等因素而使冲裁力增大的系数，可取 K = 1.3。

当计算出的冲裁力稍大于工厂现有冲压式压力机的吨位时，可以考虑采用特殊模具刃口，如斜模、阶梯模等，使冲制轮廓逐渐地被冲裁，而不是同时被冲裁。

当冲压式压力机无铭牌时，可以通过测量主轴直径来估计其吨位大小。设冲压式压力机主轴直径为 d，则其吨位 P_e 为

$$P_e = Cd^2 \qquad (2\text{-}4)$$

式中　d——主轴直径，cm；

　　　C——常数，由表 2-5 中选择。

表 2-5　各种冲压式压力机的 C 值

冲压式压力机类型	C 值	备　注	冲压式压力机类型	C 值	备　注
偏心冲压式压力机	0.4~0.5		C 形曲轴冲压式压力机	0.5~0.6	指床身为 C 形的曲轴冲压式压力机
曲轴冲压式压力机	0.6~0.8		双曲轴冲压式压力机	0.2~1.2	较多的用于拉伸工艺中

2. 闭合高度

闭合高度是冲模设计和冲模在冲压式压力机上安装时都必须考虑的重要参数。闭合高度有以下两种：

1) 冲模闭合高度。冲模闭合高度是指上、下模在最低工作位置时的冲模高度（下模座下平面至上模座上平面的高度）。

2) 冲压式压力机闭合高度。冲压式压力机上的连杆可以通过螺纹调节其长度，调节量为 M。冲压式压力机闭合高度是指冲压式压力机在 M = 0 时（即连杆全部旋入时）从台面（包括台面垫板）至下止点时滑块下平面间的距离。

选择冲压式压力机时，必须使冲压式压力机的闭合高度大于冲模的闭合高度，否则，滑块在上止点时将冲模装在冲压式压力机上，冲压式压力机开动后将会使冲模损坏，如图 2-7 所示。

上述的冲压式压力机闭合高度，为最大闭合高度，以 H_1 表示。考虑连杆旋出量 M 后，它的最小闭合高度为

$$H_2 = H_1 - M$$

冲模闭合高度 H′ 和 H_1、H_2 之间的关系是

$$H' \leqslant H_1 - 5m$$

$$H' \geqslant H_2 + 10m$$

考虑冲模使用后 H′ 要不断减小，因此冲模设计时，闭合高度 H′ 通常都接近（稍小于）H_1 值。

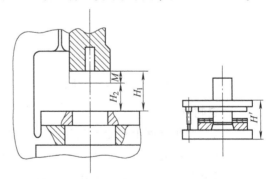

图 2-7　冲模闭合高度和冲压式压力机闭合高度

H′—冲模闭合高度　H_1—冲床最大闭合高度

H_2—冲床最小闭合高度

3. 台面尺寸（长×宽）和台面孔尺寸

在冲模设计和安装时，必须考虑台面尺寸和台面孔尺寸。前者应能保证模具在台面上压紧；后者应能保证冲孔的余料或工件能从台面孔落下。

4. 模柄孔尺寸

在冲模设计和安装时，必须考虑冲压式压力机滑块模柄孔的尺寸。通常，模柄外径与模

柄孔的配合采用 H7/d11。

2.2.3 半自动冲槽机

在电机制造厂中，当冲片为单槽冲时，广泛采用半自动冲槽机。半自动冲槽机的结构与普通冲床基本相同，只多一套自动分度机构。自动分度机构如图 2-8 所示。连杆 6 的作用是把曲轴的圆周运动变为往返运动，以驱动分度盘回转，如图 2-9 所示。当曲轴回转一周时，单冲一个槽，同时连杆往返一次，驱动分度盘回转一个角度，其值为 $360°/Z$，从而使工件也回转 $360°/Z$。当冲完全部槽数 Z 时，冲槽机自动停车，让飞轮空转。

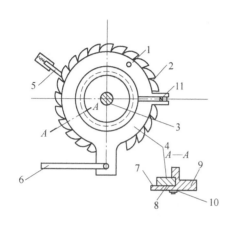

图 2-8　冲槽机的自动分度机构

1—停车用的撞击销　2、7—牙盘　3—转轴

4—摩擦圈　5—定位销　6—连杆　8—牛皮

9—转盘　10—螺钉　11—螺栓

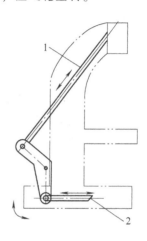

图 2-9　冲槽机的传动连杆

1—连杆与曲轴相连　2—连杆

与分度盘摩擦轮相连

分度机构的上部是定位轴头，如图 2-10 所示。将已冲出轴孔和键槽的冲片套在轴头上，用轴孔和键槽定位冲槽。转盘 9 固定在转轴 3 上，牙盘 7 和转盘之间由圆销和螺钉 10 压牢，互相固定。牙盘的齿数按所冲槽孔数目选定，冲不同槽数的冲片时，需更换不同齿数的牙盘。摩擦圈 4 套在转盘 9 上，其中夹有一层牛皮 8，并借螺栓 11 来调节夹紧程度，使摩擦圈转动时能带动转盘转动。停车撞击销 1 是用来碰撞停车控制连杆的，当转盘回转一周时，销子 1 碰撞停车控制连杆，使冲槽机自动停车，而使飞轮空转。

分度机构的工作原理如下：曲柄回转一周（单冲一个槽），连杆 6 往返一次，带动摩擦圈 4 也往返一次。首先，摩擦圈 4 带动牙盘 7 和转盘 9 也同时转动 $360°/Z$。在转动结束时，定位销 5 由于弹簧的作用伸入牙盘齿间啮合，当传动连杆 6 返回时，由于定位销 5 使牙盘 7 和转盘 9 不能回转，连杆 6 只能带着摩擦圈 4 反转。由这样的连续动作，就能冲出 Z 个等分槽。此时，转盘已经转动一周，销子 1 碰撞停车控制连杆，使冲槽机自动停车。

半自动冲槽机的自动分度机构的调整比较复杂，因为

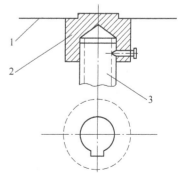

图 2-10　冲槽机的定位轴头

1—冲片　2—定位轴头　3—转轴

影响分度正确性的因素很多，如牙盘的制造误差、各部件的磨损情况、摩擦圈螺钉的松紧程度（即摩擦力的大小）等。在调整时需全面考虑，进行多次试冲，并需进行首件检查以及在冲制过程中经常抽查，才能保证质量。

2.2.4 油压机

铁心压装一般在油压机上完成。油压机的种类很多，图 2-11 所示是较简单的一种油压机液压系统图。通过滚压传动可使活塞 10 带动压板 11 上下滑动来完成压装工作。

液压传动原理如图 2-11 所示。电动机开动使液压泵 2 排油，如换向阀 4 处在中位，所排之油直接回油箱，此时，油压机不动，液压泵卸荷。如将换向阀拉出，处于左位，所排之油通过换向阀 4 进入液压缸上腔，活塞下行工作。液压缸下腔油液通过背压阀 5、换向阀 4 回油箱。背压阀 5 起到与活塞及压板自重相平衡的作用，防止下滑。如将换向阀 4 推入，处于右位，所排之油经换向阀 4、单向阀 6 进入液压缸下腔，活塞上行，液压缸上腔油液经换向阀 4 回油箱。溢流阀 3 起安全作用。当油压机系统压力超过极限值时，溢流阀 3 打开，排油溢回油箱。

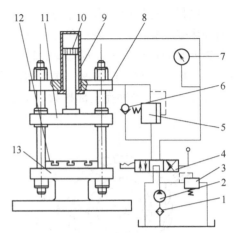

图 2-11 油压机液压系统图

1—滤油器 2—液压泵 3—溢流阀
4—换向阀 5—背压阀 6—单向阀
7—压力表 8—上横梁 9—液压缸
10—活塞 11—压板 12—工作台
13—底座

2.3 铁心冲片的冲制工艺

2.3.1 硅钢片的剪裁

许多工厂制造铁心冲片的第一道工序，是将整张硅钢片在剪床上剪成一定宽度的条料。条料的宽度应该略大于铁心冲片的外径，留有适当的加工余量，以保证冲片的质量。在图 2-12 中，a 为硅钢片的宽度，b 为硅钢片长度，D 为铁心冲片外径，C 为加工余量（又称搭边量）。

在图 2-12 中，只有直径为 D 的各圆形部分是可以利用的，其余部分为"外部余料"。在冲片制造中，用利用率表示硅钢片利用的程度，它是冲下来可以利用的圆面积（包括轴孔和槽等冲下来的"内部余料"）与原料面积之比。即

$$K = \frac{n \frac{\pi}{4} D^2}{ab} \times 100\% \qquad (2-5)$$

在小型异步电动机的生产中，硅钢片的利用率通常只能达到 70%～77%。

硅钢片是一种重要的合金钢材，在电机制造中用量很大，因此在设计上和工艺上，必须采取一系列措施，提高其利用率。

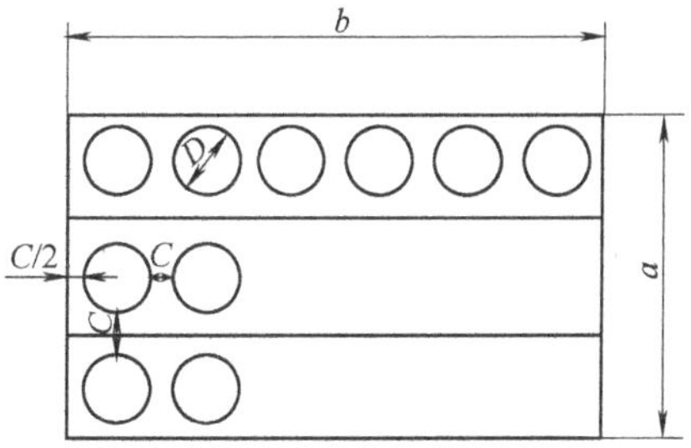

1. 规定最小的搭边量 C

搭边量太大使利用率降低。搭边量太小,在送料过程中硅钢片容易被拉断且容易被拉入凹模,产生飞边,并降低冲模寿命,还容易使定子冲片产生缺角现象。

小型异步电动机冲片采用的搭边量 C 一般为 5~7mm。

2. 合理选择定子铁心外径 D

在电机设计中,定子铁心外径的选择要结合硅钢片尺寸($a×b$)和最小搭边量 C 来考虑,以保证有较高的利用率。

图 2-12 硅钢片的剪裁

3. 实行套裁

为了提高硅钢片的利用率,许多工厂实行套裁。套裁就是合理安排冲片的位置。通过减少外部余量来提高硅钢片的利用率。套裁的方法有错位套裁(见图 2-13)和混合套裁(见图 2-14)两种。混合套裁时,由于冲片的直径不同将增加操作上和生产管理上的难度,所以用的较少。

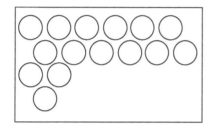

图 2-13 错位套裁

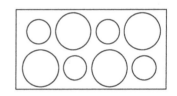

图 2-14 混合套裁

4. 充分利用余料

充分利用"内部余料"和"外部余料"。大电机冲片轴孔冲下来的"内部余料"可以用来冲制小电机的冲片,边角余料也可以用来冲制小型电机冲片。

2.3.2 冲片的技术要求

图 2-15 和图 2-16 所示为异步电动机的定子冲片和转子冲片。在定子冲片外圆上冲有鸠尾槽,以便在铁心压装时安放扣片,将铁心紧固。在定子冲片外圆上还冲有记号槽,其作用是保证叠压时按冲制方向叠片,使飞边方向一致,并保证将同号槽叠在一起,使槽形整齐。转子冲片的轴孔上冲有键槽和平衡槽。叠片时键槽起记号槽作用;转子铸铝时键槽与假轴斜键配合,以保证转子槽斜度。平衡槽主要使转子减少不平衡度。

冲片质量对电机性能的影响很大,其主要技术要求如下:

1)冲片的外径、内径、轴孔、槽形以及槽底直径等尺寸,应符合图样要求。

2)定子冲片飞边不大于 0.05mm。用复式冲模冲制时,个别点不大于 0.1mm。转子冲片飞边不大于 0.1mm。

3)冲片应保证内、外圆和槽底直径同心,不产生椭圆度。如对 Y160~Y280 电机定子冲片内外圆同轴度要求不大于 0.06mm。

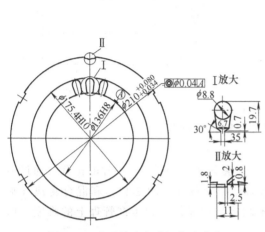

图 2-15　小型异步电动机定子冲片

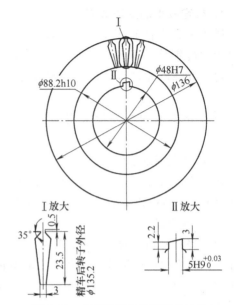

图 2-16　小型异步电动机转子冲片

4）槽形不得歪斜，以保证铁心压装后槽形整齐。

5）冲片冲制后，应平整而无波浪形。对于涂漆冲片，单面漆膜厚度为 0.1 ~ 0.15mm（双面为 0.25mm），表面均匀，干透、无气泡及发花。

2.3.3　铁心冲片的冲制方法

定、转子冲片有以下几种冲制方法，它们所要求的冲模各不相同。

1. 单冲

每次冲出一个连续的（最多有一个断口的轮廓线，例如轴孔及键槽，一个定子槽或一个转子槽。单冲的优点是：单式冲模结构简单，容易制造，通用性好；生产准备工作简单；要求冲床的吨位小。它的缺点是：冲制过程是多次进行的，不可避免地会带来定子冲片内外圆同心度的误差，以及定子槽和转子槽的分度误差，因此冲片质量较差，劳动生产率不高。单冲主要用于单件生产或小批量生产中，能减少工装准备的时间和费用。此外，在缺少大吨位冲床时，也常常采用单冲。

2. 复冲

每次冲出几个连续的轮廓线，能一次将轴孔、轴孔上的键槽和平衡槽，以及全部转子槽冲出，或一次将定子冲片的内圆和外圆冲出。复冲的优点是：劳动生产率高，冲片质量好。缺点是：复式冲模制造工艺比较复杂，工时多，成本高，并要求吨位大的冲床。复冲主要用于大批量生产中。

3. 级进冲

将几个单式冲模或复式冲模组合起来，按照同一距离排列成直线，上模安装在同一个上模座上，下模安装在同一个下模座上，就构成一付级进式冲模。图 2-17 为用级进式冲模冲制定转子冲片的工步示意图。冲模内有四个冲区，第一个冲区冲轴孔、轴孔上的键槽和平衡槽以及全部转子槽和两个定位孔；第二个冲区冲鸠尾槽、记号槽和全部定子槽；第三个冲区落定于转子冲片外圆；第四个冲区落定于冲片外圆。这样，条料进去以后，转子冲片和定子冲片便分别从第三个冲区和第四个冲区的落料孔中落下，自动按顺序顺向叠放。

级进冲的优点是劳动生产率较高，缺点是级进式冲模制造比较困难。级进冲主要用于小型及微型电机的大量生产，因为容量大的电机冲片尺寸大，将几个冲模排起来，冲床必须有较大的吨位和较大的工作台。级进冲只有使用卷料时，才能发挥其优点。

以上几种冲制方法各有其优缺点和应用范围，应当根据工厂生产批量的大小，模具制造能力，冲床设备条件等，在努力提高劳动生产率和冲片质量的前

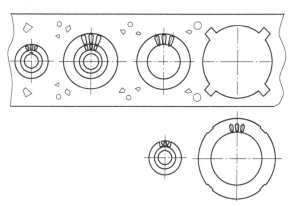

图 2-17　用级进式冲模冲制定转子冲片的工步示意图

提下，将它们适当地组合起来，发挥各自的优点，避免缺点，满足发展生产的需要。

2.3.4　冲片制造工艺方案的分析

异步电动机定、转子冲片，冲制工艺复杂多样，下面列举五个常用的冲制工艺方案，并比较其优缺点。

第一个方案。复冲，先冲槽，后落料。分三个工步（见图 2-18）：

1）第一步复冲轴孔（包括轴孔上的键槽和平衡槽，键槽兼起记号槽作用）和全部转子槽。

2）第二步以轴孔定位，复冲全部定子槽和定子冲片外圆上的鸠尾槽和记号槽。

3）第三步以轴孔定位，复冲定子冲片的内圆和外圆。

这一方案的优点是：①劳动生产率比较高。②定、转子槽连同各自的记号槽同时冲出，冲片质量较好。③定子冲片内外圆同时冲出，容易由模具保证同轴度。④可将三台冲床用传送带连接起来组成自动线。

缺点是：①硅钢片要预先裁成条料，利用率较低。②复冲定子槽和定子冲片内外圆都以轴孔定位，槽底圆周和冲片内外圆的同轴度有两次定位误差，即它们之间的相对位置会因导正钉的磨损而有所改变。这种改变的最大值可能是两次定位误差之和，因此叠压时以内圆胀胎为基准，会使槽孔不整齐。

为了克服上述两个缺点，有的工厂改为第一步复冲轴孔、全部定子槽和定子冲片外圆上的鸠尾槽和记号槽；第二步以轴孔定位，复冲全部转子槽和轴孔上的键槽和平衡槽；第三步以轴孔定位，复冲定子冲片的内圆和外圆。定子冲片内、外圆和槽底圆周间的同轴度，因为只有第三步复冲定子冲片内外圆以轴孔定位时的一次定位误差，故定子冲片质量较前一种高。

第二个方案。复冲，先落料，后冲槽。分三个工步（见图 2-19）：

1）第一步"一落二"，即复冲定子冲片的内圆和外圆（包括定子冲片外圆上的定向标记）。

2）第二步定子冲片以内圆定位，以定向标记定向，复冲全部定子槽和外圆上的鸠尾槽

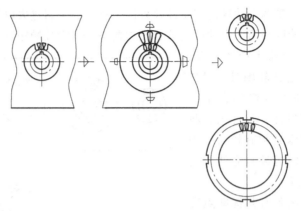

图 2-18　复冲，先冲槽，后落料的方案

及记号槽。

3）第三步转子冲片以外圆定位，复冲全部转子槽、轴孔及轴孔的键槽和平衡槽。

这一方案的优点是：①劳动生产率高。②可以采用套裁，硅钢片的利用率较高。③定、转子槽连同各自的记号槽同时冲出，冲片质量较好。④定子冲片内、外圆同时冲出，容易由模具保证同轴度。⑤容易实现单机自动化，即机械手进料，机械手取料。⑥复冲定、转子槽可以同时在两台冲床上进行，和第一个方案比较，缩短了加工周期。

缺点：复冲定子槽时如果内圆定位盘磨损，会使槽底圆周与内圆不同心；叠压时，以内圆胀胎为基准，会使槽孔不整齐。

第三个方案。复冲，先落料，后冲槽，分三个工步（见图2-20）：

1）第一步"一落三"，即复冲定子冲片的内圆和外圆（包括定子冲片内圆上的定向标记）以及转子冲片上的工艺孔。

2）第二步定子冲片以内圆定位，以定向标记定向，复冲全部定子槽和外圆上的鸠尾槽和记号槽。

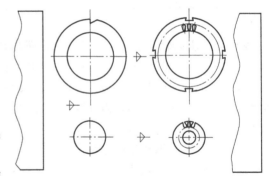

3）第三步转子冲片以工艺孔定位，复冲全部转子槽、轴孔和轴孔上的键槽。

图 2-19　复冲，先落料（一落二），后冲槽

这一方案具有和第二方案相同的优缺点：因为复冲转子片时以转子冲片上的工艺孔定位，下模上的外圆粗定位板精度要求不高，结构简单，容易制造；外圆粗定位板可做成半圆形状，送料容易，比较安全。但落料模和转子复式冲模因转子冲片上多一工艺孔而较为复杂。

第四个方案。单冲，定子冲片以外圆定位，转子冲片以轴孔定位。分四个工步（见图2-21）：

1）第一步"一落三"，即复冲轴孔（包括轴孔上的键槽和平衡槽）及定子冲片的内圆和外圆（包括定子冲片外圆上的定向标记）。

2）第二步定子冲片以内圆定位，以定向标记定向，复冲鸠尾槽和记号槽。

3）第三步定子冲片以外圆和记号槽定位，单冲定子槽。

4）第四步转子冲片以轴孔和记号槽定位，单冲转子槽。

这个方案的优点是：①模具比较简单，虽然第一工步和第二工步使用了复式冲模，但这种复式冲模比较容易制造。②定子冲片内圆和外圆一次冲出，容易由模具保证同轴度。③冲定子槽以外圆定位，槽的位置比较准确。④定、转子冲槽可以同时在两台冲槽机上进行，和第五个方案比较，缩短了加工周期。

缺点是：落料模同轴度要求高，因为定子铁心外压装时以内圆定位，第三步单冲定子槽时以外圆定位，由于定位基准的改变，倘若落料模同轴度不高，就不能保证定子铁心的质量。

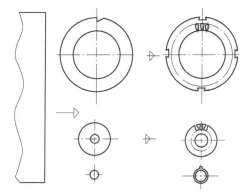

图 2-20　复冲，先落料（一落三），后冲槽

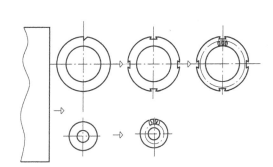

图 2-21　单冲，定子冲片以外圆定位的方案

第五个方案。单冲，定转子冲片均以轴孔定位。分五个工步（见图 2-22）：

1）第一步复冲轴孔（包括轴孔上的键槽和平衡槽）及定子外圆。

2）第二步以轴孔和键槽定位，复冲鸠尾槽和记号槽。

3）第三步以轴孔和键槽定位，单冲定子槽。

4）第四步以轴孔和键槽定位，单冲定子内圆。

5）第五步以轴孔和键槽定位，单冲转子槽。

这个方案的优点是：①各种冲模都很简单，容易制造。②冲模的通用性好。③不要求大吨位冲床。

缺点是：①工步多，劳动生产率低。②以轴孔定位冲定子槽，槽的位置不容易保持准确。③定子冲片内圆和外圆分两次冲出，不容易保证同轴度。这种方法一般用于小批量生产、单件生产或样机试制。

归纳以上方案，可以看出决定冲片制造工艺方案应注意的基本问题是：

1）用定子冲片内外圆一次冲出的模具来保证定子铁心内外圆同轴度。在第五方案中，以轴孔定位分两次冲出定子冲片内外圆，由于定位基准不可避免的间隙和磨损，造成同轴度误差过大，这样在铁心压入机座后，必须用精车定子止口或磨定子铁心内圆来保证同轴度。

2）用复式冲模冲制时，为了保证铁心

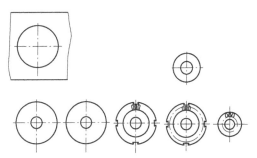

图 2-22　单冲，定转子冲片均以轴孔定位的方案

压装时相同位置的槽对齐，必须同时冲出定子或转子槽和各自的记号槽。用半自动冲槽机单冲时，定子或转子槽和各自的记号槽必须以同一基准定位。在第五方案中，定子槽和定子冲片记号槽均以轴孔定中心冲出键槽定角位，这样，记号槽就能表示冲槽时各槽的顺序。铁心压装时，只要使记号槽相应对齐，就能使冲片按同一方向叠压，并保证相同位置的槽对齐。

3）在半自动冲槽机上单冲定子槽时，可选定子冲片外圆作基准，如第四方案；也可选轴孔作基准，如第五方案。以定子冲片外圆作基准比较准确，但冲槽速度不能太快；以转子轴孔作基准，由于基准面小，基准面离冲区远，不易保证槽位准确，但冲槽速度可提高大约50%。

2.3.5　冲片的质量检查及其分析

冲片在冲制过程中，要按冲片技术要求进行检查。冲片的内圆、外圆、槽底直径和槽形尺寸，均采用带千分表的游标卡尺进行测量。同时，还有以下内容需要检查。

1. 飞边

一般用千分尺测量或用样品比较法检查。按技术条件规定，定子冲片飞边不大于0.05mm，复式冲时，个别槽形部分允许最大为0.08mm；转子冲片飞边不大于0.08mm。飞边大主要是因为冲模间隙大和模刃变钝。间隙大有两种原因：一种是冲模制造不符合质量要求，即间隙没有达到合理尺寸；另一种是冲模在冲床安装时不恰当，使冲模模刃周围间隙不均匀，这样间隙大的一边就产生飞边。

2. 同轴度

定子冲片内外圆的同轴度及定子冲片外圆与槽底圆周的同轴度可按图2-23所示的方法检查。将冲片在压板下压平，用带千分表的游标卡尺测量互成90°的四个位置的内外圆间的尺寸，同轴度误差为相对方向内外圆间的尺寸差。

造成不同轴的主要原因是冲模定位零件与工件之间有间隙，即工件中心与定位零件中心不重合。例如，在前面所说的第五个工艺方案中，第四工步以轴孔定位冲定子内圆，如果轴孔与定位柱之间有间隙，则冲片中心在"内落"时就可能与定位柱的中心不重合，这样就使定子冲片内、外圆不同轴。产生这种现象，主要是因冲片套进套出使定位柱磨损所致。所以在冲片冲制时应经常注意各种定位装置的磨损情况。

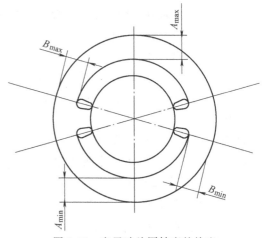

图 2-23　定子冲片同轴度的检查

3. 大小齿

在定、转子冲片相对中心的四个部位，用卡尺测量每个齿宽，每个部位连续测量4个齿。按技术条件规定，齿宽差允许值为0.12mm，个别齿允许差为0.20mm（不超过4个齿）。

在复冲时产生大小齿的原因主要是冲模在制造时存在质量问题，因此，此项检查只针对新制造模具或修复后的模具。在单冲时产生大小齿的原因比较复杂,主要有:①由于分度盘每个齿的位置、尺寸、磨损不等而使冲片上槽的分布发生误差。②由于传动件之间有间隙存在,润滑和磨损情况不断变化,传动角度也发生变化,故使冲片上槽的分布产生误差。③定位心轴上的键由于磨损而减小,于是在心轴键和工件定位键槽之间有间隙,冲片可能产生角位移而使槽的分布产生误差。

4. 槽形

槽形检查有两个内容,一个是检查槽形是否歪斜,检查的方法是采用两片冲片反向相叠,即可量出歪斜程度;另一个是检查槽形是否整齐,一般是将冲片叠在假轴上,用槽样棒塞在槽内,如通不过,则槽形不整齐。槽歪斜主要是由于单冲槽时冲槽模安装得不正。槽形不整齐主要是由于槽与轴孔中心距离有误差,在单冲槽时,产生这个误差的原因是:①定位心轴的位置装得比下模高得多,冲槽时将冲片弯曲,致使槽与轴孔中心距离增大。②冲槽模与定位心轴间的距离不准确。③冲片本身呈波浪形,故铁心压装时冲片不平,致使槽与轴孔中心的距离发生变化。

2.3.6 冲片的结构工艺性

在进行冲片的结构设计时,应考虑下述工艺性问题:

1. 材料的利用率

在选择定子冲片外径时,除了满足电机电磁性能的要求外,还应考虑材料的利用率;应该选用合理的冲片直径,来提高硅钢片的利用率。

2. 冲模的通用性

在考虑各种不同电机定、转子冲片的内径和外径时,尽可能采用工厂标准直径,这样可以提高冲模的通用性,减少制造冲模的数量。

3. 槽形的选择

应该考虑下列因素:

1)便于制造冲模。冲模在制造时,由于要淬火,凹模尖角处由于应力集中而容易产生裂纹,所以在设计时,应尽可能采用圆角,如图 2-24 和图 2-25 中,圆口圆底梨形槽比平口平底槽好。但是,如果凹模采用拼模结构,则因为拼块是在热处理后采用机械成形磨削,为便于加工,以采用平口圆底梨形槽或平口平底槽为好。采用机械成形磨削,除了避免大量的手工劳动和节省大量工时以外,还可提高冲模的质量和寿命。

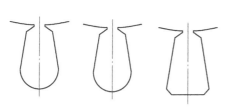

图 2-24 定子冲片槽形

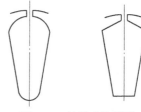

图 2-25 转子冲片槽形

2)从下线和铸铝角度考虑,圆底槽比平底槽好。定子冲片采用圆底槽,能改善导线的填充情况。因此在槽满率相同的情况下,下线比平底槽容易,而且,采用圆底槽槽绝缘不容易损坏。转子小片采用圆底槽，铸铝时铝水的填充情况比平底槽好，因此转子铸铝质量比平底槽好。

3）冲模模刃强度与槽口高度有关，槽口高度太小，模刃容易冲崩。一般槽口高度应不小于0.8mm。

4. 记号槽的位置

为了保证铁心压装质量，在叠片时要避免冲片叠反。因此，冲片上记号槽的中心线位置不能与两相邻扣片槽的中心线重合。对于无扣片槽的冲片，则记号槽中心线不能与槽或齿的中心线重合。

5. 尺寸精度

冲片尺寸精度主要决定于冲模制造精度。目前，冲模制造精度一般控制在公差等级为H6~H7，故冲片的尺寸精度一般不低于公差等级H8，而槽的尺寸精度一般在H9~H10。

2.3.7　冲片制造自动化概要

电机冲片的制造由于工时比重大（铁心制造的工时约占总工时的20%），手工操作多，所以提高冲片制造的自动化程度对提高劳动生产率、降低成本、提高质量、改善劳动条件、确保安全生产有着重大意义。按自动化程度的高低，冲床自动化有三种基本形式，即单机床自动化、冲片加工自动流水线和高效率级进冲床。

1. 单机自动化

单机床自动化的基本形式是自动进料机和自动取出工件的机构。图2-26为小型异步电动机转子冲片送、出料机构示意图。

冲模部分主要由冲头、打料板、下模、导向装置、定位轴等部分组成。冲头、打料板随上模座固定在冲床滑块上，定位轴头装在下模上，随同下模座固定在冲床台面上与自动送料机构相连接。

送料机构不和冲床直接连接，其机构的往返运动是靠横连杆25的推力和拉簧6的拉力起作用的。横连杆25的推力是由冲床主轴左侧轴端的偏心轮1经过连杆2、18、13、滑块7传动给横连杆25的。横连杆25克服拉簧6的拉力将送料机构向后推到适当（不起往回拉的作用）位置。拉簧6的作用是使送料机构始终停止在送料的最后位置，这样就使得送料机构受横连杆25的推力向后移动，横连杆25复原后，又受拉簧6的拉力使送料机构回到原位。以后冲床每上下动作一次，送料机构就水平往返一次。

出料和理片部分是：

1）出料。冲床上行时带动连接杆20、19使接料器17伸入上下模之间，打料板使冲片脱离凸模落在接料器17上。

2）理片器。理片器22下面是圆盘，上面有3~5个立柱，柱的外圆等于转子轴孔径，圆盘可以转动，有定位装置，立柱叠满冲片以后，可转一角度将空立柱对准滑板16而不必搬动理片器。在送料器上装有行程开关24，起保险作用。在正常工作中，横连杆与行程开关24接触，使其电源接通。在发生故障时，如送料不到地方或送双片料时，送料机构不能回到原来位置，横连杆25与行程开关24脱离，隔绝电源，使电磁铁15复原，冲床停止

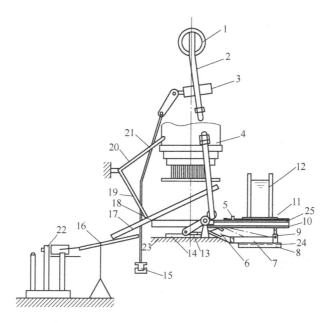

图 2-26 电机转子自动送料装置示意图

1—偏心轮 2—连杆 3—操纵部分 4—冲床滑块 5—挡料销 6—拉簧 7—滑块 8—滑道 9—送料体
10—前板 11—放料卷 12—送料导柱 13—圆连杆装配 14—转子复模 15—电磁铁 16—滑板
17—接料器 18—短连杆 19、20—连杆装配 21—吸铁连杆 22—理片器
23—冲床台面 24—行程开关 25—横连杆

工作。

2. 冲片加工自动流水线

由 3 台冲床组成的自动流水线，在我国已普遍。先将整张硅钢片在剪床（或滚剪机）上裁成一定宽度的条料，由送料机构自动送入第一台冲床，复冲轴孔（包括轴孔上的键槽和平衡槽）和全部转子槽；然后由传料装置送入第二台冲床，以轴孔定位复冲鸠尾槽、记号槽和全部定子槽；最后，由送料机构送入大角度后倾安装的第三台冲床，以轴孔定位，复冲定子冲片的内圆和外圆。此时，转子冲片由台面孔落在集料器上，定子冲片落入冲床后面的传送带或集料器上。

这种方法适用于大批量生产已定型的产品，生产效率高，冲片质量较好，节省工时。但是这种方法要求机床及传动机构要可靠，如果某一台冲床或一个传动机构发生故障，整个自动线将停止工作。

3. 级进式冲模

如果把上述 3 台冲床的冲裁工作集中在一台冲床上来实现，就可以用步进的方法来代替一整套传送装置。即用 1 台大吨位的冲床代替 3 台冲床，减少了设备事故的停工时间，进一步提高了生产效率，减小了作业面积。

级进式冲模就是把上述 3 副冲模集中在一个大的模座板上，按如图 2-17 所示的顺序安排冲制工序，使条料每冲完一次按一定的步进节距送进，采用卷料自动进料，工效很高，这种新工艺，是目前发展的方向。

2.4 冲片的绝缘处理

2.4.1 概述

为了减少铁心的涡流损耗，铁心冲片彼此绝缘，以提高电机的效率，降低电机的温升，增强电机的抗腐蚀、耐油和防锈性能。异步电动机冲片绝缘处理只限于定子冲片，因为在正常运行时，转子电流频率很低（约 1~3Hz/s），铁损很小，所以转子冲片不需进行绝缘处理。

冲片表面进行绝缘处理，主要的技术要求是：绝缘层应具有良好的介电性能、耐油性、防潮性、附着力强和足够的机械强度和硬度，而且绝缘层要薄，以提高铁心的叠压系数，增加铁心有效长度。

目前，冲片绝缘处理有两种方式：涂漆处理和氧化处理。

2.4.2 冲片的涂漆处理

对硅钢片绝缘漆的要求是：快干，附着力强，漆膜绝缘性能好。常用的硅钢片绝缘漆的牌号为 1611，溶剂为二甲苯。1611 油性硅钢片漆在高温 450~550℃下烘干，在硅钢片表面形成牢固、坚硬、耐油、耐水、绝缘电阻高、加热后绝缘电阻稳定和略有弹性的漆膜。

涂漆工艺主要由涂漆和烘干两部分组成，在涂漆机上同时完成。涂漆机由涂漆机构、传送装置、烘炉和温度控制以及抽风装置等几部分组成。应用最广泛的三段式涂漆机如图 2-27 所示。

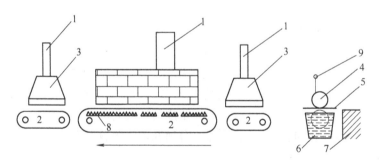

图 2-27　三段式涂漆机
1—烟窗　2—传送带　3—风罩　4—滚筒　5—硅钢片　6—贮漆槽　7—工作台
8—电热丝　9—滴漆管

涂漆机的涂漆机构由两个滚筒、贮漆槽和滴漆管等组成。滚筒一般长为 1~1.5m，直径为 200mm 左右。滚筒应具有弹性、有足够的摩擦力、耐溶剂等特点，一般采用人造耐油橡胶滚筒和用白布卷在滚筒轴上的滚筒两种。以后者用得较多，因为它吸漆量大，成本低。上下滚筒采用齿轮传动，转速相同而转向相反。间隙可调整，以便得到不同厚度的漆膜。在上滚筒的上面装有滴漆装置，漆流入滴漆管，管上开有许多小孔，使漆流到上滚筒上。在下滚筒下面放一漆槽，以贮存滴下来的余漆和使下滚筒能蘸上漆，进行冲片两面涂漆。

涂漆机的传送装置，要求轻便，能经受 500℃以上的高温和有足够大的面积。一般分为三段，第一段长约为 2~3m，不进入炉中，使漆槽和炉隔开，以免引起火灾，同时避免刚涂好漆的冲片落到很热的传送带上，使接触处的漆膜灼焦，留下痕迹。它的上面装有抽风装置，将挥发的一部分溶剂抽掉，以免过多地进入炉内引起火灾。第二段完全在炉内，长为 8m 左右。第三段长约 5m，上面也装有抽风装置，抽去挥发的溶剂和冷却已烘干的硅钢片。传送带的传送速度应与涂漆滚筒的转速相同，使冲片和传送带间不产生位移，以保证漆膜光滑而无痕迹。

烘炉内温度的分布分为三个区域。炉前区温度为 400~450℃，不宜过高，以免溶剂挥发过快，在漆膜上形成许多小孔，不光滑；炉中区为 450~500℃，是漆膜氧化的主要阶段；炉后区温度约为 300~350℃，是漆膜的固化阶段。在炉内装有热电偶，以便控制温度。在上述炉温分布下，冲片在炉内的时间需要 1.5min 左右。烘炉的热源可采用电热、煤气和柴油。在我国用电热法的较多，优点是温度容易控制，缺点是耗电量大，成本高。

2.4.3　冲片的氧化处理

冲片氧化处理是人工地使冲片表面形成一层很薄而又均匀牢固的由四氧化三铁（Fe_3O_4）和三氧化二铁（Fe_2O_3）组成的氧化膜，代替表面涂漆处理，使冲片之间绝缘，以减少涡流损耗。

冲片氧化处理的主要设备是用炉车做底的电阻炉，将冲片叠成一定高度（约为 250mm），放在炉车上，然后盖上封闭用的防护罩。使炉车内形成一个氧化腔。炉车推进炉内关闭炉门后，开始供电加热，炉温升至 350~400℃ 时，通入水蒸气作为氧化剂。然后，控制炉温为 500~550℃，恒温 3h，停止供给水蒸气，并让大量的新鲜空气进入氧化腔约 20~30min。然后，断电停止加热，待氧化腔温度降至 400℃ 后打开防护罩，卸车，即完成了氧化处理。

冲片氧化处理的优点是：①节省价格较贵的绝缘漆。②改善工人的劳动条件。③氧化膜表面均匀，而且很薄（双面平均厚度约为 0.02~0.03mm），提高了铁心的叠压系数。④氧化膜的导热性比漆膜好，有利于铁心轴向传热，使电机轴向温度分布较均匀，从而降低电机最热点的温度和电机的温升。⑤氧化膜耐高温，不会产生碳化等绝缘老化问题。⑥氧化处理时的高温可烧去一部分飞边，并兼有退火作用，能改善硅钢片的电磁性能。但是，氧化膜的附着力和绝缘电阻值不及漆膜，而且质量不容易控制，尤其是大型的铁心冲片更是如此。因此，目前只适用于小型电机铁心冲片的绝缘处理。

2.4.4　冲片表面绝缘处理质量检查

为了检查冲片表面绝缘处理的质量，检查项目有：

1）外观检查。经氧化膜处理后的冲片表面应附有一层红棕色或深蓝色的氧化膜。表面涂 1611 绝缘漆的，涂一次漆的冲片，表面呈淡褐色并有光泽，涂两次漆的表面呈褐色并有光泽。漆膜应该是干燥的，不粘手、坚固、光滑而均匀，不能有明显的气孔、漆渣和皱纹，颜色应为褐色。表面颜色如果深浅不一，是滚筒表面不光滑使漆膜厚度不均匀和炉子中火焰不均匀（用煤气和柴油加热时）造成的。如果颜色发蓝、发黑、发焦，都说明炉温太高，应该降低炉温或加快传送速度（如果传送速度是可以调节的）；如果颜色发青、太淡、呈黄绿色，则说明炉温过低，应提高炉温或降低传送速度。

2）测量漆膜厚度。取 10cm×10cm 的样片 20 张，未涂漆前用 $5.88×10^5$Pa 的压力压住，测量其厚度为 H_1，涂漆后在同样压力下量出厚度为 H_2，则漆膜平均厚度为

$$H_0 = \frac{H_2 - H_1}{20} \tag{2-6}$$

漆膜厚度也可以用千分尺检查。在未涂漆时，先在冲片的表面上选取 4 点并作好记号，用千分尺测量这 4 点处的厚度，涂漆后再测量该 4 点的厚度，这 4 点厚度差的平均值，即为漆膜的厚度。漆膜双面厚度应为 0.024～0.030mm。

3）测量绝缘电阻。将 10cm×10cm 的硅钢片试样 20 张涂漆，经外观检查和漆膜厚度测定合格叠齐后，以钢板作为上下电极，在小压力机上用 $5.88×10^5$Pa 的压力压紧，如图 2-28 所示。

调节电阻 R 及电流为 0.1A，然后按下式计算绝缘电阻的数值：

$$R_i = \frac{U}{I} \frac{试片面积}{片数} \tag{2-7}$$

中小型异步电动机定子冲片的绝缘电阻为 $40\Omega \cdot cm^2/$片；转子冲片的绝缘电阻为 $20\Omega \cdot cm^2/$片。

其他还有耐压试验、耐潮试验和耐热性试验。对于中小型异步电动机

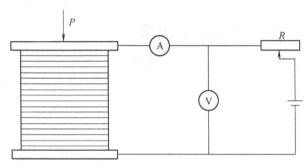

图 2-28　测量绝缘电阻

定子冲片的漆膜，耐压（工频，1min）应不低于 40V（二次涂漆）；5 昼夜吸湿性试验 ［置于温度（25±5）℃、湿度 100% 的环境中］ 后，绝缘电阻的降低应不大于 10%；48h 吸水性试验 ［浸入（25±5）℃的蒸馏水中］ 后，绝缘电阻的降低应不大于 20%；耐热性试验规定在 130℃的温度下，漆膜性能（主要是绝缘电阻）不得有改变。这些试验平时做的较少，只有大型电机和在特殊环境中使用的电机冲片才做这些试验。

2.5　定子铁心的压装

2.5.1　定子铁心压装的技术要求

电机铁心是由很多冲制好的冲片叠压而成的。它的形状复杂，叠好后的铁心要求其尺寸准确、形状规则，叠压后不再进行锉槽、磨内圆等补充加工。要求叠好后的铁心紧密成一整体，经运行不会松动，铁心还要具有一定的电磁性能，片间绝缘好，铁损小等。对于中小型异步电动机定子铁心压装，应符合下列主要技术要求：

1）冲片间保持一定的压力，一般为（6.69～9.8）×10^5Pa。

2）重量要符合图样要求。

3）应保证铁心长度，在外圆靠近扣片处测量，允许为（$L_1 ±1$）mm（光外圆方案为 l_{1-1}^{+3}mm），在两扣片之间测量，允许比扣片处长 1mm。

4）尽可能减少齿部弹开，在小型异步电动机中，齿部弹开允许值如下：

定子铁心长度小于等于 100mm 时，弹开度为 3mm；

定子铁心长度大于 100mm、小于等于 200mm 时，弹开度为 4mm；

定子铁心长度大于 200mm 时，弹开度为 5mm。

5）槽形应光洁整齐，槽形尺寸允许比单张冲片槽形尺寸小 0.2mm。

6）铁心内外圆要求光洁、整齐；定子冲片外圆的标记孔必须对齐。

7）扣片不得高于铁心外圆。

8）在搬运及生产过程中应紧固可靠，并能承受可能发生的撞击。

9）在电机运行条件下也应紧固可靠。

归纳以上要求，在工艺上应保证定子铁心压装具有一定的紧密度、准确度（即尺寸精度、表面粗糙度）和牢固性。

2.5.2　保证铁心紧密度的工艺措施

铁心压装有三个工艺参数：压力、铁心长度和铁心重量。为了使铁心压装后的长度、重量和片间紧密度均达到要求，在压装时要正确处理三者的关系。在保证图样要求的铁心长度下，压力越大，压装的冲片数就越多；铁心压得越紧，重量就越大。这样，在铁心总长度中硅钢片所占的长度（铁长）就会增加，因而电机工作时铁心中磁通密度低，励磁电流小，铁损小，电动机的功率因数和效率高，温升低。但压力过大会破坏冲片的绝缘，使铁损反而增加。所以，压力过大也是不适宜的。压力过小铁心压不紧，不仅使励磁电流和铁损增加，甚至在运行中会发生冲片松动。

单纯为了防止冲片在运行中可能松动，对于涂漆的冲片，采用 $(0.8 \sim 1.0) \times 10^6 \mathrm{Pa}$ 的片间压力即可。但是考虑到压装时冲片与胀胎等夹具之间的摩擦力和油压机压力解除后冲片回弹引起的实际压力降低等原因，实际中用的压力比上述数字大得多。对小型异步电动机，一般要求压力为 $(2.45 \sim 2.94) \times 10^6 \mathrm{Pa}$。这样，当冲片面积已知时，就可以估计出压装时油压机的吨位，即

$$P = \frac{pA}{9810} \tag{2-8}$$

式中　P——油压机的吨位，单位为 t；

　　　p——压装时的压力，单位为 MPa；

　　　A——冲片的净面积，单位为 m^2。

为了使铁心压装后的长度、重量和片间压力均达到一定的要求，通常有两种压装方法。一种是定量压装，在压装时，先按设计要求称好每台铁心冲片的重量，然后加压，将铁心压到规定尺寸。这种压装方法以控制重量为主，压力大小可以变动。另一种是定压压装，在压装时保持压力不变，调整冲片重量（片数）来使铁心压到规定尺寸。这种压装方法是以控制压力为主，而重量大小可以变动。一般工厂是结合这两种方法进行的，即以重量为主，控制尺寸而压力允许在一定范围内变动。如压力超过允许范围，可适当增减冲片数。这样既能保证质量，又保证铁心紧密度。

每台铁心重量按下式计算：

$$G_{ti} = K_{ti} L s \gamma_{ti} \tag{2-9}$$

式中 K_{ti}——叠压系数；

L——铁心长度，单位为 m；

s——冲片的净面积，单位为 m^2；

γ_{ti}——硅钢片密度（其值见表2-1）。

叠压系数 K_{ti} 是在规定压力作用下，净铁心长度 L_{Fe} 和铁心长度 L（在有通风槽时应扣除通风槽长度）的比值，或者等于铁心净重 G_{Fe} 和相当于铁心长度上的同体积的电工钢片重量 G 的比值，即

$$K_{ti} = \frac{L_{Fe}}{L} = \frac{G_{Fe}}{G} \tag{2-10}$$

对于 0.5mm 厚不涂漆的电机冲片，$K_{ti} = 0.95$；对于 0.5mm 厚的涂漆的电机冲片，$K_{ti} = 0.92 \sim 0.93$。

如果冲片厚度不匀、冲裁质量差、飞边大，或压得不紧、片间压力不够，则叠压系数就降低。其结果是使铁心重量比所设计的轻，铁心净长减小，引起电机磁通密度增加，铁损大，性能达不到设计要求。

一般铁心长度在 500mm 以下时，可一次加压。当铁心长度超过 500mm 时，考虑到压装时摩擦力增大，采用两次加压，即铁心叠装一半便加压一次，松压后安装完另一部分冲片，再加压压紧。

2.5.3 保证铁心准确性的工艺措施

1. 槽形尺寸的准确度

槽形尺寸的准确度主要靠槽样棒来保证。压装时在铁心的槽中插 2~4 根槽样棒（见图 2-29）作为定位，以保证尺寸精度和槽壁整齐。

无论采用单式冲模还是复式冲模冲制的冲片，叠装后不可避免地会有参差不齐的现象，这样叠压后的槽形尺寸（透光尺寸）

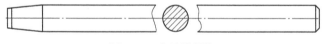

图 2-29 定子槽样棒

总比冲片的槽形尺寸要小一些。中小型异步电动机技术条件规定，在采用复冲时叠压后槽形尺寸可较冲片槽形尺寸小 0.20mm。

槽样棒根据槽形按一定的公差来制造，一般比冲片的槽形尺寸小 0.10mm，公差为 ±0.02mm。铁心压装后，用通槽棒（槽形塞规）进行检查。通槽棒的尺寸比冲片槽形尺寸小 0.20mm，公差为 ±0.025mm。

槽样棒和通槽棒均用 T10A 钢制造，为了保证精度和耐磨，经过淬火，使硬度达到 58~62HRC。槽样棒的长度比铁心长度长 60~80mm，距两端大约 10mm 处，必须有 3°~5° 的斜度，便于叠片。通槽棒较短，接有手柄，便于使用。

2. 铁心内外圆的准确度

铁心内外圆的准确度一方面取决于冲片的尺寸精度和同轴度，另一方面取决于铁心压装的工艺和工装。要采用合理的压装基准，即压装时的基准必须与冲制的基准一致。对于以外圆定位冲槽的冲片，应以外圆为基准来进行压装（以机座内圆定位进行内压装）。反之，对于以内圆定位冲槽的冲片，就应以内圆定位来进行压装（以胀胎外圆定位进行外压装）。

小型异步电动机采用外压装工艺时，为了保证铁心内圆与机座止口同轴，可采用前面所讲述的三种工艺方案。其中"两不光"方案即 L 方案，是在严格控制机座加工和铁心制造的精度后，保证铁心压入机座时满足同轴度的要求，既不需要"光外圆"，也不需要"光止口"。由于生产工艺水平的不断提高，我国采用"两不光"方案的工厂已经越来越多。

定子冲片外圆和定子铁心外圆的尺寸精度，按下述原则确定。当采用 W 方案时，冲片外圆留有 0.50mm 加工余量，其公差等级为 h8、h9。铁心外圆公差上限为 r6 配合的上限值，其下限值按 h7 公差带算出。当采用 L 方案时，铁心外圆压装后不加工，与机座内圆的接触面积较 W 方案为小，因此，其过盈值应该大一些（一般大 0.015mm）。按此原则求得铁心外圆的上限值，下限值则不予规定。当采用 Z 方案时，因为机座内圆的公差等级为 H8、H9，为了使铁心与机座间的过盈值大致不变，铁心外圆的上限值较前者应适当增加（一般约增加 0.03mm）。

3. 铁心长度及两端面的平行度

铁心长度及两端面的平行度在压装过程中也必须加以保证。消除铁心两端不平行、端面与轴线不垂直的主要措施是：

1）压装时压力要加在铁心的中心，压床台面要平，压装工具也要平。

2）铁心两端要有强有力的压板。

3）整张的硅钢片一般中间厚、两边薄，所以在下料时，用同一张硅钢片所下的条料，应该顺次叠放在一起，如不注意则容易产生两端面不平行。

在压装铁心时，切不可以片数为标准来压装。不然，由于片厚的误差将会使铁心长度发生很大的偏差。在采用定量压装并且当冲剪和压装质量稳定时，它的长度方向的偏差一般不超过 2~3 片。

2.5.4　保证铁心牢固性的措施

小型异步电动机外压装时，为保证铁心牢固性，在结构上有如下两种形式。

第一种结构形式如图 2-30a 所示。在冲片上冲有鸠尾槽，铁心两端采用碗形压板，扣片放在鸠尾槽里。扣片的截面是弓形的，如图 2-31 所示，放入铁心鸠尾槽后，将它压平，使之将鸠尾槽撑紧，然后将扣片两端扣紧在铁心两端的碗形压板上。对于 H180 及以上机座需在两端将扣片与压板焊牢。

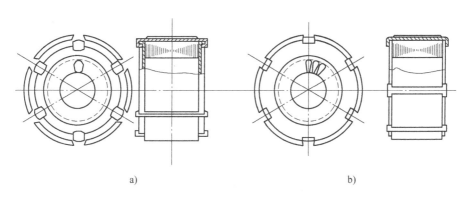

a)   b)

图 2-30　外压装定子铁心的结构

第二种结构形式如图 2-30b 所示，同样采用弓形扣片和鸠尾槽，所不同的是采用环形的平压板。其优点是这种压板用料少，制造容易，可以实行套裁，生产率高，还可以采用条料制造（扁绕、焊接）。这种结构的牢固性不如第一种形式好，但生产实际证明对不加工外圆的 L 和 Z 方案，是足够牢固可靠的。但对 W 方案，则强度不足，不如碗形压板牢固。故对 W 方案应采用碗形压板。

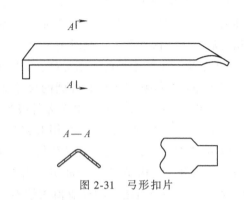

图 2-31　弓形扣片

2.5.5　内压装的工艺与工装

内压装是将定子冲片对准记号槽，一片一片地放在机座中后进行压装的一种压装方法。

压装的基准面是定子冲片外圆。由于冲片是一片一片直接放入的，冲片外圆与机座内圆的配合要松一些，通常采用 E8、E9/h6。压装后的铁心内圆表面不够光滑，与机座止口的同轴度不易保证，往往需要磨内圆，这不但增加工时，而且还增加铁损。为了保证同轴度而又不磨内圆，可采用以机座止口定位的同心式压装胀胎，如图 2-32所示。

先把机座 1 套在胀胎止口上，冲片在机座内叠好后，压下胀圈 6，把铁心 5 撑紧，使铁心内圆变得较整齐，然后压紧铁心，以弧键 2 紧固。由于胀胎是以机座止口定位，只要保证胀胎本身的同轴度，即可保证铁心内圆和机座止口的同轴度。关于槽形的整齐问题，主要靠槽样棒保证。铁心压装完毕，还要用通槽棒检查槽形尺寸。

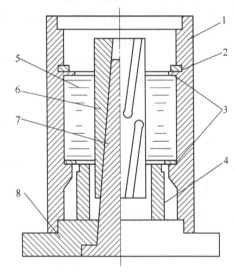

图 2-32　内压装用的同心式胀胎
1—机座　2—弧键　3—端板　4—压筒
5—铁心　6—胀圈　7—胀胎心　8—底盘

内压装的优点是冲片直接叠在机座中，各种尺寸的电机均可采用，它和外压装相比，节省了定子铁心叠压后再压入机座的工序，所以这种方法在电机中心高较大时是比较方便的。其缺点是在叠压铁心以前，机座必须全部加工完，这样就会使生产在组织上发生一定矛盾。同时，搬运、下线、浸漆时带着机座较为笨重，浪费绝缘漆，烘房面积的利用也不够充分。

2.5.6　外压装的工艺与工装

外压装工艺是：以冲片内圆为基准面，把冲片叠装在胀胎上，压装时，先加压使胀胎胀开，将铁心内圆胀紧，然后再压铁心，铁心压好后，以扣片扣住压板，将铁心紧固。

典型的外压装胀胎如图 2-33 所示。这种胀胎称为整圆直槽单锥面胀胎（锥度一般为3°~5°）。胀套 2 是整圆的，开有一个直槽，使用时靠油压机向下压，将胀套 2 与心轴 1 压平为止，有限地胀齐定子铁心内径。松开时也利用油压机的压力，先将胀胎提起一点，使顶柱 6 离开垫板 7 的孔，接触在垫板 7 的平面上，然后用油压机顶心轴，使心轴与胀套 2 分离。这种胀胎的优点是胀紧力比较均匀，垂直度比较好，结构不很复杂，制造也不困难。

胀套一般用 T10A 钢制造，为了保证胀胎胀开以后胀套外圆的圆整度，需在半精加工后开槽，再进行热处理，使硬度达到 56~60HRC。然后在槽内嵌一比槽稍宽的铜条。再加工锥度，并与心轴（一般也用 T10A 钢制造，淬硬 56~60HRC，表面粗糙度为 $Ra0.40\mu m \sim Ra0.80\mu m$）相配进行研磨，直至互相配准为止。最后再加工胀套外圆到需要的尺寸（冲片内径公差等级为 H8；胀套外圆为 k5，其基本尺寸与冲片内径相同）。

有的工厂也采用图 2-34 所示的三瓣单锥面胀胎，胀套 2 由三瓣组成，与心轴 3 成 3°锥度相配。心轴 3 下部有一螺杆，用来将心轴 3 向下拉而使胀套 2 胀开，将铁心 6 胀紧。这种胀胎的结构复杂，垂直度较差，胀紧力不甚均匀，所以铁心压装后的质量较差。

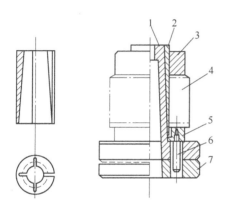

图 2-33 整圆直槽单锥面胀胎

1—心轴 2—胀套 3—上压板 4—定子
冲片 5—下压板 6—顶柱 7—垫板

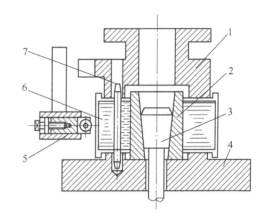

图 2-34 铁心叠压模示意图

1—压模 2—胀套 3—心轴 4—底座
5—扣片滚轮 6—铁心 7—槽样棒

外压装铁心具有下列优点：

1）机座加工与铁心压装、下线、浸烘等工序可以平行作业，故可缩短生产周期。

2）在下线时，外压装铁心因不带机座，操作较内压装铁心方便。

3）绝缘处理时，操作也较内压装铁心方便，并可提高浸烘设备的利用率和节约绝缘漆。

定子铁心外压装在专门的油压机上进行，其结构如图 2-35 所示。

油压机有三个液压缸。首先由胀紧液压缸把铁心胀紧；然后主液压缸把铁心压紧；最后，副液压缸上升，与副液压缸连接的环形拉板上装有与扣片数目相同的滚轮，自动地把扣片压紧在铁心外圆的鸠尾槽里。

定子冲片在压装前，通常用图 2-36 所示理片机理片，使记号槽对齐。

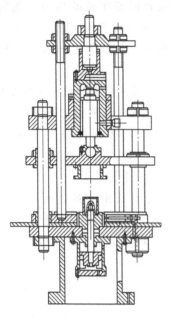

图 2-35 三缸式油压机

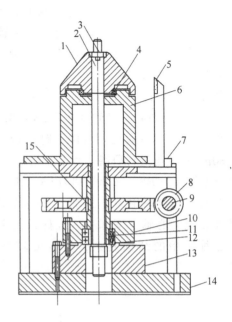

图 2-36 定子冲片理片机

1—炮弹头 2—螺杆 3—螺母 4、11、12—轴承
5—硬质合金 6—胀体 7—理片板 8—蜗杆
9—蜗轮 10、13—轴承下座 14—底座
15—键

2.5.7 定子铁心紧固的工艺——等离子焊接

定子铁心紧固采用等离子焊接的优点是：

1) 取消了定子冲片外圆上的鸠尾槽，使定子冲模的制造得到简化。

2) 焊接工艺成本较低，并可取消扣片，可节约大量扣片用钢材。

3) 焊缝的数目与扣片数目相同。焊缝宽度一般为 3~4mm，焊缝深度一般为 2~2.5mm。与传统工艺比较，机械强度有所提高。经破坏性试验，即使硅钢片撕坏了，焊缝还没有开。

4) 焊接工艺简单，生产效率高，便于实现自动化，因此对于电机生产自动化非常有利。

5) 由于取消了定子冲片外圆上的鸠尾槽，使定子铁心外圆与机壳内圆接触面积增大了，所以温升有所降低。

6) 应用等离子焊接由于可一次完成对称的 4 条焊缝，因此可有效避免铁心的形位变形，使铁心由于热变形引起的形状误差很小，不超过规定的技术要求。

因此，定子铁心紧固采用等离子焊接，是一项很有前途的工艺。它对于缩小电机尺寸，提高产品质量，具有一定的意义。

2.5.8 扇形冲片铁心的压装特点

外圆直径超过 990mm 的铁心由扇形冲片叠成。采用扇形冲片的大型电机均采用内压装。大型汽轮发电机、水轮发电机的定子铁心扇形片数多达几十万片，叠片、压装工艺对整个电机的生产周期和质量影响很大。所以，必须一方面考虑如何保证质量，另一方面考虑如何缩短叠装工时。

扇形冲片定子铁心叠压时，可以采取以扇形片外圆、内圆以及槽为基准三种方案进行叠压。以外圆为叠压基准的方案，叠片方便，工作效率和质量都较高，但机座的内圆加工需要大型立式车床。只要设备条件允许，应尽量采用这种方案。以内圆为基准的压装方案，机座内圆不必加工，可以省去大型立式车床加工工序，但因叠装与焊接定位筋交叉进行，工作效率较低，保证质量也较困难。这种方法对于大型电机，特别是直径在 3m 以上的水轮发电机，是一种主要的叠压方法，下面将着重介绍。以槽为基准的叠压方案，主要用于大中型水轮发电机。这种方案叠压精度高，操作容易。

对于扇形片转子和电枢铁心，是以扇形片内圆为基准叠装在已加工好的支架定位筋上。下面介绍以扇形片内圆为叠压基准的叠压过程。

铁心的周向固定。扇形片铁心叠压时，通常是用装在机座筋条上的截面为鸠尾形的定位筋（也叫支持筋）来固定。支持筋可以做成整体的（见图 2-37a）和组合的（见图 2-37b）两种形式。在一张扇形片上通常开有 M 个鸠尾槽，当扇形片对套在定位筋上时，它们之间有 1~1.5mm 的间隙，这样既能根据槽样棒来保证槽形整齐，又能较好地适应铁心热膨胀引起的径向尺寸变化。

定位筋的数目是根据定位筋容许拉力计算的定位筋总面积和定子槽数以及铁心沿圆周分布的扇形片片数来决定的。有时也可以选择任意的定位筋数，但为了得到合理的结构，必须考虑：①定子槽数应是定位筋的倍数。②定位筋数应该是拼成整圆的扇形片数的倍数。一般对于中型汽轮发电机，定位筋数在 12~20 范围内。

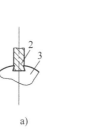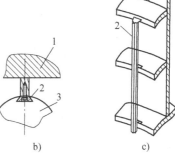

图 2-37　定位筋的固定
1—机座筋　2—定位筋　3—扇形片

叠压时，以中心柱定位，大体找正机座位置后，即以中心柱为基准叠装部分扇形片，然后再以扇形片为基准，配焊定位筋，如图 2-37 所示。实际制造时是用特制的精确样板来配置和点焊定位筋的，配置好后再用样板进行检查。

定位筋在机座内圆的配置顺序应该是每隔一根定位筋点焊一根。开始配置时点焊（未最后焊牢）定位筋是为了在最后固定前还可以进行调整。为保证定位筋在内圆上均匀分布，当半数定位筋点焊好后，要用特制的节距检查样板检查定位筋间的距离，如误差超过 1~1.5mm 时应进行调整。另一半定位筋的配置比较容易，一般不会产生很大的偏差。

配置定位筋时除保证定位筋条间尺寸准确外，尚需测量径向尺寸，以保证各定位筋的径向尺寸相同。测量方法也是以装设在定子中心的专用磨制中心柱为基准测量点，在与中心柱垂直的方向上安装可微调尺寸的千分棒，以便能够精确地测量定位筋至中心的半径尺寸。测量时应沿定位筋条长度方向，上、下测量几处，以防止定位筋配置的歪斜。

叠装扇形片时，为使磁路对称，充分利用铁心材料及使铁心具有较高的机械强度，应根据扇形片的结构（扇形片为偶数槽还是奇数槽以及鸠尾槽数）严格按照工艺规程进行叠装。

铁心压装需有足够的紧度。大型电机，特别是巨型水轮发电机和汽轮发电机，如果铁心压装不紧，可能引起冲片松动，造成局部片间绝缘损坏，磨损槽部绝缘及线圈绝缘。汽轮发电机可以在油压机上加压，而大直径的水轮发电机的电枢和转子铁心，通常采用拧紧螺杆的方法，或用千斤顶加压的方法来压紧铁心。

铁心片间压力，汽轮发电机为 1.5~2MPa；水轮发电机为 1.0~1.5MPa。一般采取分段加压和加热加压方法。大约每台 500mm 厚即加压一次。汽轮发电机铁心较长，采取分段加热加压的方法。例如，一台 $12.5×10^4$ kW 的汽轮发电机定子铁心长度约为 3.5m，除端部很少一段预压核实叠压系数及铁心长度、重量等以校验计算之准确外，中间共加压 6 次，以达到压紧压足的目的。长铁心的片间绝缘总厚度是很可观的，这些绝缘材料在受热和受压之下的收缩，将造成铁心松动。因此，汽轮发电机及其他铁心较长的电机，在压装过程中采取加热、加压的方式，使绝缘收缩并补足长度，以保证铁心的紧密度。

分段分压时，先加热到 110℃，保温 12h，然后冷却到约 40℃，再提高压力压紧，或在加压过程中反复加热和冷却一两次，使压力的分布与传递更为均匀。

铁心加热可以采用工频感应法，即在铁心上绕以线圈，再通入交流电。依靠交变磁通产生铁损将铁心加热。

2.5.9　磁极铁心的制造

直流电机的磁极和同步电机的磁极在形式上有所不同，但在压装方法上是一样的。磁极的压装方法较多，也比较简单，主要根据生产批量和工厂设备条件来确定。下面对直流电机主磁极铁心冲片的紧固方式作一介绍。

主磁极铁心冲片通常用 1~2mm 厚的钢板冲制，冲片表面不需进行绝缘处理，冲片叠压时两侧一般都有主磁极端板，使铁心所受压力均匀分布。主磁极端板的厚度随主磁极截面和长度而定，一般为 3~20mm。对主磁通回路有特殊要求的电机，其主磁极端板应与铁心绝缘。主磁极铁心的紧固按铁心长短常分别用铆接、螺杆紧固、焊接三种基本方法，如图 2-38 所示。

图 2-38a 为主磁极铁心用铆钉紧固，一般铆钉总面积约为冲片面积的 3%，冲片上铆钉数不应少于 4 个，用于长 500mm 以下的主磁极铁心。图 2-38b 为主磁极铁心借助螺杆在轴向紧固，用于长 500mm 以上的主磁极铁心。图 2-38c 为主磁极铁心在压紧状态下，借助两侧的轴向焊缝紧固，这种紧固结构简单，便于实现机械化、自动化生产，主要用于小型直流电机的主磁极铁心。

磁极的叠压方法很多，主要是根据工厂设备条件及磁极的紧固形式来选择。最简单的方法是借助台钳和螺杆铆紧铆钉。这种方法生产率低，冲片受力不均匀，压力大小无法控制，质量难以保证。成批生产的铆接磁极是在油压机上通过专门工具把叠装在铆钉上的冲片压紧，然后借铳子压力挤开铆钉两端的孔，使铁心成为一整体。磁极铁心第一次加压可按下式计算：

$$P = pS_1 \qquad\qquad (2-11)$$

式中　p——磁极铁心单位面积压力，一般取 10~15MPa；

　　　S_1——磁极冲片面积，单位为 m^2。

在压紧状态下，测量磁极的高度和紧密状态，根据压紧程度增减冲片，做到尺寸符合图

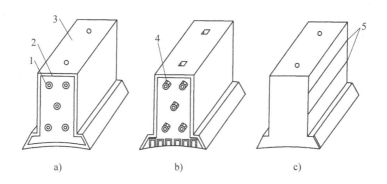

图 2-38 磁极铁心紧固形式

1—铆钉 2—主磁极端板 3—主磁极冲片 4—螺钉 5—焊缝

样要求，最后加压并铆好铁心。压力可按下式计算：

$$Q = P + p_2 S_2 \qquad (2\text{-}12)$$

式中 P——压紧压力，见式（2-11）；

p_2——张开铆钉头所需单位面积压力，一般可取 40MPa；

S_2——铆钉杆总面积，$S_2 = 0.785 d^2 n$，其中 d 为铆钉直径，单位为 m，n 为铆钉个数。

螺杆紧固磁极铁心和焊接的磁极铁心压紧时，压力也按式（2-11）计算。

铆接后，铆钉应无裂缝，铆钉头不得高出端面 1.5mm。

螺杆紧固的磁极也是先在油压机上通过专用模具将磁极冲片叠压压紧、整齐，然后旋紧螺母，使铁心成为一个整体，最后将螺母与螺杆搭焊或将螺纹打毛，以防止螺母松动。

焊接磁极铁心是在专用叠片焊机上进行叠压与焊接的。专用的直流电机主磁极铁心叠片焊机，采用二氧化碳气体保护焊，选用 $\phi 0.8mm$ 和 $\phi 1mm$，MOSMn2SiA 镀铜焊丝。焊接时，焊炬固定，工件自下而上运动。主磁极铁心叠焊工艺比铆接结构工艺简单，生产效率高，产品寿命长。

大型磁极较长，压装后容易变形，故一般较长的大型磁极均在卧式油压机上叠压。叠压时，必须考虑冲片薄厚不匀的问题，通常每叠 100～200mm 将冲片记号缺口周转 180°，即翻过来叠放。整个磁极正、反间隔应均匀一致，压装时应在弧长最大的两个槽或阻尼片孔中穿入定位销（即槽样棒）。第一次加压压力约为式（2-11）计算结果的 2.5 倍。调整冲片数后，再按式（2-11）计算压力压紧铁心，旋紧螺母。加压时应使卧式油压机中心对准冲片中心。

2.5.10 铁心压装质量的检查

铁心压装后尺寸精度和形位公差的检查用一般量具进行。槽形尺寸用通槽棒检查；铁心重量用磅秤检查；槽与端面的垂直度用 90°角尺检查；片间压力的大小通常用特制的检查刀片（见图 2-39）测定。测定时，用力将刀片插进铁轭，当弹簧力为 100～200N 时，刀片伸入铁轭不得超过 3mm，否则说明片间压力不够。

较大型电机铁心压装以后要进行铁损试验。铁损试验的接线原理如图 2-40 所示。

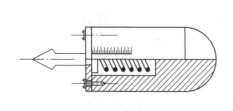

图 2-39　检查刀片

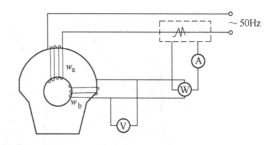

图 2-40　铁损试验接线原理

试验在不装转子的情况下进行。图中 w_a 为励磁线圈的匝数，按下式计算：

$$w_a = \frac{\pi(D_a - h_{ja}) \times 1.05 H}{\sqrt{2} I}　(2-13)$$

式中　D_a——铁心外径，单位为 m；

　　　h_{ja}——轭高，单位为 m；

　　　H——硅钢片磁通密度为 1T 时的磁场强度，单位为 A/m；

　　　I——励磁电流有效值，单位为 A。

w_a 计算结果取整数，但不应小于 3 匝。选励磁电流 I 小于 500A，w_a 与 w_o（测量线圈的匝数）在空间互成 90°位置。

试验时，轭部磁通密度的幅值为

$$B_m = \frac{U \times 10^3}{4.44 f h_{ja} l_{fel} w_b}　(2-14)$$

式中　U——电压表读数，一般取 20~70V；

　　　f——频率，单位为 Hz；

　　　l_{fel}——铁心净长；

　　　w_b——测量线圈的匝数。

当磁通密度为 1T 时每 1kg 铁心的损耗为

$$p_{10} = p^t \frac{W_a}{W_b} \left(\frac{1}{B_m}\right)^2 \frac{1}{G_{fej}} \times 10^8　(2-15)$$

式中　p^t——功率表读数，单位为 W；

　　　G_{fej}——定子铁心轭重，单位为 kg。

测得的比损耗 $P_{1.0}$ 值不应大于所用电工钢片在 50Hz、磁通密度为 1T 时的比损耗的 1.2 倍。铁心温度稳定后，一般其最高温升 θ_{max} 应低于 45℃，不同部位的温升差值 $\Delta\theta$ 应小于 30℃。对于采用冷轧硅钢片的铁心，通常还规定在较高的磁通密度（例如 1.2~1.4T）下进行试验。

2.6　铁心的质量分析

电机铁心是由很多冲片叠压起来的一个整体。冲片冲制的质量直接影响铁心压装的质量，而铁心质量对电机产品质量将产生很大影响。例如，槽形不整齐将影响嵌线质量；飞边过大、大小齿超差，以及铁心的尺寸准确性差、紧密度低等将影响导磁性能及损耗。因此，保证冲片和铁心的制造质量是提高电机产品质量的重要一环。

2.6.1 冲片的质量问题

冲片质量是与冲模的质量、冲模的结构、冲制设备的精度、冲制工艺、冲片材料的机械性能以及冲片的形状和尺寸等因素有关。

1. 冲片尺寸的准确性

冲片的尺寸精度、同轴度、槽位置的准确度等可以从硅钢片、冲模、冲制方案及冲床等几方面来保证。从冲模方面来看，合理的间隙及冲模制造精度是保证冲片尺寸准确性的必要条件。

当采用复式冲模时，工作部分的尺寸精度主要决定于冲模制造精度，而与冲床的工作状况基本无关。当采用单槽冲模在半自动冲槽机上冲槽时，槽位的准确性和冲床的关系很大，主要有以下几点：

1）分度盘不准，盘上各齿的位置和尺寸因磨损而不一致，这样冲片上的槽距就不一致，出现大小齿距现象。因此在加工分度盘时，各齿的位置应尽可能做得准确，操作中应保证分度盘齿间不应有污垢、杂物积存，尽量避免齿的磨损等。

2）半自动冲槽机的旋转机构不能正常工作，例如间隙、润滑、摩擦等情况的变化，都会引起旋转角度大小的变化，影响冲片槽位置的均匀性。

3）装冲片的定位心轴磨损，尺寸变小，将引起槽位置的径向偏移，除了在叠压铁心时槽形不整齐外，对转子冲片还会引起机械上的不平衡。

4）心轴上键的磨损也会引起槽位的偏移。这是因为心轴上键的磨损使键和冲片键槽间的间隙增大，导致槽位偏移。偏移量随着冲片直径的增大而相应增大。如果采用外圆定位，就不会产生这项偏移，冲片质量比用轴孔定位的要好。

5）心轴与下模平面高度不一致，或硅钢片厚度不均匀、波纹度较大时也会引起冲片弯曲窜动而产生槽位偏移。

冲片大小齿超差，会导致定、转子齿磁通密度不均匀，结果使励磁电流增大、铁损增大、效率降低、功率因数降低。

按技术条件规定，定子齿宽精度相差不大于 0.12mm，个别齿允许差 0.20mm。

2. 飞边

产生飞边的原因是冲模间隙过大、冲模安装不正确或冲模刃口磨钝等。要从根本上消除飞边，就必须在模具制造时严格控制冲头与凹模间的间隙；在冲模安装时要保证各边间隙均匀；在冲制时还要保证冲模的正常工作，经常检查飞边的大小，及时修磨刃口。飞边会引起铁心的片间短路，增大铁损和温升。当严格控制铁心压装尺寸时，由于飞边的存在，会使冲片数目减少，引起励磁电流增加和效率降低。槽内的飞边会刺伤绕组绝缘，还会引起齿部外胀。转子轴孔处飞边过大时，可能引起孔尺寸缩小或椭圆度增大，致使铁心在轴上的压装产生困难。当飞边超过规定限值时，应及时检修模具。

3. 冲片不平整、不清洁

当有波纹、锈、油污和尘土等时，会使压装系数降低。此外，压装时要控制长度，减片太多会使铁心重量不够，磁路截面减小，励磁电流增大。冲片绝缘处理不好或管理不善，压装后绝缘层被破坏，会使铁心短路，涡流损耗增大。

2.6.2 铁心压装的质量问题

1. 定子铁心长度大于允许值

如果定子铁心长度大于转子铁心长度太多，相当于气隙有效长度增大，使空气隙磁动势增大（励磁电流增大），同时使定子电流增大（定子铜损增大）。此外，铁心的有效长度增大，使漏抗系数增大，电机的漏抗增大。

2. 定子铁心齿部弹开大于允许值

这主要是因为定子冲片飞边过大所致，其影响同上。

3. 定子铁心重量不够

铁心重量不够使定子铁心净长减小，定子齿和定子轭的截面积减小，磁通密度增大。铁心重量不够的原因是：①定子冲片飞边过大。②硅钢片薄厚不匀。③冲片有锈或沾有污物。④压装时由于油压机漏油或其他原因压力不够。

4. 缺边的定子冲片掺用太多

缺边的定子冲片掺用太多，会使定子轭部的磁通密度增大。为了节约材料，缺边的定子冲片可以适当掺用，但不宜超过1%。

5. 定子铁心不齐

1）外圆不齐。对于封闭式电机，定子铁心外圆与机座的内圆接触不好，会影响热的传导，电机温升高。因为空气导热能力很差，仅为铁心的0.04%，所以，即使有很小的间隙也会使导热受到很大影响。

2）内圆不齐。如果不磨内圆，有可能发生定、转子铁心相擦；如果磨内圆，既增加工时又会使铁损增大。

3）槽壁不齐。如果不锉槽壁，下线困难，而且容易破坏槽绝缘；如果锉槽壁，铁损增大。

4）槽口不齐。如果不锉槽口，则下线困难；如果锉槽口，则定子空气隙有效长度增加，使励磁电流增大、旋转铁损（即转子表面损耗和脉动损耗）增大。

定子铁心不齐的原因是：冲片没有按顺序顺向压装；冲片大小齿过多，飞边过大；槽样棒因制造不良或磨损而小于公差；叠压工具外圆因磨损而不能将定子铁心内圆胀紧；定子冲片槽不整齐等。

定子铁心不齐而需要锉槽或磨内圆是不得已的，因为它使电机质量下降、成本增加。为使定子铁心不磨不锉，需采取以下措施：提高冲模制造精度；单冲时严格控制大小齿的产生；实现单机自动化，使冲片顺序顺向叠放，顺序顺向压装；保证定子铁心压装时所用的胎具、槽样棒等工艺装置应有的精度；加强在冲剪与压装过程中各道工序的质量检查。

2.7 冲模设计的基本知识

2.7.1 冲裁模结构

冲裁模的种类很多，但都包括下述几部分零件：

1）工作零件。即直接参加冲裁完成材料的分离使之加工成形的零件。例如凸模、凹模等。

2）定位零件。是用来确定板料或工件冲裁位置的零件。例如，先冲槽、后落料方案中复冲轴孔和转子槽时控制板料位置的挡料销；以轴孔定位复冲定子槽的导正钉；先落料、后冲槽方案中以内圆定位复冲定子槽的定位盘等。

3）卸料零件。即每完成一次冲裁后用来退出工件或余料的零件。例如，弹性或刚性的脱料装置（脱料板）；各种从凸模上面卸下工件的卸料器（如先落料、后冲槽方案中复冲定、转子冲片的打棒、打板和脱料板等一套零件）；由凹模内顶出冲片的顶料器等。

4）导向零件。在冲裁过程中保证上、下模处于正确运动位置的零件。例如导柱、导套等。

5）装配零件。包括模具的其他零件，主要有安装和固定用的上模座、下模座、凸模固定板、垫板和模柄等。

至于联接某些零件用的各种螺钉和圆柱销，应是符合标准的紧固件。

电机冲片用冲模结构如图2-41~图2-43所示，分别为小型异步电动机定、转子冲片内、外圆分离落料模，定子冲片复式冲模和转子冲片复式冲模。复式冲模的主要零件包括凸模、凹模，导柱和导套，上、下模座和上模固定板，模柄及挡料，定位、脱料装置。图2-44所示为单式冲槽模。

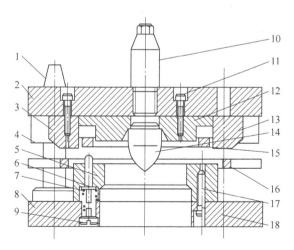

图 2-41　定、转子冲片分离落料模（先冲槽、后落料方案）

1—导柱　2—上模座　3、11、18—螺钉　4—导套　5—下模　6—顶料轴　7—弹簧　8—下模座

9—螺钉塞　10—模柄　12—上内模　13—上外模　14—定位心轴　15—上脱料板

16—下脱料板　17—圆柱销

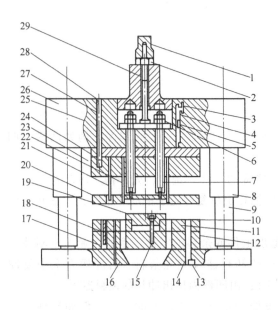

图 2-42 定子冲片复式冲模
（先落料、后冲槽方案）

1—保护螺母 2—六角螺母 3—模柄 4、14、18、27—
圆柱销 5、13、15、17、28—内六角螺钉 6—光六角扁
螺母 7—脱料螺杆 8—导套 9—导柱 10—热套圈
11—凹模 12—凹模垫板 16—下模座 19—定位盘
20—脱料板 21—记号槽（凸模）22—槽（凸模）23—凸
模固定板 24—凸模垫板 25—上打板 26—上模座
29—打棒

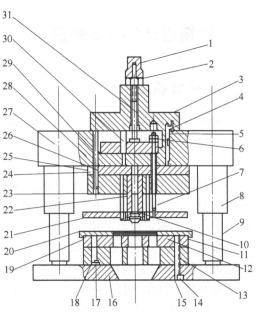

图 2-43 转子冲片复式冲模
（先落料、后冲槽方案）

1—保护螺母 2—六角螺母 3—模柄 4、15、18、29—
圆柱销 5、14、17、28—内六角螺钉 6—光六角扁螺
母 7—脱料螺钉 8—导套 9—导柱 10—导正钉
11—热套圈 12—凹模 13—凹模垫板 16—下模座
19—沉头螺钉 20—粗定位板 21—脱料板 22—轴
孔（凸模）23—槽（凸模）24—上打板 25—凸模固定
26—凸模垫板 27—上模座 30—顶柱 31—打棒

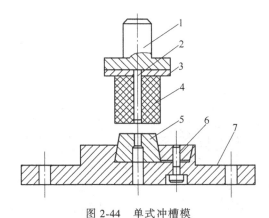

图 2-44 单式冲槽模

1—模柄 2—冲头 3—冲头固定板 4—橡胶垫 5—下模 6—楔铁 7—下模座

2.7.2 冲裁模主要零部件设计

1. 凸模设计

凸模是冲模中起直接形成冲件作用的凸形工作零件，即以外形为工作表面的零件。凸模
又称冲头，其工作端的截面形状根据槽形确定。刃口通常为平的，优点是便于修磨，为了减

轻冲床负荷，也可以把刃口磨成图 2-45 所示形状。凸模工件表面的表面粗糙度要求在 $Ra0.4\mu m \sim Ra0.8\mu m$ 范围内。

（1）凸模的固定方式

凸模常用的固定方式有铆接法，台肩法和低熔点合金、环氧树脂浇注固定法，如图 2-46 所示。

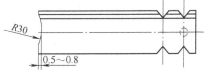

图 2-45　定子槽凸模

（2）凸模的长度确定

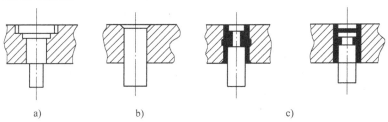

图 2-46　凸模的固定方式

a）铆接固定法　b）台肩固定法　c）浇注固定法

凸模的长度是根据模具结构的需要和修磨量来确定的。确定方法可按下式计算，如图 2-47 所示：

$$L = h_1 + h_2 + h_3 + (10 \sim 20) \qquad (2\text{-}16)$$

式中　h_1——凸模固定板厚度，单位为 mm；

　　　h_2——卸料板厚度，单位为 mm；

　　　h_3——侧面导板厚度，单位为 mm。

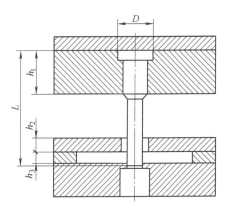

图 2-47　凸模长度的确定

2. 凹模设计

凹模是冲模中起直接形成冲件作用的凹形工作零件，即以内形为工作表面的零件。凹模刃口的周边形状和凸模相同。

（1）凹模孔的类型和结构形式

凹模因要清除"废料"或工件，沿深度方向的尺寸不能上下一致，凹模孔的类型基本上有以下三种：第一种是孔口一段呈直筒形，以下转为锥形，锥度为 $1° \sim 2°$（见图 2-48a）；第二种是孔口一段是直筒形，落料孔比凹模尺寸大 $1 \sim 2mm$（见图 2-48b）；第三种是具有 $1°$ 以下的锥形（见图 2-48c）。第一、二种形式，刃口坚固，修磨后尺寸不变，对于形状复杂和精度要求高的电机槽形是很合适的。第三种形式，适用于冲制形状简单或精度要求较低的工件，它的使用寿命较长，因为加工时通常把刃口尺寸控制在公差的最小值，而锥底尺寸控

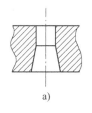

a）

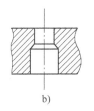

b）

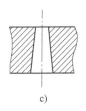

c）

图 2-48　凹模刃口形式

制在公差的最大值或稍许大一点。在第一、二种形式中，孔口的一段高度称为有效高度或寿命高度，凹模的有效高度一般为 8~12mm，凹模工作表面的表面粗糙度要求在 $Ra0.4\mu m \sim Ra0.8\mu m$ 范围内。

凹模有两种结构：整块的和拼块的。如果是整块的，可以直接用螺钉、销钉固定和定位于下模座上；如果是拼块的，则用钢圈热套办法将拼块紧固，再通过钢圈将凹模固定于下模座上。

图 2-49 所示为整块的定子冲片复式冲模凹模。为节省钢材，通过套圈固定于下模座。钢圈内圆和凹模外圆的配合为 U8/h7。

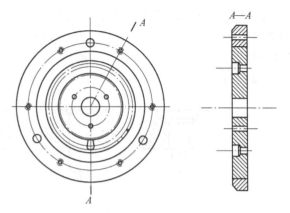

图 2-49　定子槽凹模结构（整块的）

（2）凹模外形尺寸的确定

电机冲片的冲裁模凹模一般都为圆形。凹模的外形轮廓尺寸及厚度根据结构而定，一般按经验方法确定，可查表 2-6 确定。

表 2-6　凹模厚度 H 和壁厚 C　　　　　　　　　　　　　（单位：mm）

料厚 t 凹模外形尺寸 冲裁件最大 外形尺寸 b	≤8		>0.8~1.5		>1.5~3		>3~5	
	C	H	C	H	C	H	C	H
<50 50~70	26	20	30	22	34	25	40	28
75~150	32	22	36	25	40	28	46	32
150~200	38	25	42	28	46	32	52	36
>200	44	28	48	30	52	35	60	40

（3）凸凹模材料的选择

冲模最重要的部分是凸模和凹模。用来制造凸模和凹模的材料，要承受强大的剪切力、压力、冲击力和摩擦力，因此模刃应满足以下要求：有很高的硬度，很高的耐磨和耐疲劳的能力以及足够的韧性；热处理以后的变形应尽可能小；长期使用中的变形应尽可能小。根据上述要求，通常采用合金工具钢（Cr12 或 Cr12MoV）作为制造凸模和凹模的材料。经过淬火和磨削加工后，其硬度要求达到 58~62HRC。因为 Cr12、Cr12MoV 钢具有很高的耐磨性，Cr12 钢由于碳、铬元素的含量均高于 Cr12MoV 钢，因而其耐磨性稍高于后者，但韧性较 Cr12MoV 钢稍差。Cr12MoV 具有较高的淬透性（Cr12 钢 $\phi200\sim300$mm 截面可全部淬透；Cr12MoV 钢 $\phi300\sim400$mm 截面可全部淬透）和良好的耐热性（在 300~500℃ 范围内仍能保持高的硬度和耐磨性），并且热处理以后变形很小（号称"不变形钢"）。

对于尺寸不大，形状简单，冲次不高的钢冲模，也可以采用碳素工具钢 T8A、T10A 作为制造凸模和凹模的材料。但这类材料具有下述缺点：淬透性低（大于 15mm 即不能淬透）、耐磨性差、淬火变形大等，因而使用寿命低。而且，在使用过程中，刃口尺寸会因变形而改变，故必须经常检查其变形情况，并加以修正。

3. 导柱和导套

导柱和导套是决定冲模质量和寿命的很重要的零件，形式和尺寸可按 GB/T2861—2008《冲模导向装置》选用。它们在模座上的布置常见的有对称布置和对角布置两种。较小的冲模有时也采用后导柱布置，如图 2-50 所示。

导柱和导套可采用优质碳素工具钢 T8A 或 T10A 制造。进行淬火处理硬度为 58~60HRC。也可以采用优质碳素结构钢 20 制造，表面渗碳深度为 0.8~1.2mm，再淬硬至 56~60HRC，使它们在冲制过程中不至磨损而影响导向精度。配合表面的表面粗糙度应在 $Ra0.4\mu m$ 以下，两者之间的间隙应小于凸凹模之间的间隙，

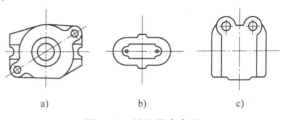

图 2-50　导柱导套布置

a) 对角布置　b) 对称布置　c) 后导柱布置

并根据模具间隙大小而采用 H6/h5 或 H7/h6 配合。导柱和导套的配合面上开有油孔和油槽，以便在工作中加油润滑，如图 2-51 所示。

导柱与下模座上的导桩孔之间采用 H7/r6 配合，装配时将导柱压入导柱孔中。因此，凹模的刃磨需采用专用磨床，不必卸下导柱。如果凹模的模刃刃磨在平面磨床上进行，则刃磨时需卸下导柱。为了装卸方便，最好采用下端带锥度的导柱（见图 2-51 和图 2-52），锥度一般为 1：20，并在下面用螺钉和垫圈将它拉住。

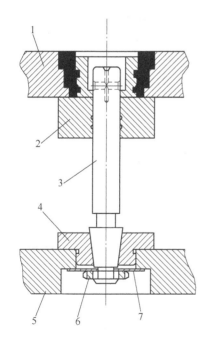

图 2-51　导柱和导套

1—上模座　2—导套　3—导柱

4—导柱座　5—下模座　6—螺母　7—垫圈

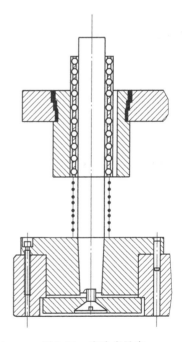

图 2-52　滚珠式导套

导套与上模座上的导套孔之间可采用 H7/h6，S6 配合。此时如果下模座上的导柱座孔和上模座上的导套孔尺寸相同，可将上下模座装夹在一起同时加工。但考虑装配方便，导套

与上模座导套孔之间一般采用低熔点合金或环氧树脂浇注。为了保证浇注质量，两者之间的间隙一般为每边 3~5mm。浇注时冲模处于闭合状态，以保证工作时的良好导向。

在一些重要的冲模中，采用导向精度更好的滚珠式导套，如图 2-52 所示。导柱与滚珠式导套之间采用过盈配合（过盈量一般为 0.010~0.015mm）。

4. 模座、凸模固定板、垫板和模柄

模座一般采用灰铸铁（HT20—40）制造。形式和尺寸按 GB/T 2855—1990《冲模滑动导向模座》选用。大型冲模往往采用球墨铸铁（QT45—5）制造。硬质合金冲模必须用 45 号钢或铸钢（ZG25~ZG45）制造。一般的复式冲模有时受冲床闭合高度的限制而需要降低冲模的闭合高度时，也可以采用 Q235-A 钢板制造。当采用 Q235-A 钢板制造时，模座厚度可适当减小，上下平面间的平行度不能超过 0.03∶300，表面粗糙度为 $Ra0.8\mu m$，用来安装导向件的孔中心线间的距离的偏差不大于 0.02mm，并且应该与其平面垂直，垂直度偏差不大于0.01∶100,这也是导柱安装后的垂直度偏差要求。

凸模固定板用来装配凸模。复式冲模的凸模固定板与凸模间用低熔点合金浇注或用环氧树脂浇注。槽孔与凸模间的双面间隙一般为 2~3mm。为了保证凸模有足够的稳定度，凸模固定板不宜过薄，实际上一般为 25~35mm，采用 Q235-A 钢制造。对凸模固定板的加工要求是：上下平面间的平行度不超过 0.02∶300，表面粗糙度 $Ra0.8\mu m~Ra1.6\mu m$。为了减少手工劳动，凸模固定板目前已广泛采用电火花穿孔，工具电极一般采用石墨电极，效率高，成本低，容易制造。

垫板装在凸模固定板与上模座之间，它的作用是避免凸模在工作时所产生的强大冲击力直接作用于模座而使模座受到损伤，同时避免冲模使用稍长时间以后由于模座与凸模接触面的变形而使凸模松动。垫板一般用 45 号钢制造，并经过淬火，硬度达到 40~45HRC。加工要求是：表面粗糙度 $Ra0.8\mu m$，上下平面平行度不超过 0.02∶300。当上模座采用厚钢板制造时，或经凸模垫板承压计算后模板材料的许用压应力大于凸模承受面的压应力时，可不采用垫板。

模柄装于冲床的滑块孔内，是冲床和冲模之间的连接件，模柄可按 GB/T 2862—1987《冷冲模模柄》选用。模柄一般采用 45 号钢或 Q235-A 钢制造。在柄与上模座之间采用 H7/n6 配合，表面粗糙度为 $Ra0.8\mu m$，由定位销定位（见图 2-53a），或采用螺钉装配（见图 2-53b）。模柄外径与冲床滑块上的模柄固定孔，采用 H7/d11 配合。

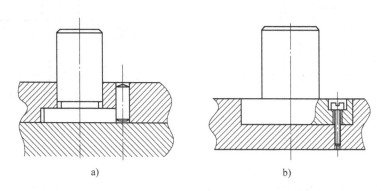

图 2-53 横柄与上模座的连接

5. 挡料、定位和脱料装置

在先冲槽、后落料方案中，条料送进冲模进行冲制的时候，用挡料销使条料保持一定的前进距离。由于挡料销经常与工件摩擦和碰击，为避免磨损，常采用 45 号钢制造，经过淬火，硬度达到 45～50HRC。挡料销一般以过盈配合固定在下模座的承料板上。

在先落料、后冲槽方案中，以工艺孔定位复冲轴孔和转子槽时，要有一个对准工艺孔而使转子冲片毛坯定位的零件，这就是转子复式冲模中的导正钉（见图 2-54）；以内圆定位复冲定子槽时，要有一个对准内圆而使定子冲片毛坯定位的零件，这就是定子冲片复式冲模中的定位盘（参见图 2-42）。由于它们经常与冲片摩擦，故都采用 T8A 或 T10A 优质碳素工具钢制造，并经过淬火，硬度达到 56～60HRC。

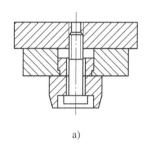 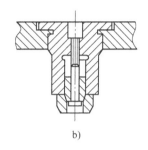 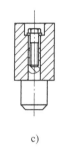

a) b) c)

图 2-54　导正钉

脱料板是工件冲成后由凸模上脱出的装置，它一般用 Q235-A 普通碳素钢制造，厚为 10～15mm，板上开有槽，按双面间隙 0.20～0.30mm（对冲槽模）或 0.30～0.50mm（对落料进）与凸模配做（目前广泛采用电火花机床加工）。若间隙太大，则工件不平整，若间隙太小，则安装和调整困难。脱料板可以装在下模上，也可以装在上模上。当装在下模上时，一般是固定的，条料从脱料板下方送进冲区。冲制时，凸模经过脱料板进入凹模，在回程时，冲件被脱料板挡住而从凸模上脱掉。当装在上模上时，冲制时凸模同样经脱料板进入凹模，在回程时，有两种形式推动脱料板使工件从凸模上脱掉：一种是借弹簧或厚橡胶的弹力；另一种是借打棒、打板等一套零件。后者的动作是机械冲击式的。当凸模冲制后回升时，滑块的零件"扁担"碰击了冲床上的可调挡铁，使"扁担"下落，打在由模柄中伸出的打棒上，从而使装于上模座背面挖空部分里的打板下落，打板通过螺钉与脱料板联系，因而使脱料板动作，把套附在凸模上面的冲件打掉下来。打棒和打板一般用 35 号或 45 号钢制造。

2.7.3　单式冲槽模的结构简述

单式冲槽模的典型结构如图 2-44 所示。凸模总长为 50～60mm，广泛采用成形磨削进行加工。凸模通过固定板固定于模柄上，凸模与固定板之间可采用凿铆或低熔点合金浇注。固定板借烧焊或螺钉固定于模柄。模柄直径按冲槽机模柄固定孔相配，一般采用 H7/d11 配合。固定板一般用 Q235-A 钢制造，厚度为 15～25mm。凹模可以是整块的，如图 2-55a 所示，也可以是拼块的，如图 2-55b 所示。如果是整块的，一般采用电火花机床加工。当采用电火花机床加工时，常常采用凸模本身作为电火花加工的电极。为此，凸模制造时需加长 25～40mm，作为电火花加工的消耗。如果凹模是拼块的，可以采用成形磨削加工。采用电

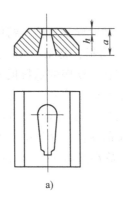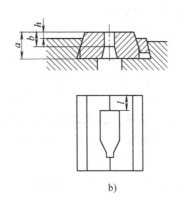

图 2-55　单式冲槽模凹模

a）整块　b）拼块

火花机床加工和采用成形磨削加工，都具有尺寸精确、表面粗糙度低和寿命长等优点。

凹模厚度（见图 2-55）a 一般为 15～25mm，刃口厚度 h 一般为 6～10mm，l 为 12～15mm。l 不宜过短，否则热处理时容易在槽角产生裂纹。凹模与下模座之间通常采用另外加一斜铁楔紧的结构形式。图 2-55 中，b 的值一般不大于 3～5mm，否则在冲制时由于冲裁力的作用，槽口容易损坏。

下模座采用厚钢板 Q235-A 制造时，厚度一般为 20mm 左右，采用灰铸铁（HT200）制造时，厚度为 30～35mm。

2.7.4　冲模设计的原则

冲模设计时，首先要根据冲制零件的生产批量考虑采用单冲还是复冲。对于单件或小批量生产，可采用单冲；对于大批量生产，可采用复冲或级进冲。正确考虑这一因素，可以降低冲制零件的成本。然后，根据冲制零件图样，考虑其加工工序，选择冲模形式及其结构。这是设计过程中最主要的阶段。同时还要考虑很多因素，其中有：零件形状、尺寸精度、材料，冲模制造条件，车间设备条件、技术条件等。

在确定了冲模的形式后，就可以对冲模结构作具体设计。此时，应考虑下列问题：

1）必须保证冲制零件的质量。

2）结构简单，制造方便，容易修磨，容易拆装。

3）尽量采用标准结构和避免不必要的加工精度。

4）冲模安装尺寸必须符合冲床的规格，即冲模的闭合高度和冲床的闭合高度相适应；冲模相应尺寸与冲床台面尺寸、台面孔尺寸、模柄孔尺寸相适应。

5）对形状不对称的冲模，要使其压力中心和模柄的轴线相重合，如图 2-56 所示。

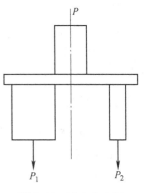

图 2-56　压力中心与
模柄轴线重合

6）冲模中的主要零件如上下模座、导柱导套、模柄、导正钉等，可根据《常用冷冲模零件标准》选用。零件的材料可参考表 2-7。

表 2-7　冲模中主要零件的材料

零件名称	材料	热处理	硬度
凸模	Cr12 钢或 Cr12MoV 钢	淬火	58~62HRC
凹模	Cr12 钢或 Cr12MoV 钢	淬火	58~62HRC
凸模固定板	Q235-A 钢	—	—
模柄	Q235-A 钢	—	—
垫板	45 号钢	淬火	45~50HRC
模座（一般）	灰铸铁 HT200	消除内应力	—
模座（大型）	球墨铸铁 TQ45-5	消除内应力	—
模座（大型精密复杂）	铸钢 ZG25~ZG45	消除内应力	—
模座（特殊情况）	Q235-A 钢	—	—
斜揳	Q235-A 钢或 45 号钢	—	—
打棒、打板	35 号钢和 45 号钢	—	—
脱料板	Q235-A 钢	—	—
导柱	20 号钢或 T8A、T10A	渗碳淬火或淬火	58~62HRC
导套	20 号钢或 T8A、T10A	渗碳淬火或淬火	58~62HRC
定位盘	T8A 钢或 T10A	淬火	56~60HRC
导正钉	T8A 钢或 T10A	淬火	56~60HRC
导料板、止料板	Q235-A 钢	—	—

7）冲模中各主要零件的公差配合和表面粗糙度可从表 2-8 中选用。

表 2-8　模具制造公差配合和表面粗糙度

零部件配合名称	采用配合	表面粗糙度 $Ra/\mu m$	零部件配合名称	采用配合	表面粗糙度 $Ra/\mu m$
模柄外径与冲床滑块内孔	H7/d11	1.60	凹模外径与模座止口内径	H7/js6	1.60/0.80
模柄凸缘直径与模座模柄安装孔内径	H7/n6	1.60	导套外径与模座导套孔内径	H7/r6，s6	0.40/0.80
热套圈外径与换座上口内径	H7/k6	1.60	导柱外径与导套内径	H6/h5 H7/h6	0.20
热套圈内径与凸凹模外径	U8/h7	1.60/0.40	销钉孔与销钉	H7/n6	1.60、0.80

8）决定模刃尺寸和凸凹模间的间隙。

冲模结构的选择、模刃尺寸的确定和正确选择凸凹模间的间隙，是冲模设计很重要的内容。下面将较详细地讨论这些内容。

2.7.5　冲模间隙及其对冲制零件质量的影响

冲裁工艺包括落料、冲孔、整形等。被冲裁而落下的材料为有用的毛坯或工件时，称为落料。被冲裁下来的材料为废料（保证孔的尺寸精度）时，称为冲孔。为了得到更光滑、更精确的边缘，在落料件外缘或冲孔件内缘，再进行局部冲裁的加工，称为整形。

在冲裁过程中，模具对于被冲裁的板料发生切割作用，板料的分离过程是在瞬间完成的。其变形过程可分为四个阶段，如图 2-57 所示。

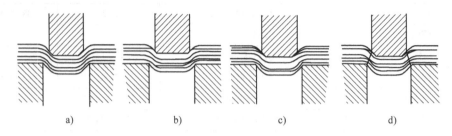

图 2-57　冲裁时板料分离过程
a) 弹性变形　b) 塑性变形　c) 剪切阶段　d) 分离阶段

1. 弹性变形阶段

在凸模压力作用下，板料首先产生弹性压缩和弯曲，并略有挤入凹模洞口的情况。板料与凸凹模接触处形成很小的圆角。这时板料内应力尚未超过材料的弹性限度，如果此时凸模回升，板料将恢复原状，最多在材料表面留下一个很轻微的模印。

2. 塑性变形阶段

凸模继续下压，板料内应力超过了屈服点，材料一个表面下陷，另一个表面凸起。由于凸模和凹模间存在间隙，因而金属纤维也发生了弯曲和拉伸，此阶段直到凸凹模刃口处由于应力集中出现细微裂纹为止。此时如果凸模回升，材料不能弹回，材料上留下清晰的变形。

3. 剪切阶段

随着凸模继续下压，冲裁力达到板料的抗剪强度，材料沿模具轮廓（刃口处）出现的微小裂纹不断向材料内部扩展。

4. 分离阶段

凸模继续下行，裂纹加深，当上下裂纹接通时（在合理间隙情况下），虽然凸模深入的距离未达到板料厚度，但板料实际上已经分离。凸模继续下行，其作用只是把切下来的那部分板料推入凹模的出料孔中，以便进行下一步冲裁。

冲模间隙是凹模和凸模刃口尺寸之差。间隙对工件质量和冲模寿命有很大的影响。合理的间隙应该是板料断裂时，凸凹模刃口边所产生的裂纹在一条直线上，否则冲件边缘将呈现不允许的飞边。间隙过小时，凸模刃口附近的裂纹比合理间隙时向外错开一段距离，上下两裂纹中间的一部分材料，随着冲裁的进行，将被第二次剪切，在断面上形成第二光亮带，在边缘出现严重飞边。这些飞边主要是由于刃口挤压而成，对凸模和凹模侧壁产生粘结，脱料力增大，不断影响冲件断面质量，而且刃口容易变钝。间隙过大时，凸模刃口附近的裂纹较合理间隙时向内错开一段距离，材料受很大拉伸力，冲件断面干净，但锥度较大。刃口锋利时，飞边较小，刃口侧壁无粘结，脱料力小，但刃口稍钝时，就会产生严重的拉毛飞边。这时，为了使冲件飞边符合标准，就不得不增加刃磨次数。合理的间隙产生的飞边很小，刃口无粘结，断面清楚，每次刃磨可以保证较高的冲次。合理间隙可以有一定的变动范围，它和材料的硬度和厚度有关，一般约为材料厚度的 5%～15%（软材料取较低值）。对硅钢片，通常取凸凹模间的间隙为片厚的 10%～15%。

冲模使用时将产生磨损，使间隙逐渐增大，因此，设计冲模时应采用最小合理间隙 $Z_{\min}$。表 2-9 列出了我国有关单位推荐的在不同材料或厚度时冲模的最小合理间隙值。

表 2-9　冲模的最小合理间隙值（双面）　　　　　　　　（单位：mm）

材料厚度 \ 材料牌号	45、T7、1Cr18Ni9	Q215-A、Q235-A 10 硬辗带钢	08F、10、半硬 H62 黄铜、硅钢片	软铝、软铜	钢板、胶布板、胶纸板
0.3	0.05	0.04	0.03	0.02	0.01
0.5	0.09	0.07	0.05	0.035	0.02
0.8	0.15	0.12	0.09	0.06	0.03
1.0	0.19	0.15	0.11	0.08	0.04
1.2	0.23	0.18	0.14	0.09	0.05
1.5	0.29	0.23	0.17	0.12	0.06
1.8	0.36	0.29	0.22	0.15	0.07
2.0	0.40	0.32	0.24	0.16	0.08
2.5	0.52	0.42	0.32	0.21	0.10
3.0	0.65	0.52	0.39	0.26	0.13
3.5	0.77	0.62	0.47	0.31	0.14
4.0	0.90	0.72	0.54	0.36	0.18
4.5	1.03	0.82	0.63	0.41	0.20
5.0	1.18	0.94	0.71	0.47	0.23
6.0	1.45	1.16	0.87	0.58	0.29
8.0	2.05	1.64	1.23	0.82	0.41
10	2.7	2.15	1.62	1.08	0.54
12	3.4	2.7	2.03	1.35	0.68

2.7.6　冲模模刃尺寸的确定

1. 确定冲模模刃尺寸需考虑的几个因素

1）从图 2-58 可知，冲裁时，由于裂纹是斜的，冲出来的"孔"或"料"的尺寸沿板料厚度上并不一致。以冲孔来说，测量孔的尺寸只能量它的最小尺寸，也就是说，量得的孔的尺寸与凸模的尺寸相同。以落料来说，测量的尺寸只能量得它的最大尺寸，也就是说，量得的料的尺寸与凹模的尺寸相同。这样就得到了确定冲模模刃尺寸的基本概念如下：

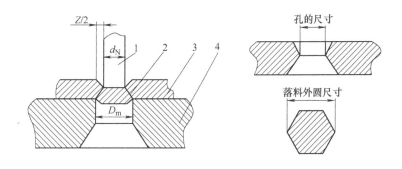

图 2-58　孔的尺寸和料的尺寸

1—凸模　2—裂纹　3—板料　4—凹模

冲孔时：

凸模尺寸 = 图样上要求的孔的尺寸

凹模尺寸 = 凸模尺寸 + 间隙

落料时：

凹模尺寸 = 图样上要求的料的尺寸

凸模尺寸 = 凹模尺寸 - 间隙

2）在冲模使用过程中，冲模模刃会受到磨损。凸模模刃由于磨损而逐渐减小，凹模模刃由于磨损而逐渐增大。这样，冲孔件的孔就逐渐缩小，落料件的外形尺寸就逐渐增大。所以，为了保证工件符合公差要求，冲孔时，凸模尺寸应按孔的最大极限尺寸确定；落料时，凹模尺寸应按落料件的最小极限尺寸确定。

3）板料在冲裁后，材料内部金属颗粒由于强大压力的突然消失而有弹性回跳现象，这样就使落料件尺寸比凹模尺寸大一些，冲孔的尺寸比凸模尺寸小一些。在冲模设计时，有时要考虑这个因素，即落料时，凹模尺寸要比落料件的最小极限尺寸再小一些；冲孔时，凸模尺寸要比孔的最大极限尺寸再大一些。

弹性回跳数值 r 与很多因素有关，如材料性质、模具结构、润滑情况等，一般工厂根据长期实践积累的数据为依据确定。例如，对定、转子内外圆分离模，有些工厂采用以下的弹性回跳值。

冲孔时：

$D < 30mm$，$r = 0.010mm$；

$D = 30 \sim 120mm$，$r = 0.015mm$；

$D = 120 \sim 500mm$，$r = 0.020mm$。

落料时：弹性回跳数值很小，一般不考虑。

冲孔件的孔，如果尺寸小，或精度等级要求不高，也可不考虑弹性回跳现象。

4）冲模在制造时必须有制造公差。模具公差通常这样考虑：冲孔时，凸模尺寸按孔的最大极限尺寸确定，其公差为孔的公差的 25% ~ 30%，取负号；落料时，凹模尺寸按落料件的最小极限尺寸确定，其公差为工件公差的 25% ~ 30%，取正号。上述考虑的根据是：冲模的精度等级必须比工件的精度等级高，随着工件精度等级的降低，冲模的精度等级也可以适当降低。

凸、凹模加工可以有两种方案：分别加工和配合加工。当采用配合加工时，硅钢片冲模的制造公差见表 2-10。

表 2-10　冲模制造公差　　　　　　　　　　（单位：mm）

产品公差	0.010	0.015	0.020	0.025	0.030	0.035	0.040	0.045	0.050	0.055	0.060
冲模公差	0.005	0.006	0.008	0.010	0.012	0.014	0.016	0.018	0.020	0.022	0.025
产品公差	0.070	0.080	0.090	0.100	0.120	0.150	0.180	0.200	0.250	0.300	0.350
冲模公差	0.027	0.030	0.035	0.035	0.040	0.050	0.050	0.060	0.060	0.070	0.070
产品公差	0.400	0.450	0.500	0.600	0.700	0.800	0.900	1.000	1.200	1.500	2.000
冲模公差	0.080	0.090	0.100	0.120	0.140	0.160	0.180	0.200	0.220	0.250	0.300

2. 根据上述因素确定冲模刃尺寸的方法

1）冲孔时。

$$
\left.\begin{array}{ll}
凸模尺寸 & d_{\mathrm{N}} = (D_{\max}+r) - \delta_{\mathrm{N}} \\
凹模尺寸 & D_{\mathrm{M}} = (D_{\max}+r+Z_{\min}) + \delta_{\mathrm{M}} \\
冲模间隙 & Z_{\max} = (Z_{\min}) + (\delta_{\mathrm{M}}+\delta_{\mathrm{N}})
\end{array}\right\} \tag{2-17}
$$

公差带位置如图 2-59a 所示。若按表 2-10 确定冲模制造公差，则在图样上只在凸模图上注明 δ_{N}，而在凹模图上写明"按间隙 $Z_{\min} \sim Z_{\max}$ 与凸模配做"即可。

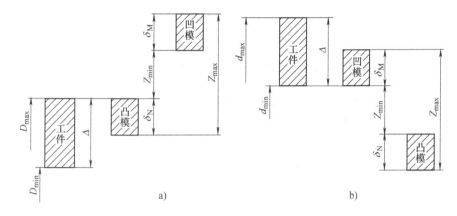

图 2-59 公差带位置

a）冲孔时 b）落料时

例如，硅钢片冲模不考虑弹性变形时：

① 当孔的直径为 $\phi 12H10\mathrm{mm}$ 时，凸模尺寸为

$$
d_{\mathrm{N}} = (D_{\max}) - \delta_{\mathrm{N}} = (12+0.070)\mathrm{mm} - 0.027\mathrm{mm} = 12^{+0.070}_{+0.043}\mathrm{mm}
$$

凹模按 $0.050 \sim 0.070\mathrm{mm}$ 间与凸模配做。公式中，$\delta_{\mathrm{N}} = 0.027\mathrm{mm}$，根据孔的公差 $\Delta = 0.070\mathrm{mm}$ 由表 2-10 查得。

② 当孔的直径为 $\phi 12F9\mathrm{mm}$ 时，凸模尺寸为

$$
d_{\mathrm{N}} = (D_{\max}) - \delta_{\mathrm{N}} = (12+0.059)\mathrm{mm} - 0.014\mathrm{mm} = 12^{+0.059}_{+0.045}\mathrm{mm}
$$

凹模按 $0.050 \sim 0.070\mathrm{mm}$ 间隙与凸模配做。公式中 $\delta_{\mathrm{N}} = 0.014\mathrm{mm}$，根据孔的公差 $\Delta = 0.059\mathrm{mm} - 0.016\mathrm{mm} = 0.033\mathrm{mm}$ 由表 2-10 查得。

2）落料时。

$$
\left.\begin{array}{ll}
凹模尺寸 & D_{\mathrm{M}} = (d_{\min}-r) + \delta_{\mathrm{M}} \\
凸模尺寸 & d_{\mathrm{N}} = (d_{\min}-r-Z_{\min}) - \delta_{\mathrm{N}} \\
冲模间隙 & Z_{\max} = (Z_{\min}) + (\delta_{\mathrm{M}}+\delta_{\mathrm{N}})
\end{array}\right\} \tag{2-18}
$$

公差带位置如图 2-59b 所示。若按表 2-10 确定冲模的制造公差，则在图样上只在凹模图上标注 D_{M}，而在凸模图上则写明"按间隙 $Z_{\min} \sim Z_{\max}$ 与凹模配做"即可。

例如，硅钢片冲模：

① 当落料件的直径为 $\phi 245m6\mathrm{mm}$ 时，凹模尺寸为

$$
D_{\mathrm{M}} = (d_{\min}) + \delta_{\mathrm{M}} = (245+0.017)\mathrm{mm} + 0.012\mathrm{mm} = 245^{+0.029}_{+0.017}\mathrm{mm}
$$

凸模按 0.050~0.070mm 间隙与凹模配做。公式中 $\delta_M = 0.012$mm 系根据落料件的公差 $\Delta = 0.046$mm−0.017mm = 0.029mm 由表 2-10 查得。

②　当落料件的外径为 $\phi245$h6mm 时，凹模尺寸为

$$D_M = (d_{min}) + \delta_M = (245 - 0.029)\text{mm} + 0.012\text{mm} = 245^{-0.017}_{-0.029}\text{mm}$$

凸模按 0.050~0.070mm 间隙与凹模配做。公式中 $\delta_M = 0.012$mm 系根据落料件的公差 $\Delta = 0.029$mm 由表 2-10 查得。

当凸模和凹模分开加工时，在凸模图和凹模图上都需要标注尺寸。为了保证合理间隙，应注意凸、凹模制造公差之和不能大于间隙之差，即

$$\delta_M + \delta_N \leqslant Z_{max} - Z_{min} \tag{2-19}$$

2.7.7　定、转子复式冲模的制造公差

1. 定、转子槽，鸠尾槽，键槽，通风孔，标记孔等

公差注在凸模图上，在凹模图上只需注明"按 0.050~0.070mm 间隙与凸模配做"即可。凸模模刃尺寸按式（2-17）计算，不考虑弹性回跳值。这是因为槽形尺寸小，而且尺寸精度要求不高，弹性回跳值可以忽略。

槽形尺寸的标注方法如图 2-60 和图 2-61 所示。

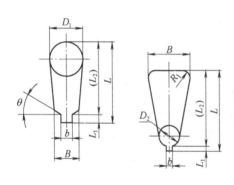

图 2-60　定子槽形尺寸的标注方法

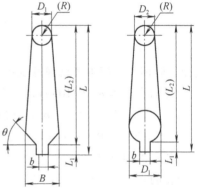

图 2-61　转子槽形尺寸的标注方法

尺寸 L_1 按下式确定：

$$L_1 = 冲片该部分尺寸 + E$$

式中　E——为了使冲片落料（或车加工）后槽口能敞开而考虑的系数，对先冲槽、后落料方案，其值见表 2-11；对先落料、后冲槽方案，其值为 0.50~0.70mm。

表 2-11　E 的值

空气隙/mm	0.20	0.25	0.30	0.35	0.40	0.50	0.60	0.70	0.80
E/mm	0.10	0.15	0.15	0.15	0.20	0.25	0.30	0.40	0.50

例如，某小型异步电动机，气隙长度为 0.35mm，则：

1）定子槽形尺寸如下：$D_1 = 8$H10mm，$B = 6$H10mm，$b = 3$H12mm，$L = 17$H10mm，$L_1 = (1 \pm 0.11)$mm。

定子槽凸模的尺寸为

$$D_1 = (D_{max}) - \delta_N = 8^{+0.058}_{+0.033} mm$$

$$B = (D_{max}) - \delta_N = 6^{+0.048}_{+0.028} mm$$

$$b = (D_{max}) - \delta_N = 3^{+0.120}_{+0.080} mm$$

$$L = (D_{max} + E) - \delta_N = 17.15^{+0.070}_{+0.043} mm$$

$$L_1 = (D_{max} + E) - \delta_N = 1.15^{+0.11}_{+0.05} mm$$

以上各式中的制造公差的值，系根据产品公差由表 2-10 查得。

2）鸠尾槽宽度为 14H11mm，鸠尾槽凸模宽度为 $(D_{max}) - \delta_N = 14^{+0.110}_{+0.070} mm$。

3）标记孔直径为 ϕ8H11mm，标记孔凸模直径为 $(D_{max}) - \delta_N = 8^{+0.090}_{+0.055} mm$。

4）转子槽形尺寸如下：$D_2 = B = 4.4$H10mm，$L = 19.8$H10mm，$L_1 = (1 \pm 0.11)$ mm，$b = 1$H12mm。

转子槽凸模尺寸为

$$D_2 = B = 4.4^{+0.048}_{+0.028} mm$$

$$L = 19.95^{+0.084}_{+0.054} mm$$

$$L_1 = 1.15^{+0.110}_{+0.050} mm$$

$$b = 1^{+0.120}_{+0.080} mm$$

5）键槽宽为 6f9mm，键槽凸模宽为 $(D_{max}) - \delta_N = 6^{-0.010}_{-0.025} mm$。

凹模均按 0.050~0.070mm 间隙与凸模配做。

2. 轴孔

公差注在凸模图上，其名义尺寸按式（2-17）计算，因其尺寸精度要求较高，故需考虑弹性回跳值。例如，若轴孔直径尺寸为 ϕ36$^{+0.027}_{0}$mm，则凸模尺寸为

$$d_N = (D_{max} + r) - \delta_N = 36^{+0.042}_{+0.030} mm$$

又如，某电机轴孔尺寸为 ϕ48H8mm，则凸模尺寸为

$$d_N = (D_{max} + r) - \delta_N = 48^{+0.054}_{+0.038} mm$$

凹模按 0.050~0.070mm 间隙与凸模配做。

3. 下模尺寸标注方法

槽孔分布的直径公差注在下模（凹模）图上，如图 2-62 所示。

对定子冲片复式冲模，有

$$D_M = [D_H - 2E - (Z)] - |\delta_{M1}|$$

$$D_{M1} = [D_{H1} + \Delta_2 + (Z)] + |\delta_{M1}|$$

对转子冲片复式冲模，有

$$d_M = [d_H + 2E + (Z)] + |\delta_{M1}|$$

$$d_{M1} = [d_{H1} - \Delta_2 - (Z)] - |\delta_{M1}|$$

式中　　　D_H——定子冲片内径基本尺寸；

D_{H1}——定子冲片槽底圆直径基本尺寸；

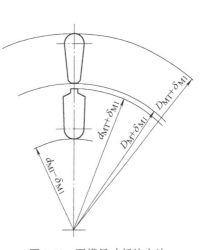

图 2-62　下模尺寸标注方法

d_H——转子精车后外径基本尺寸；

d_{H1}——转子冲片槽底圆直径基本尺寸；

（Z）——冲模间隙；

Δ——冲片基本尺寸的公差；

E——为了使冲片落料时槽口能敞开而考虑的系数，见表 2-11；

δ_{M1}——冲片槽孔位置直径制造偏差，见表 2-12；

D_M、D_{M1}、d_M、d_{M1}——冲模基本尺寸。

对先冲槽、后落料方案，在下模图上标注 D_M、d_M 而不标注 D_{M1}、d_{M1}。对先落料、后冲槽方案，在下模图上标注 D_{M1}、d_{M1} 而不标注 D_M、d_M。按表 2-12 标注公差求 D_M、D_{M1}、d_M、d_{M1} 时不需考虑（Z），因该表已把（Z）考虑进去了。

例如，电机定子冲片内径为 $\phi136H8mm$，槽底直径为 $\phi170H10mm$，槽口尺寸按 H12 制造，空气隙为 0.35mm，则定子冲片下模尺寸如下：

对先冲槽、后落料方案为

$$D_M = [D_H - 2E - (Z)] - |\delta_{M1}| = [136 - 2\times0.15]mm + |\delta_{M1}| = 135.7^{-0.050}_{-0.120}mm$$

式中，$E=0.15mm$ 系根据空气隙值由表 2-11 查得；$\delta_{M1}=^{-0.050}_{-0.120}$ 系根据槽口 H12 由表 2-12 查得；（Z）因查表 2-12 所得可不考虑。

对先落料、后冲槽方案为

$$D_{M1} = [D_H + \Delta/2 + (Z)] + |\delta_{M1}|$$
$$= [170 + 0.16/2]mm + |\delta_{M1}|$$
$$= 170^{+0.20}_{+0.13}mm$$

式中，$\Delta=0.16mm$ 为槽底直径公差；$\delta_{M1}=^{+0.120}_{+0.050}$ 根据槽底直径 170H10mm，由表 2-12 查得。

转子精车后外径为 $\phi135.3mm$，槽底直径为 $\phi95.70h10mm$。槽口尺寸按 H12 制造，则转子冲片下模尺寸如下：

对先冲槽、后落料方案为

$$d_M = [d_H + 2E + (Z)] + |\delta_{M1}|$$
$$= [135.3 + 2\times0.15]mm + |\delta_{M1}|$$
$$= 135.6^{+0.120}_{+0.050}mm$$

对先落料、后冲槽方案为

$$d_{M1} = [d_H - \Delta/2 - (Z)] - |\delta_{M1}| = (95.7 - 0.142)mm - |\delta_{M1}| = 95.7^{-0.120}_{-0.180}mm$$

在下模图上，槽形尺寸按冲头最小尺寸或基本尺寸标注，不标注公差。槽孔等分误差最大为工件公差的 60%，但不应大于 0.08mm。

2.7.8 分离落料模的制造公差

1. 冲孔（定子冲片内圆）

公差标注在凸模（上内模）图上，凸模尺寸按式（2-17）计算。δ_N 按表 2-10 选取。例如，电机定子冲片内径为 $\phi136H8mm$，则上内模尺寸为

$$d_N = (D_{max} + r) - \delta_N = 136^{+0.083}_{+0.058}mm$$

式中，$\delta_N = 0.025mm$ 系根据 $\Delta=0.063mm$ 由表 2-10 查得。

表 2-12 定转子冲片槽孔分布位置的直径制造偏差

（单位：mm）

槽底圆公差等级 基本尺寸	>30~50 工件偏差	>30~50 模具偏差	50~80 工件偏差	50~80 模具偏差	>80~120 工件偏差	>80~120 模具偏差	>120~180 工件偏差	>120~180 模具偏差	>180~260 工件偏差	>180~260 模具偏差	>260~360 工件偏差	>260~360 模具偏差	>360~500 工件偏差	>360~500 模具偏差
定子冲片复式冲模														
H8H9	—	—	—	—	—	—	—	—	—	—	+0.100 / 0	+0.090 / +0.050	+0.012 / 0	+0.100 / +0.050
H10	+0.100 / 0	+0.090 / +0.050	+0.120 / 0	+0.100 / +0.050	+0.140 / 0	+0.110 / +0.050	+0.160 / 0	+0.120 / −0.050	+0.185 / 0	+0.130 / +0.050	+0.215 / 0	+0.150 / +0.050	+0.250 / 0	+0.170 / +0.050
H11	+0.170 / 0	+0.130 / +0.050	+0.200 / 0	+0.140 / +0.050	+0.230 / 0	+0.150 / +0.050	+0.260 / 0	+0.170 / −0.050	+0.300 / 0	+0.200 / +0.050	+0.340 / 0	+0.200 / +0.050	+0.380 / 0	+0.240 / +0.050
槽口按 H11			−0.050 / −0.070						−0.050 / −0.100		−0.050 / −0.100			
槽口按 H12			−0.050 / −0.080						−0.050 / −0.120		−0.050 / −0.120			
槽口按 H14			−0.050 / −0.100						−0.050 / −0.150		−0.050 / −0.150			
转子冲片复式冲模														
h8h9	—	—	—	—	—	—	—	—	—	—	0 / −0.100	−0.050 / −0.090	0 / −0.012	−0.050 / −0.100
h10	0 / −0.100	−0.050 / −0.090	0 / −0.120	−0.050 / −0.100	0 / −0.140	−0.050 / −0.110	0 / −0.160	−0.050 / −0.120	0 / −0.185	−0.050 / −0.130	0 / −0.215	−0.050 / −0.150	0 / −0.250	−0.050 / −0.170
h11	0 / −0.170	−0.050 / −0.130	0 / −0.200	−0.050 / −0.140	0 / −0.230	−0.050 / −0.150	0 / −0.260	−0.050 / −0.170	0 / −0.300	−0.050 / −0.200	0 / −0.340	−0.050 / −0.200	0 / −0.380	−0.050 / −0.240
槽口按 h11			+0.070 / +0.050								+0.100 / +0.050			
槽口按 h12			+0.080 / +0.050								+0.120 / +0.050			
槽口按 h14			+0.100 / +0.050								+0.150 / +0.050			

凹模按 $0.050 \sim 0.070$ mm 间隙与凸模配做。

2. 落料（定子冲片外圆）

公差标注在凹模（上外模）图上，凹模尺寸按式（2-18）计算。δ_M 按表 2-10 选取，一般不考虑弹性回跳。例如，电机定子冲片外径为 $210^{+0.075}_{+0.028}$ mm，则凹模尺寸为

$$D_M = d_{min} + \delta_M = 210^{+0.046}_{+0.028} \text{mm}$$

式中，$\delta_M = 0.018$ mm 系根据 $\Delta = 0.047$ mm 由表 2-10 查得。

凸模按 $0.050 \sim 0.070$ mm 间隙与凹模配做。

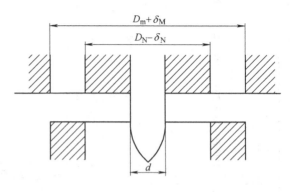

图 2-63　落料模尺寸标注方法

3. 尺寸标注方法

尺寸标注方法如图 2-63 所示。

上内模、上外模对导正钉的偏摆为 0.010mm。导正钉直径 d 的偏差见表 2-13。

表 2-13　导正钉直径的偏差　　　　　　　　（单位：mm）

公称尺寸 / 公差等级公差	6~10 工件偏差	6~10 定位件偏差	>10~18 工件偏差	>10~18 定位件偏差	>18~30 工件偏差	>18~30 定位件偏差	>30~50 工件偏差	>30~50 定位件偏差	>50~80 工件偏差	>50~80 定位件偏差
H7	+0.015 / 0	-0.013 / -0.027	+0.018 / 0	-0.016 / -0.033	+0.021 / 0	-0.020 / -0.040	+0.025 / 0	-0.025 / -0.050	+0.030 / 0	-0.030 / -0.060
H8	+0.022 / 0	-0.013 / -0.027	+0.027 / 0	-0.016 / -0.033	+0.033 / 0	-0.020 / -0.040	+0.039 / 0	-0.025 / -0.050	+0.046 / 0	-0.030 / -0.060
H8,H9	+0.030	-0.013 / -0.027	+0.035	-0.016 / -0.033	+0.045	0 / -0.02	+0.050 / 0	0 / -0.025	+0.060 / 0	+0.010 / -0.020
H10	+0.058 / 0	—	+0.070 / 0	—	+0.084 / 0	—	+0.100 / 0	—	+0.120 / 0	—
h6	—	—	—	—	—	—	0 / -0.016	-0.050 / -0.075	0 / -0.019	-0.060 / -0.090
h7	0 / -0.015	-0.028 / -0.042	0 / -0.018	-0.034 / -0.051	0 / -0.021	-0.041 / -0.061	0 / -0.025	-0.050 / -0.075	0 / -0.030	-0.060 / -0.090
h8,h9	0 / -0.030	—	0 / -0.035	—	0 / -0.045	—	0 / -0.050	—	0 / -0.060	—

（续）

公称尺寸	6~10		>10~18		>18~30		>30~50		>50~80	
公差 等级公差	工件偏差	定位件偏差	工件偏差	定位件偏差	工件偏差	定位件偏差	工件偏差	定位件偏差	工件偏差	定位件偏差
H7	+0.035 0	-0.015 -0.038	+0.040 0	-0.018 -0.046	+0.046 0	-0.022 -0.052	+0.050 0	-0.026 -0.060	+0.060 0	-0.030 -0.070
H8	+0.054 0	-0.015 -0.038	+0.063 0	-0.018 -0.045	+0.072 0	-0.022 -0.052	+0.084	-0.026 -0.060	+0.095 0	-0.030 -0.070
H8,H9	+0.070 0	—	+0.080 0	—	+0.090 0	—	+0.100 0	—	+0.120 0	—
H10	+0.140 0	—	+0.160 0	—	+0.185 0	—	+0.215 0	—	+0.250 0	—
h6	0 -0.022	-0.050 -0.073	0 -0.025	-0.058 -0.085	0 -0.029	-0.069 -0.099	0 -0.034	-0.080 -0.114	0 -0.040	-0.092 -0.132
h7	0 -0.035	-0.050 -0.073	0 -0.025	-0.058 -0.085	0 -0.046	-0.069 -0.099	0 -0.054	-0.080 -0.114	0 -0.062	-0.092 -0.132
h8,h9	0 -0.070	—	0 0.080	—	0 0.090	—	0 0.100	—	0 -0.120	—
h10	0 -0.1140	—	0 -0.160	—	0 -0.185	—	0 -0.215	—	0 -0.250	—

导正钉通过中间螺钉与上模固定，为了保证导正钉与上模同心，必须使凸模刃口与导正钉孔在一次装夹中磨出，两者间配合采用 H7/js6。

2.7.9　我国有些工厂采用的自定公差

我国有些工厂设计与制造硅钢片冲模时采用下述自定公差：

1）在设计冲槽模和落料模时，凸凹模的制造公差均取 0.01mm，不因工件的尺寸不同和精度不同而改变。

2）冲孔时，凸模的下偏差放在工件公差带的中间，上偏差等于下偏差加 0.01mm；凹模的公差根据凸模的公差大致上按间隙 0.05~0.07mm 算出，如图 2-64 所示。

3）落料时，凹模的上偏差放在工件公差带的中间，下偏差等于上偏差减 0.01mm；凸模的公差根据凹模的公差大致上按间隙 0.05~0.07mm 算出，如图 2-65 所示。

例如，工件孔为 $\phi 36^{+0.039}_{+0}$ mm，凸模尺寸为 $\phi 36^{+0.030}_{+0.020}$ mm，凹模尺寸为 $\phi 36^{+0.090}_{+0.080}$ mm。

这种自定公差的优点是：①模具精度高，冲片质量好。②凸模和凹模拼块的精度高，互换性好，安装和修理方便。③当凹模为拼块结构时，凸模和凹模可以平行加工，模具制造周期短。④用电火花加工凹模，刃口斜度在 4′~6′ 范围内，随着凹模的刃磨，凸凹模间的间隙增大，当间隙大于最大合理间隙时，可以另配凸模，使凹模不至报废。由于凸模的上偏差小于工件的上偏差，另配凸模后槽孔的尺寸精度仍可以保证。随着机械成形磨削的不断改进和发展，将公差控制在 0.01mm 以内是完全可能的，所以目前许多工厂采用自定公差。

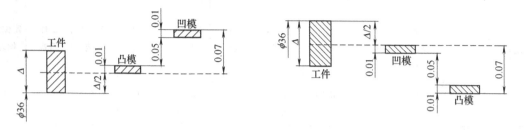

图 2-64　冲孔时凸凹模公差带的位置　　　　图 2-65　落料时凸凹模公差带的位置

2.8　冲模制造的基本知识

电机制造中使用的冲模种类很多，又有不同的结构，但从制造上看，复式冲模制造具有一定的典型性。本节就复式冲模制造的基本知识分若干问题进行讨论。

2.8.1　凸模的加工

凸模有两种加工方法，机械成形磨削和钳工手工加工。目前大量采用的是机械成形磨削，它不但能减轻工人的劳动强度，提高劳动生产率，而且能提高冲模的质量和寿命。只有在无成形磨削机床时，才采用钳工手工加工。

凸模采用机械成形磨削加工时，其工艺过程如下：

1）锻造。将选好的材料（例如 Cr12，圆钢）下料后，加热到锻造温度 1140～1160℃（这时钢色由大红刚刚转白），进行锻造。单面放 2.5～3mm 加工余量，锻成所需要的长度。终锻温度约为 800～850℃（这时钢色为紫红）。锻打时如果温度过高，则材料变质，成枯渣状态；如果温度过低，又容易产生裂纹，故必须严格按规定温度锻打。

2）退火。待锻件温度冷却到 300～400℃时，再加热到 600～650℃，在干草灰中缓缓冷却，进行退火，其目的是消除坯料中由于锻打产生的残余应力，以及降低材料的硬度，提高其可加工性。

3）刨床加工。刨六面成长方形，留加工余量约 1mm。

4）在铣床上割料。按凸模长度放 0.8mm 的加工余量。

5）粗磨六面。互成 90°，留加工余量约 0.6mm。

6）钳工加工。包括划线和加工两端面中心孔及一端面辅助顶尖孔（如果精磨在配有正弦磁力台的平面磨床或万能工具磨床上进行，不需加工两端面中心孔及一端面辅助顶尖孔）。

7）铣床或刨床加工。按划线加工成毛坯，留加工余量约 0.3mm。

8）淬火（59～63HRC）。

9）按样板凸模在曲线磨床上或在配有正弦磁力台的平面磨床上精磨。加工到所要求的尺寸和表面粗糙度，如图 2-66 所示。

正弦磁力台是成形磨削重要的夹具，主要用来磨削由各种斜面组成的零件，如图 2-66a

所示，若配合成形砂轮（用人造金刚石修成），在此夹具上也可磨削直线与圆弧相连的复杂的几何平面，如图 2-66b 所示。正弦磁力台是由电磁吸盘以及用于安放其的正弦规组成的，正弦规分大、中、小三种。以中型为例，可磨最大角度为 45°，两圆柱中心距为 150mm。圆柱下所垫块规高度按下式计算：

$$H = L\sin\alpha \tag{2-20}$$

式中　L——正弦规两圆柱中心距离，mm；

　　　α——所要磨的角度（°）。

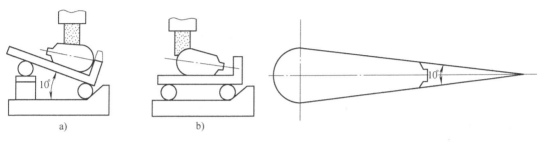

图 2-66　凸模的成形磨削　　　　　　　　图 2-67　定子槽凸模

例如，已知 $L=150$mm，$\alpha=10°$（见图 2-67），则

$$H = 150\sin10°\text{mm} = 150\times0.1736\text{mm} = 26.047\text{mm}$$

即要磨 10°的零件时，在正弦规圆柱下边所垫块规的高度为 26.047mm。

凸模采用钳工手工加工时，其工艺过程如下：

1）锻造。

2）退火。

3）刨六面成长方形，留加工余量约为 1mm。

4）割料，按凸模长度放 0.8mm 的加工余量。

5）粗磨六面，互成 90°，留加工余量约为 0.6mm。

6）钳工划线。

7）铣床或刨床加工，按图样加工成毛坯，留加工余量约为 0.3mm。

8）钳工精加工到图样尺寸和表面粗糙度。

9）淬火（58~62HRC）。

10）加工为浇注低熔点合金后增加模具强度用的小沟，可以最后在砂轮上打成，也可以在热处理前在刨床上刨成。

手工加工的尺寸精度较低，表面粗糙度也较高，因此模具质量不好，寿命低，而且劳动强度大，劳动生产率低。

2.8.2　凹模的加工

凹模有整块的和拼块的两种结构。如果是整块的，广泛采用电火花机床加工。在暂时无电火花机床时，才采用钳工配做。如果凹模是拼块结构（简称拼模），则凹模拼块采用机械成形磨削。

1. 拼模制造的工艺过程

拼模的优点是：①凹模拼块采用机械成形磨削，尺寸精确，表面粗糙度低，因此模具质量好, 寿命高。②凸凹模可以平行加工, 模具制造周期短。③凹模制造不需要很大锻件。④凹模拼块互换性高, 装配和修理容易。⑤凹模加工机械化, 减轻了劳动强度, 提高了劳动生产率。因此在目前, 拼模得到很广泛的应用。

拼模制造的工艺过程如下:

1) 锻造。

2) 退火。

3) 刨六面, 互成 90°。

4) 磨六面, 互成 90°。

5) 在铣床上割料 (见图 2-68), 留加工余量约为 0.6mm。

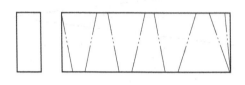

图 2-68 在铣床上割料

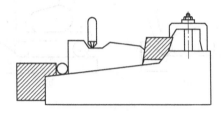

图 2-69 在刨床上刨出槽形

6) 在刨床上刨出槽形, 长度留加工余量为 0.6mm, 深留加工余量为 0.2mm (见图 2-69)。

7) 对带扣片槽的拼块刨扣片槽, 留加工余量约为 0.2mm。

8) 淬火 (59~63HRC)。

9) 在配有正弦磁力台的平面磨床上精磨到所要求的尺寸和表面粗糙度 (见图 2-70)。

10) 拼圆, 用铸铁制的临时套圈进行热套装配, 套圈按拼块外径最高点缩小 0.10% ~ 0.20%, 材料用 HT100, 加温到 560℃时, 用火钳夹住套圈慢慢套入拼块。

11) 初磨两端面 (见图 2-71)。

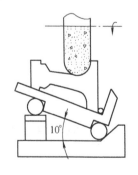

图 2-70 拼块的磨削

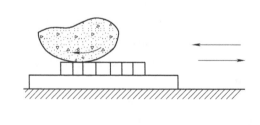

图 2-71 磨两端面

12) 用专用夹具夹紧两端面, 锯开铸铁套。

13) 磨外圆 (见图 2-72)。

14) 热套钢圈, 用 45 号钢制成采用 U8/h9 配合, 或拼块外圈按钢圈内圆配磨, 保持有直径的 0.10% ~ 0.20% 的过盈量。

15) 磨内圆 (见图 2-73)。

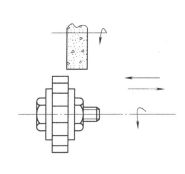

图 2-72　磨外圆

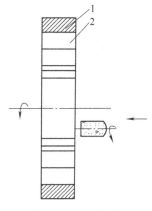

图 2-73　磨内圆

1—外套圈　2—拼块

2. 凹模电火花加工的基本知识

（1）脉冲电源

电火花加工的实质是脉冲电源。电火花加工是通过浸在电介质液体中的工具电极（冲模制造中可用做好的放长的凸模）和工件（凹模）之间的火花放电使金属腐蚀，使工件（凹模）达到所需要的尺寸的一种加工方法。

在充满液体电介质（在冲模制造中一般用煤油）的工具电极与工件之间的间隙上施以脉冲电压，间隙中建立起强大的电场，使间隙中的介质电离，形成通道并产生火花放电。由于放电时间短，放电区集中，所以能量高度集中，放电区温度极高（可达 10000 ~ 20000℃），引起金属的熔融和蒸发；在金属表面形成小穴，如图 2-74 所示。部分熔化的金属被挤到工件表面，形成熔化的穴口，一些没有被抛出的就冷却，而形成热影响层。一次脉冲放电后，熔化的金属微粒被电介质液体冷却而凝固，迅速被液体电介质从间隙中

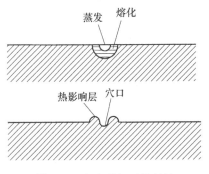

图 2-74　电火花加工的穴口

冲走。一次放电形成一个小穴，多次放电的结果，就使得工件加工出与工具电极相似的形状和尺寸。

加在放电间隙上的电压必须是脉冲的，否则放电将成为连续的电弧，加工过程将成为电弧焊接或切割。达不到仿型加工的目的。典型的脉冲波形如图 2-75 所示。图中，T 为脉冲周期（单位为 μs），其倒数为重复频率（单位为 Hz），t_n 为脉冲作用时间（单位为 μs），t_s 为脉冲间歇时间（单位为 μs），u_m 为峰值电压（单位为 V），u_p 为平均电压（单位为 V）。在脉冲间歇期间，电蚀的金属微粒被排除，使间隙恢复绝缘，以便下一个脉冲继续作用。单个脉冲能量 W_n 在图中没有标出，它的含义是在 t_a 时间内各脉冲电流瞬时值与各脉冲电压瞬时值的乘积之和的平均值。

脉冲电源的种类很多，目前应用较多的是双闸流管脉冲发生器，其特点是：①内阻较低，故效率较高。②功率调节范围广，脉冲宽度和重复频率的调节范围比较广，因此可用于粗加工和精加工。晶体管脉冲电源也得到广泛应用。

电火花加工比较重要的工艺指标是生产率、表面粗糙度和间隙。生产率是指在单位时间内从工件上加工下来的金属体积（或重量），单位是 mm^3/min 或 g/min。生产率的高低受许多因素的影响，从脉冲电源方面研究，可得到以下规律：

$$v = K_1 W_n f_n \qquad (2\text{-}21)$$

式中　v——电蚀体积速度，单位为 mm^3/min；

　　　K_1——比例常数，它与电极材料、脉冲持续时间有关；

　　　f_n——脉冲频率，单位为 Hz。

从式（2-21）可以看到，在 K_1 值一定时，

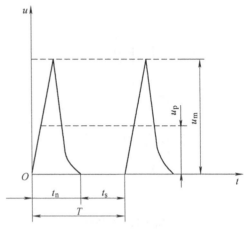

图 2-75　脉冲波形

如果要提高电蚀速度 v，则需提高 W_n 和 f_n。但是 W_n 的提高会使加工的表面粗糙度值提高，这是因为表面粗糙度与单个脉冲能量有下列关系：

$$H_{ck} = K_2 W_n^{\frac{1}{3}} f \qquad (2\text{-}22)$$

式中　K_2——比例常数。

根据式（2-21）、式（2-22）不难看出，在一定的表面粗糙度要求下，要想从电源方面提高生产率，则应提高脉冲频率。电火花加工脉冲电源的发展，也就是按照这一规律进行的。

（2）凹模的电火花加工

整块凹模最好采用电火花机床加工。凹模采用电火花机床加工的优点是：①减轻劳动强度，提高劳动生产率。②可以在淬火以后加工，避免凹模在加工完以后因淬火而产生变形和裂纹，使整块凹模报废。③质量好、寿命高，因为电火花加工精度高、间隙均匀、斜度均匀、内腔壁硬度高。④能加工硬质合金冲模。⑤除加工凹模外，其他零件如脱料板、固定板等，也可以很方便地加工出来。⑥模具结构较拼模简单，而且不会出现拼块错缝问题。

凹模进行电火花加工之前，要预先完成下述工作：

1）在凹模锻件毛坯退火后，车外圆及上下平面。

2）将车好的凹模毛坯，放在分度头上分度划线。

3）准备穿孔的槽形，中间预先在钻床上钻孔（钻大小不等的孔，孔的大小和数量视槽形而定，最好单面留 0.5mm 以下的加工余量）。

4）凹模上的螺钉孔由钳工按一般工艺处理，即划线、钻孔、攻螺纹。

5）凹模上的销钉孔按下述方法处理：在凹模上钻一较大的孔（比销钉孔大 5mm 左右），热处理后用过盈配合打入一 Q235-A 钢制成的圆柱体，再在圆柱体上与下模座配钻销钉孔，这样做的好处是可以采用圆锥销，以提高定位精度。

6）淬火。

7）磨上下平面，并进行退磁，以利于工作液冲走蚀物。

为了保证凸、凹模间的间隙，通常直接利用凸模做为工具电极，这时凸模制造要加长

20~30mm，做为电火花加工的消耗。凸模经机械磨削成形后，也要进行退磁。电火花加工是从凹模面开始的，即先粗加工斜锥部分，刃口最后由精加工获得。

凹模电火花加工很重要的一项工作是电极的固定。电极的垂直度在未上到机头上以前应调到 0.006/100 以上，在主轴头上要保证在 0.012/100 以上，否则间隙就不易保证。目前大部采用以下两种固定办法：

1）热套法。采用分度卡板加热套圈将凸模固定，如图 2-76 所示。分度卡板的精度要求很高，需在万能夹具或专用夹具上用成形砂轮磨出。

2）采用低熔点合金浇注，使之固定在固定板 5 上，如图 2-77 所示。

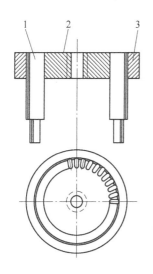

图 2-76　电极的固定（热套法）
1—工具电极　2—分度卡盘　3—热套圈

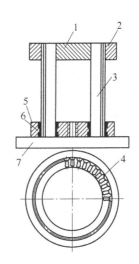

图 2-77　电极的固定（低熔点合金浇注）
1—心轴　2—外圈　3—凸模（电极）　4—垫块
5—固定板　6—低熔点合金　7—平板

当采用第二种方法时，凸模需先用专门的夹具夹好，以保证分度均匀和垂直度符合规定。夹具由心轴 1、外圈 2 和垫块 4 组成，为了装配方便，轴上有一垫块是镶牢的。垫块的尺寸相同，数量等于槽数，但为了拼圆时有调整的余地，通常多做 10 块，有 5 块大于 0.05mm；有 5 块小于 0.05mm。然后套上外圈，松紧程度以拿起外圈时凸模和垫块不掉下来为合适。再用杠杆千分表找正各电极的垂直度和平行度。最后用熔点为 70℃ 的低熔点合金浇注，使之固定在电极板上。低熔点合金的配方和浇注方法将在后面介绍。

对电源来说，影响工艺指标（生产率、表面粗糙度、间隙等）的电参量很多，电参量配合是否得当对工艺指标的影响很大。通常把配合好的一组主要参数叫做一个"电规准"，这种配合的确定主要依靠大量的工艺试验和生产验证。

电规准可以分为粗、中、精三种。中规准是过渡规准。粗规准主要用于粗加工，即蚀除较多的金属和留最小的余量给精加工；精规准主要用来保证模具的间隙、表面粗糙度和斜度等。

在双闸流管脉冲发生器电源上，粗规准一般是：高压直流电源电压为 600~2800V，脉冲重复频率为 10~20kHz，脉冲宽度或持续期为 7~15μs，加工所得表面粗糙度为 $Ra3.2\mu m$~$Ra6.3\mu m$，加工生产率为 100~200mm/min，单边电蚀间隙为 0.07~0.1mm，斜度为 10′。

精规准一般是：高压直流电源电压为 $1000 \sim 1500V$，脉冲重复频率为 $50 \sim 100kHz$，脉冲宽度或持续率为 $2 \sim 3\mu s$，加工所得表面粗糙度在 $Ra0.4\mu m \sim Ra0.8\mu m$ 范围内，加工生产率为 $10 \sim 15mm/min$，单面电蚀间隙为 $0.03 \sim 0.05mm$，斜度为 $4' \sim 6'$，工具电极的相对体积损耗比粗加工时约增大一倍。

为了提高电火花加工生产率，电极在装配前一般先用化学浸蚀方法腐蚀一个台阶，如图2-76所示，长度大约为凹模有效高度的 1.5 倍，不需要腐蚀的地方涂一层过氯乙烯清漆保护。一般认为双面腐蚀 1.5mm 较好，腐蚀太少了，虽然精加工可以快些，但精加工不能保证可靠的修光。腐蚀太多了，则精加工时间就太长。腐蚀液的配方如下（体积分数）：

氢氟酸（HF）：6%；

硝酸（HNO_3）：14%；

水（H_2O）：80%。

电极需要浸蚀部分，先用四氯化碳（CCl_4）去掉表面油污，以避免浸蚀量不均匀。对钢冲模，按上述配方，浸蚀速度约为 0.02mm/min（双面尺寸）。

3. 钳工配做

钳工配做有两种方案：①先做凹模，再以凹模配做凸模。②先做凸模，再以凸模配做凹模。

第一种方案是：

1）先做一个标准的淬火凸模，公差按下述方法确定：上偏差等于工件的上偏差加 0.02mm，下偏差等于上偏差减工件公差的一半，如图 2-78 所示。例如，工件尺寸为 $3.5^{+0.048}_{0}mm$ 时，标准凸模相对应的尺寸为 $3.5^{+0.068}_{+0.044}mm$。

2）在凹模锻件毛坯退火后，车外圆及上下平面。

3）磨上下平面。

4）将车好磨平的下模毛坯，放在分度头上按槽数分度划线。

5）套上保证槽底圆周尺寸的样板，用已做好的淬火凸模在各条分度线上打印。

6）按槽形钻孔，并且在立铣上铣出槽形，留 $0.2 \sim 0.5mm$ 加工余量。

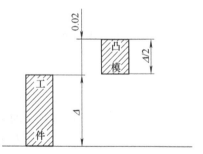

图 2-78　标准凸模的公差带位置

7）在凹模反面铣出落料孔，落料孔尺寸比刃口尺寸大 $1 \sim 2mm$（双面）。

8）刃口的精加工完全由钳工进行，至标准凸模能通过时为止。

9）凹模上的其他螺纹孔、销钉孔，也都由钳工按一般工艺处理。

10）淬火（58～62HRC）。

制造凸模时，凹模已经淬硬，于是凸模就根据凹模按 $0.05 \sim 0.07mm$ 间隙配做。凸模锻件毛坯退火后经刨床和铣床加工，留余量为 0.3mm，然后放在凹模槽上，用锤子轻轻敲打其上端（敲打时保持垂直），由于凸模未淬火，在凸模下端边缘就出现凹模刃迹，根据这一周刃迹，用细油锉进行加工，使它达到图样上的要求。在配锉每一个槽孔的凸模时，必须做好记号，以免装配时弄错。凸模有效长度按图样要求，其后端尺寸只许小不许大，以免冲裁时发生事故。经检查合格后，淬火使硬度为 $58 \sim 62HRC$，再用油石精研使表面粗糙度

为 $Ra0.8\mu m$。

第二种方案是:

1) 做凸模。

2) 以凸模配做凹模。

凸、凹模的加工方法和第一种方案相似。

钳工配做的精度不高、质量不好,模具寿命低。凹模做好后,淬火时容易产生变形和裂纹,使整块凸模报废,而且劳动强度大,劳动生产率低,所以应尽量避免采用此方法。

2.8.3 凸模的装配

凸模的上端固定在凸模固定板上,固定的方法有以下几种。

1. 低熔点合金浇注

低熔点合金又名冷胀合金,它具有在冷却凝固时体积膨胀的特性。这种特性可用于复式冲模冲头的紧固和导套的装配,既保证模具的制造精度,又节省大量的机钳加工工时,且当模具损坏后,修理更换冲头也很方便。

低熔点合金的配方见表 2-14。

表 2-14　低熔点合金的配方

序号	化学成分(质量分数)(%)					合金熔点 /℃	浇注温度 /℃	备注
	Sb	Pb	Ba	Sn	Cd			
1	9	28.5	48	14.5	—	120	150~200	浇注电极用
2	5	35	45	15	—	100	120~150	
3	—	27	50	13	10	70	90~120	

各种金属的性能如下:

锑(Sb)——熔点为 630℃,是一种银白略带浅蓝色的金属,性脆,可与多种金属熔合成合金。锑合金具有高的硬度和抗蚀性,在冷却凝固时,体积不收缩,并稍有膨胀,冷胀率为 0.2%,因此能得到清晰、饱满的铸件。锑是低熔点合金具有冷胀性的主要元素。

铅(Pb)——熔点为 327℃,是合金中最便宜、最容易买到的金属,质软、力学性能差。铅熔化后,挥发性大,并有毒,在配制时应注意。

钡(Ba)——熔点为 271℃,用以降低合金的熔点,改善流动性,在合金的配方比中数量最大。

锡(Sn)——熔点为 232℃,锡可改善合金的力学性能,提高韧性,同时降低合金的熔点,增加流动性。

合金的配制方法如下:将四种金属根据需要量,按比例称好重量。然后,按各种金属的熔点顺序进行熔化,即在坩埚加热到 680~720℃时,先放入锑,等锑熔化后,将坩埚从炉中移至炉口进行搅拌。稍微降低温度后,加入铅,搅拌熔化后,再依次加入钡和锡,待全部熔化并充分搅拌后,浇铸成方块或条料,以便随时使用。在配制过程中要注意以下三点:

1) 每加入一种金属,都要搅拌 10~20min。

2) 合金表面撒一层石墨粉或干草灰,防止合金在配制过程中氧化。

3）浇注后要迅速冷却，使合金晶粒细化，牢固可靠。

使用合金时，当温度达到浇注温度时进行浇注，冷却凝固后，体积胀大，使凸模紧固在固定板上。

合金浇注前，凸模和固定板需先用酒精清洗干净，然后以凹模定位，把凸模安装起来。为使凸凹模间的间隙均匀，凸模上一般先镀一层铜。这是因为镀铜的工艺简单，镀层厚度均匀，并且去除容易（刃口部分的镀层，在以后试冲时会自行脱落；非刃口端的镀层，不需去掉，对低熔点合金起预先搪锡的作用）。在无镀铜设备的情况下，也可采用涂漆的方法。将凸模刃口端浸入漆片和酒精比例为 1：2～1：3 的溶液中 12～15min，用毛笔将刃口端多余的漆液吸掉，保持表面有均匀的厚度，每浸一次都要放在木板上晾干，共浸 2～3 次（每次单边 0.01mm 厚）。

将已镀铜或涂漆的凸模，配入凹模中，用千分表或 90°角尺调整凸模的垂直度。嵌入深度要稍稍超过刃口高度。然后翻身，凸模尾部（非刃口端）朝下，对应地插入凸模固定板槽孔中，如图 2-79 所示，并保持间隙均匀，以利合金流动畅通。凹模与固定板间垫三块平行垫板，固定板紧贴在处于水平位置的平板上，所有凸模端部，都要和平板靠平。

装夹完毕后，预热固定板，一般用电炉加热（在平板 1 下放一 2kW 电炉）或用喷灯直接烘烤，温度为 120～150℃。预热温度不能过高，以避免凸模回火软化。当温度均匀后，用铁勺将熔化的合金徐徐浇入，从上面观察，全部浇注饱满为止。浇注过程中，可用细铁丝沿沟槽轻轻搅动合金，使其中气泡溢出。如有个别凸模浇注不够饱满，可局部直接补浇一些。浇注完毕后，在室温下静置 12～24h（最好是迅速冷却，为此目的，平板 1 需做成空心的，以便于浇注后通

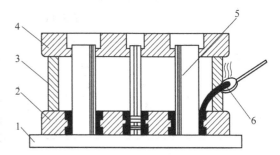

图 2-79　凸模的装配-浇注低熔点合金
1—平板　2—凸模固定板　3—平行垫板
4—凹模　5—凸模　6—低熔点合金

循环水使合金迅速冷却，其优点是晶粒细化，牢固可靠），等合金充分冷却凝固后，方可分模，继续进行下一步加工。

采用低熔点合金浇注的最大缺点是：天热的时候，它的冷胀特性减弱，凸模在工作时可能松动。为了克服这个缺点，可采用环氧树脂浇注、无机粘结剂浇注或热套法固定。

2. 环氧树脂浇注

环氧树脂的配方如下（按质量分数）：

6101 环氧树脂 100%；

铁粉（填料）250%；

磷苯二甲酸二丁脂（吸湿剂）15%～20%；

乙二胺（固化剂）8%～10%。

环氧树脂加热到 30～40℃，加入磷苯二甲酸二丁脂，均匀搅拌后，再加入铁粉，再搅拌均匀。在一切工作准备好的条件下；加入乙二胺，进行搅拌，在气泡完全消失后进行浇注，自然固化 24h 后分模，进行下一步加工。

3. 无机黏结剂浇注

无机黏结剂的配方如下:

氧化铜——黑色粉末,粗度要求 320 目左右,保持干燥;

磷酸——无色透明稠厚液体;

氢氧化铝——白色粉末。

黏结剂的配制:先将少许(例如 100ml)的磷酸置于烧杯中,缓慢地混入 5~8g 氢氧化铝(指每 100ml 磷酸所需含量),用玻璃棒搅拌均匀,再加入其余(例如 90ml)的磷酸,调成乳白状,加热并不断搅拌,加热至 220~240℃,冷却后即可使用。然后与氧化铜(按配比)搅拌均匀即可浇注。

无机黏结剂固体(氧化铜)和液体(配制好的含有氢氧化铝的磷酸)的配比,对黏结性能有直接的影响,固液配比 K 为固体的克数比液体的毫升数。K 大则黏结强度高,但凝固快。在室温下倘使 $K>5$,黏结剂的调制工作便很难进行,往往在调制中,就已干固。反之,K 小,黏结时凝固时间长,但黏结强度低。通常取 $K=5:1$。配好后不断搅拌至成为棕黑色胶状体,便成为无机黏结剂,即可进行浇注。浇注后放入烘箱内,保持温度在 40~50℃烘干。

4. 热套法

和电极的热套法相同,采用齿轮形的分度卡板加红套圈将凸模固定(见图 2-76)。磨平后,通过红套圈上螺钉孔和销钉孔装配于模座上。

2.8.4 复式冲模的总装配

首先将凸模和凹模分别装配在上模座和下模座上。为了提高定位精度,定位销最好采用圆锥销。如果上、下模和上、下模座是止口相配,则用两个定位销;如果是平面相配,需用 3~4 个定位销,因为此时定位销除起定位作用外,还起加强作用,防止上、下模在径向的冲击力作用下因外胀而变形。然后将导柱装配在下模座的导柱孔内,导柱与下模座的导柱孔之间如果采用过盈配合,用导柱降温冷缩法进行装配;如果是锥面配合,则从下面用螺栓和垫圈将它拉住(见图 2-51 和图 2-52)。然后,把已装好的上模,按各凸模的编号插入凹模中,并用千分表校正其平行度。再把导套装在导柱上,用低熔点合金或环氧树脂浇注,把导套固定在上模座的导套孔内。为了便于用低熔点合金或环氧树脂浇注,导套与模座上的导套孔之间的间隙,一般为单边 3~5mm。

经装配后的成套冲模,需符合以下的技术要求:

1)组成模具的零件,均需符合相应的标准及技术要求。

2)凸、凹模的轴线必须垂直于下模座的安装面,垂直度不得低于 0.02:100。

3)装配成套的模具,其上模座上平面对下模座下平面的平行度的允差可分为三级:

1 级——每长 300mm,不得大于 0.05mm;

2 级——每长 300mm,不得大于 0.08mm;

3 级——每长 300mm,不得大于 0.12mm。

4)导柱压入模座后,对模座平面的垂直度,不得大于导柱与导套之间间隙值的 1/2。

5)装配成套的模具,其上部在导柱上移动应平稳均匀一致,无歪斜与滞阻等现象。

6)导柱的油孔内应装纱线,并加注润滑油。

7）装配成套的模具，其零件的加工表面不得有擦伤、划痕、裂纹及其他缺陷。

8）凸、凹模合拢后，四周间隙均匀。

9）脱料装置必须灵活，不得有卡住现象。脱料板在未冲时应超出刃口 0.5~2mm。

2.8.5　冲模寿命

冲模是电机冲片生产中的重要装备，一副冲模从设计、机械加工、装配、调整到安装使用，需要很多工时。同时，冲模的材料又较贵，且造价较高，因此提高冲模的使用寿命是很重要的。

冲模在使用时，刃口磨钝后，冲片产生不允许的飞边，这时需要磨去一层，才能继续使用。因此冲模的寿命为

$$N = nh/\Delta h \tag{2-23}$$

式中　n——每磨刃一次可冲次数；

　　　h——凹模刀口的有效高度，单位为 mm；

　　　Δh——每次刃磨量，为 0.07~0.20mm。

影响模具寿命的因素很多，大体可分为两个方面，即内部因素和外部因素。内部因素包括模具材料、模具材料热处理、模具加工、模具结构等，这些将影响模具本身"素质"，这是保证模具使用寿命的先决条件。外部因素主要包括被加工毛坯性质、模具使用条件等，这些都是在模具使用过程中影响其寿命的因素。

1. 模具热处理对模具寿命的影响

合理选择模具材料是提高模具寿命的必要条件，但模具材料优良的使用性能只有在正确的热处理条件下才能保证充分发挥。因热处理不当影响模具寿命主要包括两个方面：一是在热处理过程中由于某些缺陷而使模具未经使用即报废；二是由于热处理不当而使模具没有获得最佳的使用性能，过早地损坏，影响寿命。电机冲裁模中的凸模和凹模常采用的 Cr12 及 Cr12MoV 材料，具有淬透性高、体积变化小、耐磨性高等优点，但其晶碳化物偏析倾向严重，有可能产生淬火异常变形及出现脆化倾向。

Cr12 钢可以通过不同的淬火加热温度，在较大范围内改变 Mo 点的位置，从而改变残余奥氏体的含量，使尺寸的胀缩有较好的调节性。淬火后如保留较多的残余奥氏体，可以在回火过程中使其转变，硬度可得到提高，热处理时采用中温淬火（1030℃）及中温回火（400℃）可获得最好的强度和韧性。Cr12MoV 由于合碳量较低，碳化物分布不均情况较 Cr12 钢有所改善，强度和韧性都比较好。

在模具热处理中采用新工艺也是提高模具寿命的重要途径。例如，模具材料经渗硼处理后可大大提高零件表面的耐磨性、热硬性及耐蚀性，寿命可提高几倍到几十倍。

2. 模具加工对模具寿命的影响

1）模具钢的锻造。电机冲裁模中的凸凹模采用的 Cr12 系列高碳高铬钢，含有大量的 Cr 等合金元素，因而能形成大量碳化物和高合金化的马氏体，具有很高的热硬性、耐磨性和一定的韧性。但这些良好的性能，只有当碳化物呈细小而均匀分布的情况下才能充分表现出来。欲使碳化物呈细小而均匀地分布，只有通过合理的锻造工艺及足够的锻造比才能实现。

由于 Cr12 系列钢具有导热性差、塑性低、变形抗力大、锻造温度范围窄、淬透性高、

组织缺陷严重等特点，给锻造工艺带来很大困难，易出现锻不透及锻裂等缺陷，因而选择合理的锻造方法、严格掌握操作规范尤为重要，必须用三方六面进行反复镦拔改锻。锻造后碳化物不均匀度等级应不超过 3 ~ 4 级。在选择流线分布时，以满足淬火变形小而均匀为主，并应避免材料心部置于工作部位，最好将材料的表面配置在工作面上。

2）磨削加工。冲模的凸凹模在磨削加工过程中，如果磨削工艺不当，会使磨削表面升温，有时达到回火温度甚至超过相变点，可能出现肉眼难以观察到的磨削裂纹。这些磨削缺陷将使模具降低耐磨性，降低疲劳抗力，加剧脆断及崩刃倾向。在模具磨削过程中，一般模具磨削加工后可用磁力探伤等方法进行检查。

3）切削加工。在切削加工中，若钢材或锻坯表面的脱碳层未能除尽，将出现淬火软点，甚至使整个表面硬度下降，影响模具的耐磨性及疲劳强度，使模具寿命降低。

3. 使用条件对模具寿命的影响

使用条件是影响模具寿命的重要原因之一。据统计，由于使用不当引起的模具早期失效占 7% ~ 8%。在冲片冲裁加工中影响模具寿命的原因：一是凸凹模的垂直度，也就是保证上下模同心度；二是在冲裁结束的瞬间，上模突然进入下模的失重插入现象，应防止或限制在最小限度。为此，压力机必须保持静态高精度，使其平衡度好、综合间隙小。由于在冲裁的瞬间，床身会产生变形，使其平衡度相应发生偏差，而压力机在负荷状态下的动态精度是由压力机的刚度决定的，刚性越高压力机的动态精度越高。压力机刚度对冲裁影响很大，如果床身的弹性变形大，凸模在冲裁结束时的瞬间会以几倍的重力加速度进入凹模，加速了冲模的磨损。电机冲裁模的间隙一般在 0.05 ~ 0.07mm，是比较小的，而且冲片也较薄。不少电机厂多采用开式压力机，这种 C 形框架压力机如图 2-80 所示。由于在有负荷时开口变形，上下模中心线容易出现较大倾斜，使冲模间隙不均匀、剪断面不一致而产生飞边，使冲片精度低下。当冲裁完了时，压力突然降低为零，机架变形能突然释放，会发生上模突然插入下模的现象，明显缩短了冲模寿命。

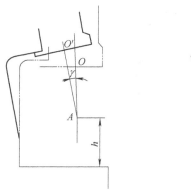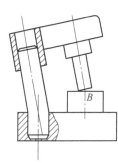

图 2-80　C 形床身负荷时变形

命。因此，为了较好地解决以上两方面的问题，提高模具寿命，一般根据冲裁力取压力机能力的 1/2 以下（开式压力机）或 2/3 以下（闭式压力机）为标准决定压力机的负载量来选择刚度较大的压力机。

目前我国各电机制造厂大都采用 Cr12 钢材制造凸凹模。单式冲槽模平均寿命可达 300 万冲次，一次刃磨为 5 万冲次；复式冲模一次刃磨为 2 万 ~ 5 万冲次，其寿命为 50 万 ~ 100 万冲次。最近几年，全国各地均在研究硬质合金冲模，采用 YG20 ~ YG30 硬质合金作为凸凹模的材料，一次刃磨为 20 万 ~ 50 万冲次，总寿命也大大提高。

2.8.6　硬质合金冲模简介

要延长冲模寿命，除改进冲模结构、提高制造工艺水平外，采用硬度高、耐磨性好的硬质合金代替合金工具钢作为制造凸模和凹模的材料，是一条主要和有效的途径。因为一般合金工具钢淬火后硬度在 64HRC 以下，而硬质合金硬度可达 67~80HRC，并且耐磨性好。

硬质合金材料一般用钨钴类合金，其牌号为 YG15~YG20。

硬质合金冲模比钢冲模有较高的要求，因为模具结构不但要适应硬质合金的物理性能，还必须适应整个冲模的寿命，这样才能有效地利用硬质合金材料。

硬质合金冲模在结构上有以下一些特点。

1. 冲模间隙

硬质合金材料很脆而且摩擦系数小，如果采用和钢冲模相同的间隙，虽然冲片飞边会小得多，但在冲裁过程中，很可能导致凸模和凹模刃口相碰，所以一般硬质合金冲模的间隙要比钢冲模大。对硅钢片材料，一般取材料厚度的 12%~16%（冲 0.5mm 硅钢片，采用0.06~0.08mm 间隙）。凹模刃口斜度和普通钢冲模相同，在 4'~6' 范围内。

2. 凸模的导向

硬质合金的抗弯强度大约只有钢的一半，因此设计冲模时必须使硬质合金零件不受弯曲力。为此，凸模的导向板（即脱料板）必须装有导套起导向作用。导向板在冲压过程中行程甚小，故导向板上的导套套在上模座的导套上成滑动配合。凸模与导向板之间浇注环氧树脂，如图 2-81 所示。浇注前，凸模上涂一层二硫化钼或皮鞋油做脱模剂，厚度为 0.005~0.010mm，保持较小的间隙，提高导向精度。

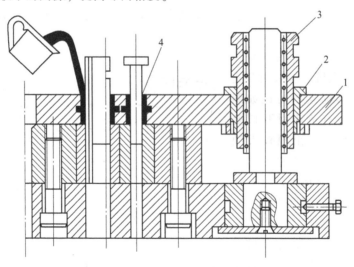

图 2-81　导向板（即脱料板）的浇注

1—导向板　2—导向板导套　3—上模座导套　4—环氧树脂

3. 上下模座

为了保证正常工作，模座必须用机械强度较高的材料如 45 号钢或铸钢制造。模座厚度应比钢冲模的模座厚 30%~50%，这样，在冲裁过程中模座才不至因冲压力而发生弹性变形，影响硬质合金冲模正常工作。在上模座和凸模之间，必须有经过淬火的硬垫板，保证长期使用不产生变形。

4. 冲模的导向

为了保证模具的精度和寿命，硬质合金冲模的导向一般采用滚珠式导套。导柱和导套之间保持有 0.010~0.015mm 的过盈量。导柱的数目比钢冲模多，一般复式冲模均采用 4 个，级进式冲模采用 6 个，这样使模具更为可靠。

5. 硬质合金零件的固定

1）热套法。对圆形零件，多采用热套法，其过盈量一般为直径的 0.10%~0.20%，加热温度一般在 300~400℃。图 2-82 为小型感应电动机定子冲片硬质合金复式冲模凹模拼块的固定。小型感应电动机转子冲片复式冲模凹模的固定（凹模采用整块结构，因烧结尺寸限制采用两拼）如图 2-83 所示。由于钢的线膨胀系数大，硬质合金凹模拼块的装配和拆卸非常方便。

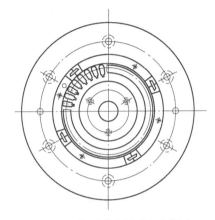

图 2-82　定子冲片硬质合金复式
冲模凹模拼块的固定

图 2-83　转子冲片硬质合金复式
冲模凹模的固定

2）机械固定法。如轴孔冲头，将硬质合金做成环形，环形中心装一带螺纹的心轴，用螺钉固定在钢体上。

3）环氧树脂固定法。凸模的固定是用一带锯齿形的钢卡板套入凸模后旋转半个槽距将凸模卡住，然后用环氧树脂浇注，防止脱料力将凸模拔出，如图 2-84 所示。

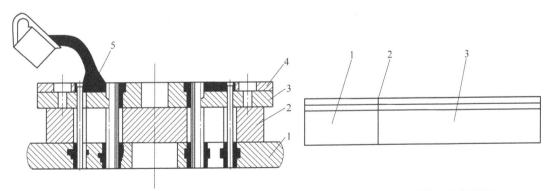

图 2-84　凸模的装配-环氧树脂浇注

1—导向板　2—平行垫板　3—凸模卡板

4—凸模固定板　5—环氧树脂

图 2-85　硬质合金冲模凸模

1—YG15~YG20 硬质合金　2—高频焊

焊接处　3—Cr12 钢

6. 凸、凹模的加工

一般采用 YG15~YG20 硬质合金作为制造凸凹模的材料。凸模的加工采用机械成形磨削。凹模如果是拼块结构，拼块的加工也用机械成形磨削；如果是整块的，则采用电火花穿孔。硬质合金材料的磨削，一般采用金刚石砂轮。电火花穿孔用凸模作工具电极，最好采用用高频焊焊在一起的 YG15～YG20 硬质合金和 Cr12 作凸模材料，如图 2-85 所示。焊料用锰铜焊料，经试验，焊接处比材料本身的强度还高。电极端为 Cr12 钢，刃口端为 YG15～YG20 硬质合金，其优点是：①用 Cr12 钢作为工具电极加工 YG15～YG20 硬质合金穿孔效果较好。②成形磨削时便于用正弦磁力台将毛坯吸牢。③节省价格较贵的 YG15～YG20 硬质合金材料。

2.8.7 电火花表面熔渗硬质合金在冷冲模上的应用

所谓电火花表面熔渗硬质合金，就是应用电火花脉冲放电原理，利用脉冲电流产生的高温，使硬质合金从电极上释放出来，并附着、沉积、扩散到工具表面上，形成一层薄的硬质合金层，以提高工具、模具的表面硬度，增加耐磨性从而达到延长寿命的目的。

这种工艺由于有许多突出的优点而获得广泛的应用。其主要特点是：

1）经过熔渗硬质合金后，工具表面形成一层硬的耐磨的硬质合金层。一般熔渗层厚度为 5～20μm，测定其硬度相当于 70～72HRC，用于硅钢片冷冲模具，其寿命可比原来 Cr12 钢制冲模寿命提高 2～3 倍。

2）工件是在冷态下进行处理的，避免了退火和变形。

3）覆盖层与基体结合良好，可应用于多种工具及冷冲模具。

4）能进行局部强化，只在必须强化的部位进行强化，这是淬火及其他表面处理所不可能做到的。

5）除用来提高切削工具、模具的耐磨性能外，还可用来修复稍有磨损即将成为废品的工具、模具，因此适用范围极为广泛。

6）选择不同的电极材料，能够得到适合各种目的的渗层。

7）除用于强化外，还可以一机多用，如当电刻笔用。

8）设备简单，操作方便，生产率高，成本低，材料消耗少，收效大。

经熔渗后表面粗糙度比原来的工作表面粗糙度有所提高，一般为 $Ra1.6\mu m$（与电火花穿孔的表面粗糙度相似）。由于表面比原来粗糙，因此，有时首件加工的工件可能会出现较大的飞边，所以对于第一批加工的工件应进行很好的检查，但以后加工的工件就和一般工具加工的一样了。为使表面粗糙度更低一些，可轻微地研磨熔渗面，其效果将更好。

熔渗设备与操作：熔渗设备非常简单，主要由电源和振动器两部分组成。电源种类很多，大多数采用比较简单的 RC 电路。设备的电规准可通过电容量、电流、电压等方面的调整来达到。图 2-86 所示为电火花强化设备的比较简单的电路。

电极可根据不同用途选择不同的材料。一般用于冷冲模具、工具等的电极，用 YG3、YG6、YG8 等硬质合金均可。电极规格用 $\phi1mm\times40mm$、$\phi1.5mm\times40mm$ 等为宜。对于用于强化拐角处及狭缝的，可把电极磨尖进行熔渗。工件处理前必须去掉表面的氧化皮和油脂。电极装在振动器夹头上仅用很轻的压力经过工件的表面，直至熔渗表面均匀为止，经处理过的表面较亮，很容易看出来。冷冲模处理部位如图 2-87 所示的 a、b，而工具则沿整个切削刃进行处理。经过熔渗后的工件尺寸有所增大，处理后间隙将减小 0.02mm 左右。处理完最好在刃口部进行研磨，则效果更好。处理时工件表面粗糙度应低些，效果才好。若表面粗糙度大于 $Ra1.6\mu m$ 或工件表面有较深刀痕，则效果不显著。

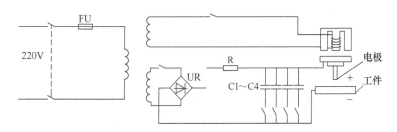

图 2-86　电火花强化设备的比较简单的电路

FU—熔断器　UR—桥式整流器　R—电阻器　C1、C2、C3、C4—电容器

加工速度约为 $1cm^2/10mim$，以处理均匀为原则，时间过长，则效率较低，熔渗厚度并不增加。渗层厚度一般为 $0.005 \sim 0.020mm$，最大厚度可达 $0.030mm$。

某电机厂曾用 YG8 硬质合金作电极熔渗 Cr12 钢制的 0.5mm 硅钢片冲槽模，寿命比原来 Cr12 钢冲槽模提高 1.5～3 倍。对大型汽轮发电机 0.35mm 硅钢片扇形模的寿命也有 1 倍的提高，其寿命比较见表 2-15。

总之，电火花熔渗强化，工艺简单，

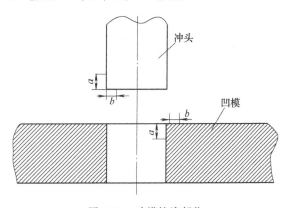

图 2-87　冲模熔渗部位

$a = 1.5 \times$ 材料厚度　　$b = 1mm$

并有一定的效果。虽然目前还在试验完善过程中，但它是一种具有巨大潜力的表面处理工艺，必将在机械加工工业中得到迅速的推广应用。

表 2-15　经熔渗与未熔渗冲模使用寿命比较

模具名称	模具材料	处理方式	被冲压材料	一次刃磨平均寿命/万次	提高倍数	备注
单槽冲模	Cr12	未处理	0.5mm 硅钢片	5	2.66	用瑞士设备
		熔渗处理		18.3		
单槽冲模	Cr12	未处理	0.5mm 硅钢片	5	2.98	用瑞士设备
		熔渗处理		19.9		
$12.5 \times 10^4 kW$ 汽轮发电机扇形模	Cr12	未处理	0.35mm 硅钢片	0.7～0.8	1	用瑞士设备
		熔渗处理		1.575		
单槽冲模	Cr12	未处理	0.5mm 硅钢片	5	1.52	用自制 RC 电源
		熔渗处理		12.6		

2.9　铁心制造工艺的发展趋势

铁心制造工艺的发展趋势有以下几方面。

1. 提高材料利用率

在铁心制造中，由于窄卷料或条料单排冲制，材料利用率较低，只能达到 70%～77%。

119

为了更有效地利用电工钢板，降低产品成本，国内外一些电机制造厂很注重提高材料利用率。有的厂家采用计算机控制错位套裁工艺，可使材料利用率提高 6%～10%。日本三菱新城工厂采用双排级进冲，而且冲片没有搭边，使材料利用率大为提高。

2. 高速多工位级进冲、高速自动冲槽机的普及应用

对于大批量生产的中型电机，多采用多工位级进冲，冲床采用高速自动冲床。日本会田公司生产的 200t 和 300t 高速自动冲床，每分钟冲次可达 400～600 次。西德舒勒公司生产的高速自动冲床，居世界领先地位，每分钟冲次可达 800 次。模具使用硬质合金级进冲模，寿命不低于 7000 万次，最多可达 1 亿次，一次刃磨寿命可达 50～100 万次。

对于小批量生产和特殊规格产品，中型电机冲片普遍采用高速冲槽机，西德舒勒公司生产的 N4 型冲槽机的最高行程次数已达到每分钟 1400 次。

3. 高速自动冲床串联使用

电动机尺寸较大而批量又较大时，采用两台高速自动冲床串联，用两副级进模同步进行冲制。这种串联自动冲床生产线，可使冲床吨位降低，便于冲模的制造及运输安装。瑞典 ASEA 公司采用这种方案生产 H250mm～H355mm 的电机冲片。第一台冲床为 250t，冲出转子孔及转子槽；第二台冲床为 400t，冲出气隙环及落转子片，冲出定子槽并落出定子冲片。这样便可将级进式冲裁工艺方案扩大到较大的电机。

4. 压合铁心工艺的应用

国内外一些厂家采用在电机定、转子冲片级进模中增加叠铆搭扣的结构，在定转子冲片上冲出 V 形凹槽，使定转子铁心压合成形。图 2-88 所示为压合铁心结构示意图。这种工艺可使冲裁与叠压在一套设备内完成，省去了定子铁心焊接或装扣片、转子铁心穿假轴等工序。日本某公司在小型电动机上，采用对定、转子冲片冲出 V 形凹槽新工艺。冲压生产线为：卷料硅钢片由开卷机送到高速自动冲床，用精密级进冲模冲出定、转子冲片；同时在冲片上冲出 V 形凹槽；将定、转子片分别送入铁心取出机，取出必要的厚度的铁心用传送带送至铁心加压机，进行计量检查后加压，成形的铁心由取出装置将合格品和不合格品进行分类。此工艺使生产率有较大的提高。

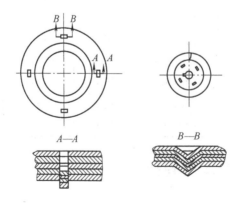

图 2-88　压合铁心结构示意图

复 习 题

2-1 试述铁心冲片常用材料的种类、主要性能及其应用范围。

2-2 铁心制造包括哪几种工艺？所用的主要设备有哪些？

2-3 对铁心冲片有哪些技术要求？

2-4 铁心冲片的常用冲裁方法有哪几种？

2-5 怎样处理铁心冲片的结构工艺性？

2-6 冲片冲制自动化有哪几种形式？

2-7 冲片绝缘处理有哪几种方式？

2-8 定子冲片为何需要绝缘处理？试述各种绝缘处理方法的优缺点及应用范围。

2-9 对铁心压装有哪些技术要求？

2-10 试分析定子铁心外压装工艺与内压装工艺的优缺点和应用范围。

2-11 一副现成的冲模能否用于冲制不同的冲片材料和厚度？为什么？

2-12 最完善的冲模应由哪些部分组成？各部分的作用是什么？

第3章

笼型转子的制造工艺

3.1 概述

笼型异步电动机由于结构简单、运行可靠、造价低廉，故在工农业生产中获得了广泛的应用。这种电动机的转子有两种结构形式：铜排转子是用成型铜杆，按一定长度下料后，打入转子槽中，两端与端环焊牢；铸铝转子是用铸铝方法，铸出槽内的导条和铁心两端的端环、平衡柱和风扇叶片，使转子成为一个坚实的整体。铸铝转子和铜排转子比较，有以下显著的优点：

1）转子槽形不受铜条形状的限制，可任意选择最佳槽形，改善电机的起动性能。

2）转子铜排约占整个电机用铜量的40%，采用铸铝转子能节省大量纯铜。

3）铸铝导体填充整个转子槽中，槽满率近乎100%，有利于热量的导散。

4）转子风叶和端环铸在一起，增加了散热能力，不需另装风扇，省去了一些工序。

5）铸铝转子结构对称紧凑；平衡柱与端环铸在一起，机械上容易取得平衡。

6）生产周期短，工时少，成本低，适于大批生产。

因此，铸铝转子目前已在300kW及以下的异步电动机中普遍采用，国内已试制出直径为1m，最大容量达到5500kW的大型铸铝转子。

转子铸铝的方法有五种：振动铸铝、重力铸铝、离心铸铝、压力铸铝和低压铸铝。振动铸铝是将铸铝模安装在振动台上，浇注铝液后，靠振动台的振动产生压力，使铝液充满型腔和转子槽。振动铸铝目前只有个别工厂采用（如浇注细而长的转子）。

重力铸铝是利用铝液本身的重量使铝液充满型腔和转子槽。因产品质量不好，这种方法现在已被淘汰。

振动铸铝和重力铸铝的转子，下端环凝固时不容易得到铝液的补充，易产生缩孔，所以一般很少应用。本章着重介绍目前广泛使用的离心铸铝、压力铸铝和低压铸铝。

转子铸铝所用的材料，在一般情况下，要求有较低的电阻率和良好的铸造性能。按照我国国家标准，铝锭的牌号、化学成分和用途见表3-1。根据一些工厂经验，电机铸铝转子铝锭含硅量（质量分数）一般低于0.15%、不超过0.2%，含铁量（质量分数）应低于0.5%，硅与铁含量（质量分数）总和应少于0.5%。

表 3-1 国产铝锭的牌号、化学成分及用途

| 级别 | 牌号 | 化学成分（质量分数）（%） | | | | | | 用　途 |
| | | Al 不小于 | 杂质不大于 | | | | | |
			Fe	Si	Fe-Si	Cu	杂质（质量分数）总和	
特一级	Al99.7	99.70	0.16	0.13	0.26	0.010	0.3	电缆和导电体铝箔、特殊用途及化学工业用铝合金
特二级	Al99.6	99.60	0.25	0.18	0.36	0.010	0.4	
一级	Al99.5	99.50	0.30	0.25	0.45	0.015	0.5	电缆以及导电体、铝合金制器具、铝箔及铝粉
二级	Al99.0	99.00	0.50	0.45	0.90	0.020	1.0	铝合金及其他主要合金电缆以及导电体、中间合金

对于起动转矩大或高转差率的电机转子，则要求用高电阻率合金，实际生产中常在铝液中加入锰或钛，以提高其电阻率。由于铝合金容易发生热裂，故还要加入少量的硅或铁。常用的高电阻率铝合金有 319 合金，以及铝锰硅、铝镁、铝锰稀土合金等品种。

3.2 离心铸铝

离心铸铝是在转子铁心旋转的情况下，把熔化好的铝液（经过清化处理）浇入铸铝模中，利用离心力的作用，使铝液充满转子槽及铸铝模两端的端环、平衡柱和风叶型腔。这种方法所得到的铸件，金属组织比较紧密，质量比较好；所用的设备不太复杂，操作技术比较简单。离心铸铝的转子同压力铸铝比较，杂散损耗比较小，因此虽然该方法生产率不高、劳动条件较差、劳动强度较大，但在当前仍被许多工厂采用。离心铸铝的工艺过程如下：

```
        ┌─转子铁心压装──转子铁心预热──┐                      ┌铰孔─冷压
准备工作─┼─熔铝──清化──保温──浇注────┼─去浇口─检查─┤
        └─铸铝模第──喷涂料──第二次预热─┘                      └热套
          一次预热
```

3.2.1 转子铁心压装

转子冲片压装前，可以用手工理片，也可以用理片机理片，使转子冲片顺飞边方向按键槽（起记号槽作用）对齐。图 3-1 所示为转子冲片理片机的一种形式。理片机分传动和理片两个部分。传动部分由一对直齿轮 3、4，一组蜗杆蜗轮 5、6 和三个锥齿轮 7、8、9 组成。电动机 1 为一台 1kW 左右的异步电动机，直接驱动齿轮转动。经减速后，由锥齿轮驱动主轴 12 和转盘 10 以相反的方向旋转，转速为 50r/min 左右。理片部分由一对钢制的套筒 13、14 和定位键 15 组成。上套筒 14 和主轴相连接，下套筒 13 和转盘固定在一起，当主轴和转盘转动时，上下套筒也反向转动。这时套在上套筒的转子冲片随上套筒转动，直至冲片上的键槽与定位键相吻合时，冲片就自动落在转盘上，一片片整齐地叠好。

将理好的转子冲片按台称好重量，一叠一叠地套在假轴（即铸铝轴）上。根据转子斜槽的需要，在假轴上装有斜键，斜度由设计确定。从铁心外圆上看，斜槽宽一般为 2/3 ~ 1 个定子齿距。一台冲片叠完后，用压圈和螺母（或开口垫圈）将冲片初步压紧。

转子铁心的压装一般是在油压机上进行。为了使槽壁整齐，在接近180°的位置插入两根槽样棒，加以整理。槽样棒根据槽形按一定的公差制造，一般比冲片的槽形尺寸小0.3mm，公差等级按h7，长度比转子铁心长60~80mm。用T100钢制造，经过淬火，硬度达到58~62HRC。转子铁心一般采用定量压装，控制长度，压力（一般为2.5~3.0MPa）作为参考数值。即适当增减片数，在基本上以重量为主要依据的情况下，保证压力也在合理的范围以内。压力太小，压装系数低，影响电磁性能；压力过大，铸完铝卸模后，会有很大的拉力加在铝条上，可能造成铝条被拉断。铁心压紧后，用垫圈和螺母（或开口垫圈）将铁心紧固。压装好的转子铁心如图3-2所示。假轴的形式有多种，图3-2所示的为其中一种。为了退假轴方便，假轴中间做成通孔，以便在退假轴时通水冷却。在铸铝前，必须放上塞子4，以免铸铝时进入铝液。

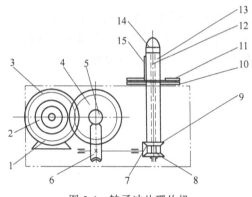

图 3-1　转子冲片理片机

1—电动机　2—机体　3、4—直齿轮　5—蜗杆
6—蜗轮　7、8、9—锥齿轮　10—转盘
11—垫块　12—主轴　13、14—套筒
15—定位键

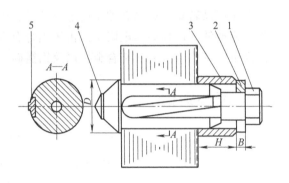

图 3-2　装压好的转子铁心

1—假轴　2—开口垫圈　3—压圈
4—塞子　5—子母键

3.2.2　离心铸铝的主要设备

离心铸铝的主要设备有离心铸铝机、熔铝炉和预热炉等。

1. 离心铸铝机

离心铸铝机的结构如图3-3所示。电动机及传动机构安装在地坑内，法兰盘以上部分在地面以上。电动机21通过V带20带动主轴17旋转，法兰盘8和主轴连在一起也同时旋转。在法兰盘上装有三根长螺杆，作用是压住铸铝模，使它不至因受到离心力作用而抛出。为了防止铝液飞溅伤人，离心机必须装有防护罩。除此之外，还有漏斗及刹车装置等等。如果同一台离心铸铝机用来铸不同直径的转子，为适应不同转数的需要，应在传动部分增设变速机构。

2. 熔铝炉

熔铝炉的要求是：①温度上升快。②火焰不直接接触铝液表面，以防止铝在熔化时吸收由于煤或油燃烧不完全而挥发出来的氢和碳氢气体。③温度容易控制。目前一般采用带鼓风机的焦炭炉或煤炉。有的工厂还采用电炉。采用电炉的优点是可以实现温度自动控制，铝液比较干净，缺点是耗电量大。电炉分为两种：一种是电阻电炉；一种是工频感应加热电炉。

前者已逐渐被后者所代替。

3. 预热炉

离心铸铝的转子铁心和铸铝模必须预热，温度分别为 500℃ 和 350℃ 左右。预热炉通常用反射炉，但也可以采用电炉。

3.2.3 离心铸铝模的结构和设计

1. 离心铸铝模的结构

离心铸铝模由上模、下模、中模、分流器和假轴几部分组成，在小型电机中，假轴的端部起分流器作用，如图 3-4 所示。其结构设计是否合理，对转子的铸铝质量和模具的寿命有很大影响。

上模和下模是转子端环、风叶和平衡柱的型腔。上、下模的结构应满足下述要求：制造容易，更换和清理方便。用得较多的是二拼合结构（见图 3-4）和

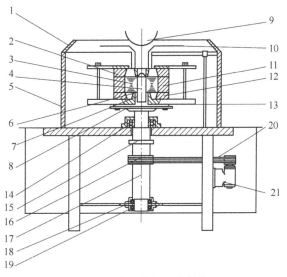

图 3-3 离心铸铝机的结构

1—防护罩 2—上模 3—转子铁心 4—假轴 5—长螺杆
6—垫圈 7—销子 8—法兰盘 9—勺子 10—漏斗
11—中模 12—下模 13—石棉纸 14、18、19—轴承
15—刹车 16—带轮 17—主轴 20—V 带 21—电动机

三拼合结构（见图 3-5 和图 3-6）。图 3-5 为风叶和端环型腔在外拼块上的结构，这种结构的风叶型腔可以用插床加工，也可以用刨床加工（风叶型腔的斜度由钳工加工）。图 3-6 为风叶和端环型腔在内拼块上的结构，这种结构的风叶型腔加工也很方便，可以铣，也可以刨。上模中间呈喇叭口形状的部分为直浇口，这种上小下大的直浇口，可以防止离心铸铝时铝液向上抛，并容易脱模。直浇口和假轴的端部组成内浇口，内浇口是铝液的进口处。

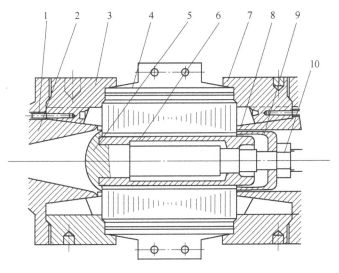

图 3-4 离心铸铝模

1—沉头螺钉 2—上模内圈 3—上模外圈 4—中模 5—假轴芯子
6—假轴套筒 7—下模外圈 8—下模内圈 9—压圈 10—六角螺母

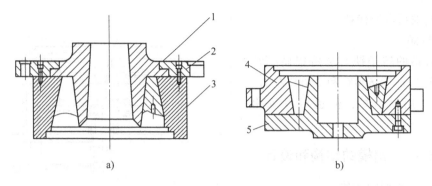

图 3-5　上、下模结构（外拼块）

a）上模　b）下模

1—上模内圈　2—上模压板　3—上模外圈　4—下模外圈　5—下模内圈

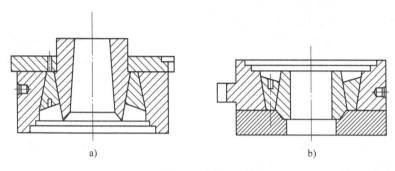

图 3-6　上、下模结构（内拼块）

a）上模　b）下模

　　上模和下模也可以是整块的，此时风叶型腔广泛采用电火花机床加工（有的工厂也采用在立铣上用磨成一定锥度的钻头加工）。

　　中模结构应能保证铸铝时不漏铝液，并保证在合模时控制转子铁心的长度，而且便于装卸，现在都做成两块或三块拼合的形式，拼合接缝处做成止口，防止漏铝液，如图 3-7 所示。为了加强中模的强度和刚度，外围可加一些加强肋。

　　中模与上、下模的配合采用锥度配合，一方面可以防止漏铝液，一方面容易脱模。锥度一般在 15°~30°。

　　2. 铸铝模的材料

　　铸铝模在高温下反复进行工作，同时铝液在高温时对模具也有侵蚀作用，因此对铸铝模所用材料的要求是：受热后变形小，热膨胀系数小，在高温下有防止氧化的能力。对于离心铸铝模，因为其受压力较小，上、下模可以采用球墨铸铁或中碳钢制造，中模多采用灰铸铁制造。

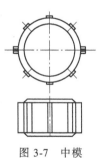

图 3-7　中模

　　3. 离心铸铝模设计的几个问题

　　1）浇口的设计。直浇口上小下大，斜度一般为 5°~6°。高度要适当，太高浇口废铝增多，影响电机质量；太低压力不够，补缩作用减弱，上端环会产生缩孔。直浇口的高度一般比风叶高 50~70mm，或比分流器高 130~150mm。内浇口截面积的大小，决定了铝液流进模具的速度，同时对"补缩"及退假轴都有一定的影响。截面太大，去浇口困难；截面太小，内浇口处的铝液可能先冷却凝固而使上端环在凝固时得不到铝液的补充，产生缩孔。内浇口在圆周上均匀分布，一般采用 3~4 个。对于端环较厚的两极电机转子，内浇口可为全圆的。某厂采用的内浇口的数目和尺寸见表 3-2。

表 3-2 某厂小型电动机转子铸铝采用的内浇口数目和尺寸

型号	Y80		Y90		Y100			Y112			Y132			Y160		Y180		Y200		Y225		Y250			Y280	
级数 P	2	4	2	4\6	2	4	6	2	4	6	2	4	6\8	2	4\6\8	2	4\6\8	2	4\6\8	2	4\6\8	2	4	6\8	2	4\6\8
浇口数目	3		3		3			3			4			4		4		4		4		4			4	
浇口宽 /mm	20	18	20	18	24	22	20	28	26	24	26			32.5	37.5	37.5	42.5	42.5	47.5	47.5	52.5	40	50	55	52.5	57.5
浇口深 /mm	8		8		8			6			12	8	7	12	10	12	10	12	10	14	12	12	10	8	14	12

2）排气槽的设计。排气槽应开设在下端环铝液最后流到的地方。由于离心力的作用，比重小的空气积存于铸铝模型腔的内侧，所以排气槽应开在下模内圈顶部，如图 3-8 所示。排气槽的尺寸应保证铝液不至由排气槽喷出。一般槽深为 0.3mm 左右，宽度为 10~20mm，数目为 3~4 个。转子铁心有齿外胀，为了保证端环外圆和内圆都能压紧铁心，下模内圈应比外围高 1.5~2mm。

3）分流器的设计。对于容量较大的电机，要单独设计分流器。分流器的结构如图 3-9 所示。分流器高度 H 不宜过高，过高会增加铝液进口路径，使铝液先凝固而使上端环产生缩孔；过低会产生浇不足的现象。容量较小的电机，假轴的顶部能起分流器的作用。分流器的高度见表 3-3。分流器和内浇口之间的距离（单面）一般为 2~4mm。

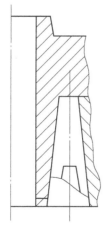

图 3-8 下模排气孔

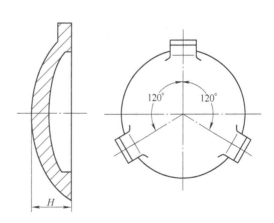

图 3-9 分流器结构

表 3-3 分流器高度　　　　　　　　　　　　　　　　　　　（单位：mm）

电机型号	无铁心支架	有铁心支架	电机型号	无铁心支架	有铁心支架
Y180~Y200	35~45	—	Y280~Y315	60~70	100~120
Y225~Y250	45~55	70~80			

4）中模间隙。如果中模间隙过大，浇注时容易漏铝液，半成品转子断条检查时将发生困难，加工时也会增加难度；如果间隙太小，则有可能合不拢。这个间隙还要考虑转子预热后膨胀，故一般应比转子铁心外圆大 0.4% ~ 0.6%。中模的圆度应控制在 0.1mm 范围内。

5）铸铝模表面粗糙度、斜度和圆角。为了脱模方便，铸铝模型腔的表面粗糙度要求达到 $Ra0.6\mu m \sim Ra0.8\mu m$。端环、风叶的斜度为 3°~4°，平衡柱的斜度为 3°，内浇口和直浇口连接处有 30° 的斜度。为了避免由于收缩而产生裂纹，要求端环和风叶及平衡柱的结合处做成圆角。由于磷化层不易同其他金属黏结，有时将模具进行磷化处理，使脱模容易，同时延长寿命。

6）假轴。小型电机的假轴一般采用 45 号钢制造，并且有许多种形式。第一种形式如图 3-10a 所示，假轴上的键槽是斜的，将键嵌入斜槽，它们之间的配合采用过盈配合，所以铸铝后退假轴比较困难；第二种形式如图 3-10b 所示，在假轴芯子上，另加套筒，套筒为拼块结构，与芯子的配合面较小，所以退假轴比较容易；第三种形式如图 3-10c 所示。在假轴上开一较大的直键槽，在直键上又加工出一斜键（有的工厂称这种键为子母键）。直键和键槽的配合采用较松键联结，退假轴时，它与转子铁心连在一起脱下来，与假轴分开，然后再从铁心中退出，这样摩擦力可以大大减小。

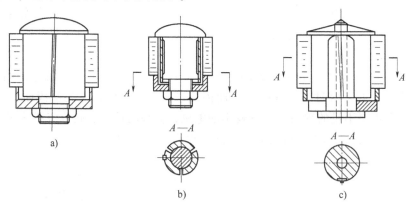

图 3-10 假轴形式

假轴是转子铁心压装时的定位元件，因此与轴孔的配合有一定的要求。过松时槽孔不易整齐；过紧时转子铁心压装时费工，铸铝后退假轴很困难；同时因为摩擦力过大，假轴还容易损坏。假轴与轴孔的配合一般这样考虑：当采用第一种假轴形式时，由于退假轴比较困难，假轴直径一般比冲片轴孔小 0.15 ~ 0.30mm，表面粗糙度在 $Ra1.60\mu m$ 左右；当采用第二种和第三种假轴形式时，由于退假轴比较容易，可采用 H8/f7 配合。

表 3-4 所列某工厂 Y 系列电动机的假轴实际公差配合尺寸，可供参考，假轴上的键的斜度按下述方法计算，如图 3-11 所示。令转子铁心外径为 D，转子铁心长度为 l，假轴直径为 d，转子斜槽宽为 t，则键在假轴上的斜槽宽（对应于转子铁心长度 l）为

$$t_1 = \left(\frac{d}{D}\right)t$$

由图 3-11 可知，在转子表面上斜槽与直槽夹角 α 的正切值为

$$\tan\alpha = t_1/l$$

键的全长一般比铁心 l 长 20% ~ 30%。

若键的全长为 L，则键对应于全长 L 在假轴上的斜槽宽为

$$h = L\tan\alpha$$

键宽的基本尺寸和键槽宽的基本尺寸相同，上下偏差按 H9/f9 配合算出。例如，键槽宽为 $6^{-0.011}_{-0.044}$ mm，因为 6H9/f9 的最小间隙为 0.013mm、最大间隙为 0.079mm，所以键宽 $6^{-0.057}_{-0.090}$ mm。

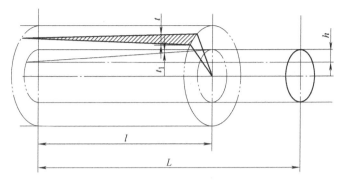

图 3-11　假轴上键槽斜度的计算

假轴帽的尺寸，要结合铸铝模同时考虑，头部斜度一般为 30°，直径需能盖住轴孔上的键槽和平衡槽，并应小于端环的内径。

表 3-4　Y80 ~ Y280 系列电动机假轴与冲片轴孔配合公差　　　　（单位：mm）

型号	Y80	Y90	Y100	Y112	Y132	Y160
转子冲片轴孔直径	$26^{+0.033}_{0}$	$30^{+0.039}_{0}$	$38^{+0.039}_{0}$	$38^{+0.039}_{0}$	$48^{+0.039}_{0}$	$60^{+0.040}_{0}$
假轴直径	$26^{-0.08}_{-0.11}$	$30^{-0.08}_{-0.11}$	$38^{-0.10}_{-0.13}$	$38^{-0.10}_{-0.13}$	$48^{-0.10}_{-0.13}$	$60^{-0.12}_{-0.15}$
轴直径	$26^{+0.062}_{+0.041}$	$30^{+0.062}_{+0.041}$	$38^{+0.073}_{+0.048}$	$38^{+0.013}_{+0.048}$	$48^{+0.079}_{+0.054}$	$60^{+0.096}_{+0.066}$

型号	Y180	Y200	Y225	Y250	Y280
转子冲片轴孔直径	$70^{+0.046}_{0}$	$75^{+0.046}_{0}$	$80^{+0.046}_{0}$	$85^{+0.054}_{0}$	$100^{+0.054}_{0}$
假轴直径	$70^{-0.12}_{-0.15}$	$75^{-0.12}_{-0.15}$	$80^{-0.12}_{-0.15}$	$85^{-0.14}_{-0.17}$	$100^{-0.14}_{-0.17}$
轴直径	$70^{+0.121}_{+0.075}$	$75^{+0.121}_{+0.075}$	$80^{+0.121}_{+0.075}$	$85^{+0.145}_{+0.091}$	$100^{+0.145}_{+0.091}$

3.2.4　熔铝和清化

1. 熔铝坩埚的处理

熔铝坩埚使用前处理的好坏，对铝液质量有很大影响。石墨坩埚不溶于铝液，所得到的铝液比较纯净，质量好。但石墨坩埚成本高，容积较小，不够坚固，容易损坏，使用前处理比较麻烦，所以逐渐被铸铁坩埚所代替。对于新的石墨坩埚要做如下处理才能使用：先在 80~100℃ 的烘房内低温处理 14~20 天，然后在 500℃ 烘房内烘 6h 左右，冷却之后，再将坩埚烧红，然后放入铝块熔化。浇注后剩余的铝液要倒掉，使坩埚均匀冷却。

铸铁坩埚的厚度一般约 30mm。由于铁在高温下溶于铝液，所以铸铁坩埚使用前也必须进行处理。处理方法是预先用钢丝刷将铸铁坩埚刷净，然后将铸铁坩埚加热到 150~200℃，刷一层涂料，厚度为 0.3~0.5mm，一次刷不上时可分几次加热，几次涂刷。涂料的配方是：石墨粉 30%，水玻璃 20%，水 50%（以重量计）。刷上涂料，冷却到室温后就可以使用。以后，每熔一次铝，要刷一次涂料。

2. 铝的熔化

先将铝块预热，除去水分，当坩埚加热到发暗红后，分两次或三次加入预热的铝锭。铝的熔点是 659℃。铝的熔化过程与周围介质（如铸铁坩埚、工具等）及空气相互作用，主要有：

与 O_2 作用：　　　　　$4Al+3O_2 \rightarrow 2Al_2O_3$

与 H_2O 作用：　　　　$2Al+3H_2O \rightarrow Al_2O_3+3H_2$

与 CO 作用：　　　　　$6Al+3CO \rightarrow Al_2O_3+Al_4C_3$

与 CO_2 作用：　　　　$2Al+3CO_2 \rightarrow Al_2O_3+3CO$

可见，铝在熔化过程中的氧化烧损是很剧烈的。当铝液与水蒸气接触时，一方面生成氧化铝（Al_2O_3）渣滓，另一方面分解出氢气（H_2），同时氢也渗入铝液中。含有气体的铝液浇注出来的转子质量不好，因为铝液在凝结时气体被分离出来，但又跑不出来，只能留在铸件内造成气扎。铝在熔化过程中的气体吸收量随着温度的升高而增加。当铝液温度高于 800℃时，上述作用加剧，同时铝的结晶变粗，组织疏松，机械强度下降，凝固时体积收缩，容易产生裂纹。因此，一般控制铝液温度不超过 800℃，而以 740°~760° 较为适宜。另一方面，铝液温度也不能太低，太低了，铝液的流动性不好，容易使风叶和平衡柱浇不满。

铝液的温度用热电偶温度计来测量，毫伏表的精度等级不低于 4 级，测温范围为 0~1000℃。热电偶在插入铝液之前，应在保温管外涂上一层涂料，而且要预热到 200~300℃，避免保护管突然受高温而损坏。

3. 铝液的清化

铝液很容易氧化，在液面生成一层氧化铝（Al_2O_3）薄膜，它具有良好的保护作用，能够防止氧化作用继续进行，也能防止气体进入铝液中。但是，当用盛铝桶盛取铝液时，氧化铝很容易集结成块混到铝液中去，而铝液表面又生成一层氧化铝膜。Al_2O_3 的密度（约 3.95~4.10g/cm³）大于铝的密度（2.3g/cm³），熔点很高（2050℃），一旦混入铝液中，就不再浮出来，也不溶于铝液，而是成颗粒状存于铝液中。它不仅降低了铝液的流动性，而且增大了铝的电阻率，影响铸铝质量。为了避免上述现象，一方面，铝液保温时不要随便破坏铝液表面的氧化层，而在浇注取铝液时，注意不要把氧化膜打进铝液里去；另一方面，在铸铝之前，铝液必须进行清化处理，即加入适量的清化剂除去铝液中的气体和氧化物等杂质。

清化剂为氯化钠、氯化铵、氯化锌等氯化物。如用焙干的氯化钠，其加入量为铝液的 0.1%~0.5%（质量分数）；如用焙干的氯化铵，其加入量为铝液的 0.02%~0.03%（质量分数）。在进行清化处理时，将焙干好的氯化物置于钟罩形的下沉工具内，沉入铝液底部，搅动，有气泡沸出，待气泡全部跑光，取出沉入罩，用勺子清除液面渣滓，静置 5min，就可以浇注了。

清化后的铝液，不允许用勺子搅动表面。如果搁置时间过长，还应该进行第二次清化处理。

清化处理的原理，主要是将氯化物加入铝液后，通过置换反应，生成氯化铝（$AlCl_3$）。例如：

加氯化钠（NaCl）：　　　$6NaCl+Al_2O_3 \rightarrow 3Na_2O+2AlCl_3 \uparrow$

加氯化锌（ZnCl₃）：　　　　　$3ZnCl_2+2Al \rightarrow 3Zn+2AlCl_3 \uparrow$

氯化铝的升华温度低于 181℃，在铝液中由于氯化铝的"升华"作用，立即以气泡形式升到液面而透出。由于气泡的作用，铝液中的氢会自动扩散到氯化铝中去，并随着气泡的上升而逸出液面，从而达到除气的作用。氯盐与氧化铝作用生成氯化铝，氯化铝的"升华"使这些氧化物得以借翻腾的气泡而浮于液面，从而宜于除渣。

在进行清化处理时，铝液的温度应该很好地控制。铝液温度太高，熔渣过于稀薄，无法除尽；铝液温度太低，黏度大，去气效果不好，一般控制在 720~750℃。

在进行清化处理时，在坩埚上方应设抽风装置，以防止铝液逸出的有害气体危害工人身体健康。

3.2.5　转子铁心和铸铝模预热

转子铁心的预热温度一般为：Y80~Y160 电机转子为 400~500℃；Y180~Y200 电机转子为 450~550℃；Y225~Y280 电机转子为 550~600℃。当转子铁心达到预热温度时，应进行保温，保温时间按转子尺寸大小，一般为 15~20min。装进加热炉预热的一批转子，其尺寸应相差不多，转子各部分预热温度要均匀，不得过热。温度太高，容易产生漏铝液现象，使风叶、平衡柱、甚至端环浇不满；温度太低，铁心槽中的铝液可能先冷却，等下端环冷却时，铝液补充不下去，下端环容易出现缩孔。

铸铝模预热温度的高低对铸件的质量影响很大。下模预热温度过高，下端环容易产生缩孔，而且下模排气槽容易跑铝液；温度太低，会把转子铁心下端的热量导散，使铁心槽中的铝液先凝固，也会使下端环产生缩孔。上、下模预热时模面朝下放置，以避免型腔落上烟灰。上、下模预热温度一般为 300~350℃；中模预热温度一般为 150~200℃。为了脱模方便和保护铸铝模型腔不受高温铝液的腐蚀，上、下模在预热到 200℃左右时，要刷一层涂料。涂料配方各厂不一样，有的用白铅油 60%、机器油 40%；有的用滑石粉 100g、水玻璃 150g、水 5kg。冷却铸铝模的涂料为黑碳粉 1.5kg、水 8.5kg。

3.2.6　离心机转速的确定

离心机转速是转子离心铸铝很重要的工艺参数。如果转速低，则离心力不够，结晶疏松，质量不好，转速太低时还可能有浇不满的现象。如果转速太高，在内浇口截面小的情况下，铝液不易进入，同时还会使排气困难。使下端环产生气孔，另外也容易使聚集端环内圈的铝液在未凝固前即被抛开，形成抛空。

单位面积上离心力的大小，可按下式计算：

$$p = \frac{\rho \omega^2}{3}\left(\frac{r_1^3 - r_2^3}{r_1}\right) \tag{3-1}$$

式中　ρ——铝液密度，约为 $2.38 \times 10^3 kg/m^3$；

　　r_1——端环外圆半径，单位为 m；

　　r_2——端环内圆半径，单位为 m；

　　ω——角速度，$\omega = \frac{2\pi N}{60}$，$N$ 是离心机的转速，单位为 r/min。

根据经验，取得良好铸铝转子的单位面积离心力 $p = 0.056 \times 10^6 N/m^2$，将上述数值代入

式（3-1）中，即可得离心机的转速值

$$N = 80 \sqrt{\frac{r_1}{r_1^3 - r_2^3}} \tag{3-2}$$

由式（3-2）可知，转子直径增大时，转速相应降低，这个趋势是对的，但它只考虑了转子直径大小这个因素，而没有考虑铁心长度、槽形尺寸以及浇口大小等因素。同时，如果完全按式（3-2）确定离心机转速，则对于每个大小不同的转子都有一个不同的转速，这在生产上是很不方便的，而且实践证明也是没有必要的。许多工厂实际离心机转速远低于计算值，但同样能生产出合格的转子来，这是因为自制的离心机转动时振动很大，铝液承受的压力，既来自离心力的作用，又来自振动力的作用。

根据工艺验证确定的离心机的转速如下：

Y80～Y180 电机转子为 1000～1200r/min；

Y200～Y225 电机转子为 850～900r/min；

Y250～Y280 电机转子为 650～700r/min。

3.2.7 浇注方法和浇注速度

把预热好的模具取出，吹去烟灰，并将下模装在离心机上。然后，用压缩空气吹去转子铁心上的烟灰，打平翅齿，装于下模上，合拢中模，扣上上模，旋紧固定螺钉，并上好防护罩，准备浇注。

目前，大多数工厂采用升速浇注法和降速浇注法两种浇注方法。

1. 升速浇注法

开动离心机，未达满速时开始浇注。待铝液浇入 3/4 后，离心机达到满速，继续将剩余的 1/4 铝液在满速时浇入，这时离心机仍继续旋转，在离心力作用下使铝液结晶凝固。然后切断电源，让离心机停车，整个浇注过程为 1～2min。升速浇注法的特点是：①开始浇注时转速较低，便于使浇入的铝液经槽孔流到下模，保证下端环的浇注质量，待浇入 3/4 铝液后，再将剩余的 1/4 铝液在满速时浇入，铝液完全在离心力作用下将上模填满，使上、下端环的质量都能得到保证。②便于操作和控制，适用于小型转子。

2. 降速浇注法

起动离心机，立即关断电源，约 3s 内浇完 2/3 的铝液，再接通电源继续浇完剩余的 1/3 铝液，达到满速后过 10～30s 停车。降速浇注的目的也是更好地使下模得到填充。降速浇注法多用在大型转子上。

在确定浇注速度时，应考虑铝液的流动性好坏、铸铝模温度的高低、转子几何尺寸大小及槽形等，保证模腔及铁心槽中的气体排出。原则上要求浇注速度越快越好，这样，一方面可以避免端环抛空；另一方面使铝液早些注入模内，使其有较长时间保持液态，在离心力的作用下凝固，组织紧密。但是，如果浇注速度太快，则气体来不及排出，容易形成气孔，如果太慢，又有浇不足和冷隔现象，所以，一般对端环厚、直径大的转子，由于排气困难，浇注速度应慢些，一般浇注时间约为 6～15s。

浇铝用的勺子和盛铝桶必须预热，并涂刷涂料（白泥 5%，加水 95%），防止因铝液的腐蚀作用而增加铝液的杂质。同时，浇注时必须一次浇满，不允许中途停顿，以免产生断条和冷隔现象。每浇 5~6 个转子以后，要用压缩空气吹去下模的金属残渣，并刷涂料。

3.2.8 铸铝转子的质量检查

转子铸铝中往往产生断条、细条、裂纹、缩孔、气孔、浇不满（包括端环抛空、风叶或平衡柱残缺不全）等缺陷，使电机性能变坏，表现为损耗大、转差率大、效率低、温升高等。其中，尤以断条、细条、裂纹对电机性能影响最大。因此，需要对铸铝后的转子进行检查。

1. 表面质量检查

表面质量检查主要是用肉眼观察有无裂纹、缩孔、冷隔、残缺等。按零部件检验规范要求：①外圆表面的斜槽线平直，无明显横折形。②浇口清理干净无残留。③端环缩孔 $\phi 5 \times 3$ 最多允许三处。④端环、风叶、平衡柱不得有裂纹及弯曲等。⑤风叶冷隔不超过风叶长度的 1/4。⑥端环对轴孔的同轴度不大于 3mm。⑦平衡柱残缺不大于平衡柱高的 1/4，每个转子平衡柱残缺数不多于平衡柱数目的 1/4，并不得在相邻地方。

2. 尺寸检查

尺寸检查主要是检查铁心长度和外形尺寸：①转子铁心长度尺寸偏差，铁心长度在 15mm 以下时，偏差为 $^{+2.0}_{0}$ mm，铁心长度大于 150mm 时，偏差为 $^{+2.5}_{0}$ mm。②转子槽斜度偏差为 ± 1.1 mm；③端环尺寸公差等级按 JS14 要求检查。

3. 内部质量检查

内部质量检查主要是用断条检查器检查转子有无断条、细条、内部裂纹、缩孔及气孔等缺陷。下面介绍两种断条检查器的原理。

第一种断条检查器的原理如图 3-12 所示。绕组通电时铁心产生磁通，穿过被试转子，如果转子不断条，也无细条、裂纹、缩孔、气孔等缺陷时，它相当于一个二次绕组短路的变压器，转子导条中有较大的电流通过，在一次绕组 3 和电流表 1 中，流过较大的电流。如果有裂纹、细条、缩孔、细孔等缺陷，电流减小，如果发生断条，电流就更小。检查时将转子慢慢转动，电流相差值不超过 5% 时，认为质量达到要求。

第二种断条检查器的原理如图 3-13 所示。它利用两个开口形电磁铁，左边一个接到 3~5Hz 的低频电源上，它的开口只跨一个槽子，在转子导条内感应一个电动势，由于转子是短路的，因而有电流产生，电流的分布如图 3-13 所示。这时，右边的一个线圈上产生感应电动势，指示器上有所反应。如果被试导条有断条，其中无电流通过，这时指示器无任何指示；如果被试导条有细条，或端环有缩孔、气孔、裂纹、抛空等缺陷，则电阻增大，电流较小，指示器上的反应也小。如果转子铸铝质量很好，则电流很大。

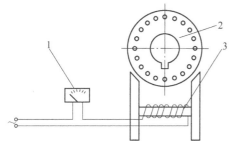

图 3-12　第一种断条检查器的原理

1—电流表　2—被试转子　3——次绕组

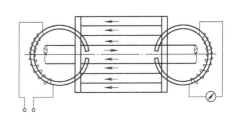

图 3-13　第二种断条检查器的原理

3.2.9 离心铸铝常见的缺陷及防止措施

离心铸铝如果各工艺参数（离心机转速、铝液温度、转子铁心预热温度、铸铝模预热温度、浇注速度等）不适当，或铸铝模设计得不合理，就容易发生质量问题。常见的缺陷和防止措施见表 3-5。

表 3-5 离心铸铝常见的缺陷及防止措施

序号	缺陷名称	产生原因	防止措施
1	断条	转子铁心叠压过紧,铸铝后有过大的拉力加在铝条上,将铝条拉断 铸铝后脱模中,铝液未凝固好,铝条由于脱模敲打而断裂 铸铝前,转子槽内有夹杂物 转子冲片个别槽孔漏冲 铝条中有气孔 浇注时中途停顿 铁心温度太低	控制叠压压力小于3MPa 铸铝后等铝液完全凝固后再脱膜 浇注前清理槽孔 加强各级检查 一次浇注完不能停顿 适当提高铁心温度
2	细条	离心机转速太高,离心力太大 转子槽孔过小,使铝液浇不足 转子外圆斜槽线不直,槽不齐	控制离心机转速 转子槽孔过小时,应适当提高转子预热温度 转子铁心叠压时用合格的槽样棒
3	端环裂纹	铝液含铁、硅等杂质多 铝液铁、硅比小 铝液温度过高,晶粒变粗 风叶、平衡柱和端环连接处圆角小	控制铁、硅含量 控制铁、硅含量 控制铝液温度在 740~760℃ 间 增大圆角
4	上端环缩孔	内浇口截面过小,补缩不良 上模温度低,内浇口先凝固 分流器过高	适当加大内浇口 提高上模顶热温度 适当降低分流器高度
5	气孔	铝液中含气过重 浇注速度过快 转子铁心预热温度低,油渍没有烧去即进行浇注 下模排气孔小	正确进行清化处理 适当控制浇注速度 正确控制转子铁心预热温度和时间 放大排气孔
6	下端环缩孔	转子铁心预热温度低,导条先凝固,铝液补充不下去 下模预热温度高或预热温度过低	正确控制转子预热温度 正确控制下模预热温度
7	浇不足	铝液温度过低 离心机转速低 浇注速度太慢 铸铝模密封性不好,漏铝液 铸铝模、转子铁心预热温度低 铝液量不够 内浇口截面过小	适当提高铝液温度 适当提高离心机转速 正确控制浇注速度 提高模具的密封性 正确控制铸铝模和转子铁心的预热温度 浇注铝量应比转子铝的用量大 10%~20% 适当放大内浇口截面积

（续）

序号	缺陷名称	产生原因	防止措施
8	抛空	开始浇注时离心机转速过高	降低离心机转速
9	冷隔	浇注时断浇 有渣滓隔开	一次浇注完,不能中断 净化铝液

3.3　压力铸铝

3.3.1　压力铸铝设备及压铸过程

　　压力铸铝是用压铸机将熔化好的铝液压入转子铁心和压铸模中，以完成笼形转子的铸铝工作。压力铸铝优点是：①铸铝速度快，生产效率高。②工人劳动强度低，劳动条件较好。③转子铁心和铸铝模不必预热。④能保证铝液充满铸铝模而不会有浇不满的现象。⑤便于组织流水线生产。

　　压力铸铝的主要设备是压铸机。立式压铸机结构如图 3-14 所示。立式压铸的铸铝模立式安放在压铸机上。压板 1 的主要作用是用螺钉固定动模 2，并借液压沿立柱 10 上下移动。料缸 8 装在工作台 7 上，是不动的，用来盛铝液，同时在它上面安装定模 9。活塞 6 借液压推动，可在料缸内上下移动。

　　整个浇注过程是：先把熔化的铝液倒入料缸 8 内（为防止铝液温度下降过多，通常先在料缸内放入石棉纸袋，然后把铝液倒入石棉纸袋中），再装定模、转子铁心 3 和中模。当压板 1 向下移动时，动模 2 将转子铁心 3 压紧。然后料缸 8 下部的活塞 6 上升，将铝液压入铸铝模。压铸完后压板 1 上升，取出中模和转子，敲出假轴 4。

　　图 3-15 所示为立式压铸模的结构，料缸中的铝液通过定模中的风叶型腔，压入转子铁心和压铸模中。

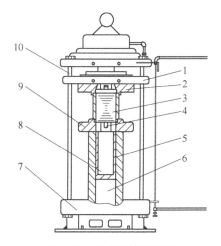

图 3-14　立式压铸机结构

1—压板　2—动模　3—转子铁心　4—假轴　5—石棉带
6—活塞　7—工作台　8—料缸　9—定模　10—立柱

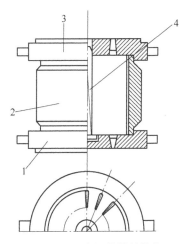

图 3-15　立式压铸模的结构

1—定模　2—中模　3—动模
4—假轴

卧式压铸示意图如图 3-16 所示，压铸机中铸铝模是卧式安放的。它的料缸 4 中有两个活塞，上活塞 5 用以产生浇注压力，下活塞 6 用来封闭浇口和切除余料。压板 1 为水平移动，动模 2 装在压板 1 上。

浇注过程是：先把转子铁心装入中模 9，压板 1 向右移动，铸铝模合模，同时压紧铁心，铝液倒入料缸 4 内，下活塞 6 处于图 3-17a 的位置，不使铝液流入浇口。上活塞 5 下压后，下活塞 6 下降到最低位置，铝液即由浇口 3 射入铸铝模，如图 3-17b 所示。压铸完后，上活塞 5 上升，下活塞 6 也随之上升，自动将余料切除和顶出，如图 3-17c 所示。同时，压板 1 向左移动，取出转子。

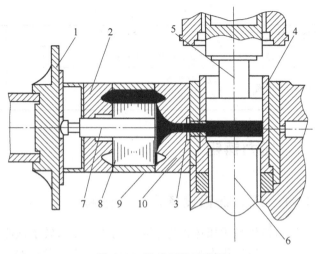

图 3-16　卧式压铸示意图
1—压板　2—动模　3—浇口　4—料缸　5—上活塞
6—下活塞　7—假轴　8—转子铁心
9—中模　10—定模

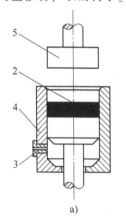
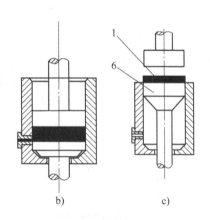

a)　　　　　　　　　　b)　　　　　　　　　　c)

图 3-17　卧式压铸时活塞运动的状况
1—余料　2—铝液　3—浇口　4—料缸　5—上活塞　6—下活塞

卧式压铸模结构如图 3-18 所示。中模 5 和定模 8 固定在压铸机的固定工作台上，动模 2 和动模座 10 固定在活动工作台上，铝液从端环内圈射进型腔。压铸后，浇口和转子一齐退出，在机床外面打掉浇口，压出假轴。

从图 3-18 可知，压铸模的结构和离心铸铝模基本相同，只是由于铝液压力大，压铸时可能把铝液从排气槽中压出，所以一般不开专门的排气槽，而是利用结构的接缝进行排气。此外，上模和下模应该用较好的材料，如墨球铸铁、45 号钢或 3Cr2W8V 合金工具钢。

3.3.2　压力铸铝的工艺特点

压力铸铝时，铝液压射到转子铁心槽和型腔中的速度极高，其充填速度可达 10～

25m/s。压铸时，不像离心铸铝那样铝液有一段流动时间，而是瞬间完成的。因此，铁心和模具均可不必预热。铁心和模具不预热，这就大大减化了操作工艺，改善了劳动条件。此外，由于没有离心铸铝那样复杂的凝固补缩过程，铸铝转子质量稳定，一次合格率高达 99%以上。

压力铸铝的质量，目前存在着以下一些问题：

1）由于压力很大，铝液充满型腔的速度很高，原来在型腔中的空气难于排尽，会在铸件中产生气孔。

2）由于浇口处冷却很快，实际上不能通过它补缩铸件，所以，在铸件较厚的部分（端环）易产生缩孔。

3）转子铁心不预热，槽壁无氧化

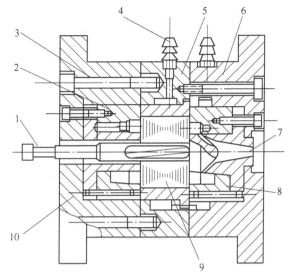

图 3-18 卧式压铸模结构
1—假轴 2—动模 3—导柱 4—水管接头 5—中模
6—静块 7—浇口 8—定模 9—转子铁心
10—动模座

层绝缘，而且，由于压力很大，铝液紧贴槽壁，甚至进入硅钢片间，增大了导条间的泄漏电流，使转子附加损耗大为增加。

压力铸铝时，熔铝、清化过程和离心铸铝相同。由于压铸时压力大，铝液的流动性不是很大问题，铝液温度可以低一些，浇注温度可控制在 650~720℃，比压大时铝液流动性不是很大问题，浇注温度可低些。每次加入料缸里的铝液量必须严格控制，加料过少铸不到，过多则可能飞出伤人。

转子压铸时，应正确选择压射比压、充型速度、压铸温度等工艺参数。这些参数相互之间有一定的关系，一般通过试模确定。表 3-6 为小型电机转子压铸工艺参数。

表 3-6 小型电机转子压铸工艺参数

压射比压/MPa	充型速度/(m/s)	压铸温度/℃	模具温度/℃
45~60	15~25	680~700	180~200

生产中对铝液的填充能力一般用比压表示。比压即在型腔内单位面积上所受的静压力。可按下式计算：

$$p = \frac{4Q}{\pi D^2}$$

式中　Q——压射压力，单位为 N；

　　　D——压射活塞直径，单位为 m。

压力铸铝时应注意保养设备，按工艺守则规定对压铸机进行润滑处理，对料缸进行涂料。

3.3.3　压力铸铝的自动化问题

提高压力铸铝生产效率的途径主要是将压铸前后各道工序尽量实现自动化。当前我国一些电机厂对压铸机在合模、压射、去浇口、退假轴等一系列工作已能自动操作，而自动定量注铝装置是压铸机自动化的关键。根据有关资料介绍，自动定量注铝装置，按其原理大致有以下几种：

1）利用容器倾斜进行注铝。

2）利用空气压力来控制进铝量。

3）利用浇口塞的动作来控制进铝量。

4）利用机械手舀铝。

5）利用电磁泵进行注铝。

其中，以利用电磁泵自动定量注铝装置较为先进，使用也较方便。

3.4 低压铸铝

3.4.1 低压铸铝设备

电机转子低压铸铝装备示意图如图 3-19 所示。

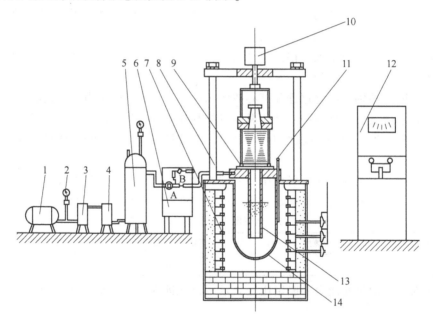

图 3-19 电机转子低压铸铝装备示意图

1—空气压缩机 2—压力表 3—吸尘器 4—吸潮器 5—贮气筒 6—液面加压控制台
7—电炉 8—液压缸支架 9—模具 10—液压缸 11—热电偶 12—电炉温度控制
13—升液管 14—熔铝坩

1. 气源

主要设备是：空气压缩机一台；吸尘器一只，里面充以泡沫塑料；吸潮器一只，里面充以硅胶；贮气筒一个，中间隔以硅胶。

由空气压缩机出来的空气，经吸尘器和吸潮器进入贮气筒，使贮气筒里的压力保持最大充型压力。

2. 液面加压控制系统

主要设备是液面加压控制台。加压、保压时气门 B 关闭，气门 A 打开；放气时气门 A 关闭，气门 B 打开；放气完毕，气门 B 关闭。

3. 保温浇注炉

一般采用井式电炉，三相、380V、30kW。温度可自动调节。熔铝埚是 30mm 厚的铸铁坩埚。

4. 开合模的传动机构

开合模采用液压传动或蜗杆蜗轮传动。

3.4.2 低压铸铝工艺过程

低压铸铝工艺过程基本上可以分为以下四道工序：

1）铝的熔化及模具、铁心准备。低压铸铝时铝的熔化和保温、模具的预热和喷刷涂料、转子铁心的预热和清理等，与离心铸铝基本相同。

2）浇注前的准备工作。包括坩埚的密封（装配密封盖）、升液管的喷刷涂料、测量液面高度、密封试验以及紧固模具等，其中密封试验工作尤其为重要。密封盖密封后，应做一下密封试验，以检查坩埚的密封效果，看是否有严重泄漏，如果漏气严重，应重新密封；对于没有自动控制的加压系统，可以通过密封性试验根据密封情况决定浇注阀的开启程度，以保证正常的加压速度。

3）浇注。浇注包括升液、充型、结晶凝固、放气解压等过程。当铝液表面受压，铝液向升液管内上升，一直到铝液流到铸铝模浇口，这个过程为"升液阶段"。铝液从浇口开始直到注满型腔的过程称为"充型阶段"。铝液注满型腔完成充型后，便进入铝液的"结晶凝固阶段"，转子在外界压力作用下结晶凝固。最后放气解压松开模具。

4）脱用。脱模后，退出假轴，利用转子余热即可进行转轴热套。

3.4.3 工艺参数

1. 最大充型压力

所谓充型压力，是指铝液上升（充型）到模具顶部需要的气体压力。视转子铁心长度而定，当转子确定后，可根据下式计算充型压力值：

$$P = \rho g \mu H$$

式中　H——使铝模上升到模具顶部的总高度，单位为 m；

　　　ρ——铝在浇注温度时的密度，取 $2.38 \times 10^3 \mathrm{kg/m^3}$；

　　　μ——气体管道及模具型腔浇注阻力系数，通常取 1.5～2；

　　　g——重力加速度，为 $9.8 \mathrm{m/s^2}$。

下面是某厂最大充型压力：

$L_2 < 100\mathrm{mm}$ 时，P 为 0.05MPa；

$L_2 = 100 \sim 200\mathrm{mm}$ 时，P 为 0.06～0.07MPa；

$L_2 = 200 \sim 300\mathrm{mm}$ 时，P 为 0.08～0.09MPa；

$L_2 = 300 \sim 400\mathrm{mm}$ 时，P 为 0.10～0.11MPa；

$L_2 = 400 \sim 500\text{mm}$ 时，P 为 0.12MPa。

2. 保压压力

保压的作用是使转子在压力下凝固，并起到补缩作用，一般取最大充型压力。

3. 加压速度

充型速度在低压铸铝中有重要意义，生产中常见的气孔和氧化夹渣，主要是因为充型不良引起的。充型速度的快慢取决于加压速度。加压速度低，铝液还没充满型腔可能就已凝固；反之加压速度过高，由于铝液的飞散而易使转子产生缺陷。加压速度和充型时间、转子铁心以及模具的冷却性能等因素有关，因此，正确地掌握加压速度是获得良好转子的关键。

加压速度值按下式计算：

$$v = P/t$$

式中　P——加到液面上的压力值，单位为 Pa；

　　　t——加压到压力 P 所需要的时间，单位为 s。

操作时用气门 A 的打开速度进行控制，加压速度一般控制在 $0.003 \sim 0.01$MPa/s，最大不宜超过 0.02MPa/s。充型时间取 $4 \sim 10$s。

4. 保压时间

保压时间过短，影响转子的结晶凝固及补缩作用；时间过长，则浇口长度增大，造成材料浪费，具体时间可由试验确定。保压时间一般取 30s～1min。

5. 浇注时的铝液温度

在保证铸铝转子良好成型前提下，尽量采取低温浇注。浇注温度高固然对转子的成型有利，但缩松倾向大，且结晶颗粒粗大，相应地降低了铸铝质量。因此，在保证顺序凝固前提下，希望能尽快地冷却，使铸铝转子在结晶凝固过程中得到较细的晶粒组织。但温度过低可能出现冷隔。浇注时铝液温度一般为 $720 \sim 740$℃。

6. 模具的预热温度

为了达到顺序凝固及合理补缩，下模温度应高于上模温度。例如预热温度，上模为 $250 \sim 300$℃，中模为 $200 \sim 250$℃，下模为 $300 \sim 350$℃。

7. 转子铁心预热温度

从铸造角度来分析，铁心实际相当于铝液浇注过程中模具的一部分，一般铁心预热温度控制在 $450 \sim 550$℃，并保温 $15 \sim 20$min，使温度均匀。

3.4.4　低压铸铝模具

有些工厂用的模具，是用离心铸铝模改装的。即将离心铸铝模倒置扣在升液管上。经多次试验发现上端环有缩孔现象。这是因为铝从液态变为固态时，体积收缩率很大。铸铝时转子铁心槽中的铝液凝固得快，下端环在保压时间内由升液管补充了铝液，因此不会产生缩孔，而上端环凝固时不但得不到铝液的补充，而且还要向槽中补充铝液，故会产生缩孔。为此在上端环上面加一个"补缩帽"，解决了上端环缩孔的问题。铸铝模的结构如图 3-20 所示。

补缩帽用 45 号钢制成，壁很薄（约 $1.5 \sim 2$mm），吸热少，且因空气导热性差，故能起保温作用。补缩帽上的端盖用 $1.5 \sim 2.0$mm 厚的黄铜制成，上面钻有许多 ϕ1mm 的孔以利于排气。铝液只有在充型时喷出少许，以后就不再喷了。盖板用钢板做成，不生锈，故排气孔不易被堵塞。每次脱模后气孔总是畅通无阻。

假轴顶部和补缩帽下端形成"补缩口",补缩口的设计方法和离心铸铝模"内浇口"的设计方法相同。

假轴用 45 号钢制成,顶部有一个较大的孔,填以石棉泥(以石棉粉用食盐水调成),低温烘干后,可以用很长时间。这样可以保证补缩帽下部的铝液不至很快凝固,以提高补缩效果。

假轴下端是光滑的,为便于在铸铝后压出假轴,最下面一段可稍带锥度。转子铁心压装好后用铝销紧固。转子铸铝后,铝销和铝液熔成一体,在油压机上很容易将假轴压出。假轴冷却后,由于铝的收缩率比钢大,在假轴中残余的铝屑很容易取出。

假轴压出,补缩帽也跟着掉出来,然后用切浇口刀将浇口切去。

以上介绍的三种铸铝方法中,离心铸铝目前主要是手工操作,影响铸铝质量的因素很多,较难适应大批量生产的需要;压力铸铝的生产效率

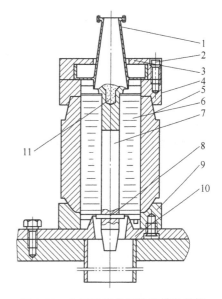

图 3-20 电机转子低压铸铝模的结构
1—薄壁保温补缩帽 2—内六角螺栓 3—上模压板
4—上模 5—中模 6—转子铁心 7—假轴
8—铝销 9—下模(外模) 10—下模(内模)
11—石棉泥

很高,质量稳定,如能实现自动定量进铝及采取措施减少附加损耗,则压力铸铝将成为比较理想的工艺;低压铸铝方法生产的铸铝转子缺陷少,质量好,材料利用率高,但还存在一些问题。由于转子铁心散热快,端环与槽体积相差悬殊,对低压铸造带来不利的因素,升液管的寿命、改善劳动条件、防止事故的发生以及实现浇注自动化等,尚需进一步研究完善。

3.5 减少铸铝转子附加损耗的几项工艺措施

笼型三相异步电动机的附加损耗,对于铜条转子,约为额定功率的 0.5%;对于铸铝转子,约为额定功率的 1%~3%。附加损耗的种类很多,对于铸铝转子,因导条与转子槽之间无绝缘,主要由导条间通过转子齿的泄漏电流所引起,这部分附加损耗约占额定功率的 1%~2%。附加损耗大,使电机效率降低,温升高。为了降低铸铝转子的附加损耗,提高电机的性能指标和经济指标,在工艺上可采取以下一些措施。

3.5.1 冲片磷化处理

磷化处理是用化学或电化学方法,使金属表面生成一种不溶于水、抗腐蚀的磷酸盐薄膜。这种表面磷化膜与金属的结合牢固,有较高的绝缘性能,能耐高温。硅钢片经过磷化处理的磷化膜单面厚度在 0.004~0.008mm 之间,在 1~3MPa 的压力下,表面绝缘电阻可达 $10000\Omega \cdot cm^2$ 以上,并有较高的耐压强度(240V 以上)。电工钢片的磷化膜可在 450℃ 下长期工作,可经受住铸铝时的短时高温。它的缺点是磷化膜的导热性比较差,磷化处理工艺比较复杂。

磷化处理液的配方和工艺如下。

1. 正常法

磷酸锰铁制剂 27~30g/L，磷化液的温度为 95℃，冲片及铁心压装后均需经过去油处理（用甲苯或四氯化碳清洗），然后浸入磷化液中 30~45min，取出经皂化（用 3% 的肥皂水冲洗）、酸蚀（浸入 50% 浓度的工业盐酸中 20s），用大量温水冲洗即可。

磷酸锰铁制剂是一种混和块，分子式为 $n\text{Fe}(\text{H}_2\text{PO}_4)2m\text{Mn}(\text{H}_2\text{PO}_4)^2$，其中 n、m 为铁块与锰块的比例，主要成分（质量分数）：P_2O_5 为 46%~52%，Mn 大于 14%，Fe 为 0.3%~3%，H_2O 为 19% 以下。

2. 加速法

加速法有很多种配方，下面介绍的是正磷酸氧化锌法：

正磷酸 H_3PO_4：40~50g/L；

氧化锌 ZnO：9~10g/L；

硝酸钠 $NaNO_3$：4~5g/L。

工件经去油处理后浸入 95℃ 以上的磷化液中处理 12~15min，然后进行皂化、清洗。配方中硝酸钠的作用是促进反应的进行，并使磷化膜细密。磷化处理前工件去油是保证磷化质量的关键工序。去油的方法可用甲苯或四氯化碳清洗，或用化学去油液在 70~80℃ 的温度下处理 10~20min，至去净油迹为止。化学去油剂的配方为

水玻璃：250g/L；

OP 乳化剂：5~10g/L。

磷化处理所得磷化膜具有多孔性，一般要经过补充加工才有较好的抗蚀力，用作绝缘的磷化膜只进行皂化处理即可。经皂化后磷化膜表面覆盖一层极薄的由铁皂、锰皂或锌皂构成的不溶于水的薄膜，提高了磷化效果。

经磷化处理的转子，可使导条与铁心的接触电阻增加，降低附加损耗。根据某厂试验，Y132M-4 型异步电动机转子经磷化处理后，附加损耗减少 37%，温升和效率也有所改善。

3.5.2 冲片氧化处理

冲片氧化处理的目的和冲片磷化处理相同，工艺和定子冲片氧化处理相同。

3.5.3 脱壳处理

脱壳处理是利用铝和硅钢片的膨胀系数不同的特点，将加热了的转子迅速冷却，使铁心与铝条之间形成微小的间隙，增加接触电阻，以减少附加损耗。

脱壳处理的工艺如下：将铸铝后的转子放在退火炉内加热到 540℃，保持 2~3h，然后取出在空气中冷却，（或在水中浸 7~10s），当转子尚有 200℃ 左右的温度时取出，利用此余热使转子自行干燥。

3.5.4 转子表面烧焙

将铸铝并经精车的转子表面用喷灯烧焙，待铝条快要熔化时，立即放入肥皂水中急剧冷却。烧焙的目的是去掉铁心表面的飞边和粘上的铝屑，以减少附加损耗。

3.5.5 碱洗

用强碱蚀去与转子槽相接触的铝,增加铝条与铁心的接触电阻,以减小附加损耗。碱洗的方法是把转子浸在浓度为 5%、温度为 70~80℃ 的碱性钠溶液中进行腐蚀 1min,然后取出洗净、烘干。

3.5.6 转子槽绝缘处理

铸铝前对转子槽进行绝缘处理,绝缘涂料必须是耐高温的。

试验证明,采取上述措施的任一项,对于降低电机附加损耗都有一定的作用,但目前还缺少这方面大量的定量分析资料。此外,附加措施将显著增加电机的生产费用,因此电机厂在具体采用某一项措施以前,尚需进行综合的技术经济分析。

3.6 铸铝转子的质量问题

铸铝转子质量的好坏直接影响异步电动机的技术经济指标和运行性能。在研究铸铝转子质量问题时,不仅要分析转子的铸造缺陷,而且应该了解铸铝转子质量对电机的效率、功率因数以及起动、运行等性能的影响。

3.6.1 铸铝方法与转子质量的关系

铸铝转子比铜条转子异步电动机的附加损耗增加约 2~6 倍,采用的铸铝方法不同,附加损耗也不同,其中压力铸铝转子电机的附加损耗最大。这是因为压铸时强大的压力使笼条和铁心接触得十分紧密,甚至铝液挤入了叠片之间,横向电流增大,使电机的附加损耗大为增加。此外,压铸时由于加压速度快,压力大,型腔内的空气不能完全排除,大量气体呈"针孔"状密布于转子笼条、端环、风叶等处,致使铸铝转子中铝的比重减小(约比离心铸铝减少 8%),平均电阻增加(约 13%),这样使电机的主要技术经济指标大大下降。离心铸铝转子虽然受各种因素影响,容易产生缺陷(本章 3.2 节),但电机的附加损耗小。低压铸铝时铝液直接来自坩埚内部,并采用较"缓慢"的低压浇注,排气较好;导条凝固时由上、下端环补充铝液,因此低压铸铝转子质量优良。采用不同铸铝方法的铸铝转子电机主要电气性能列表于 3-7 中。

表 3-7　13kW 压力、离心、低压铸铝转子主要电气性能

铸铝方法	温升 /℃	转子损耗 /W	负载电流 /A	空载电流 /A	转差率 (%)
低压铸铝	67	327	24.7	7.8	2.5~2.6
离心铸铝	70.7	359	25.2	7.69	2.6~2.8
压力铸铝	73.1	380	25.3	8.4	2.8

从表 3-7 可见,电气性能以低压铸铝转子最好,离心铸铝次之,压力铸铝最差。

3.6.2 转子质量对电机性能的影响

离心铸铝转子的质量检查及常见缺陷已在本章 3.2 节中介绍过,下面较详细地讨论这些

缺陷产生的原因及其对电机性能的影响，其他铸铝方法的一些质量问题将在叙述中予以简要介绍。

1. 转子铁心重量不够

转子铁心重量不够的原因有：

1）转子冲片飞边过大。

2）硅钢片厚度不匀。

3）转子冲片有锈或不干净。

4）压装时压力小（转子铁心的压装压力一般为 2.5~3MPa）。

由于上述原因，使压装系数降低，因压装时要控制长度，致使减片太多，所以重量不够。

5）铸铝转子铁心预热温度过高，时间过长，铁心烧损严重，使铁心净长减小。

转子铁心重量不够，相当于转子铁心净长减小，使转子齿、转子轭部截面积减小，则磁通密度增大。对电机性能的影响是：励磁电流增大，功率因数降低；电机定子电流增大，定子铜损增大，效率降低；温升高。

2. 转子错片、槽斜线不直

产生转子错片的原因有：

1）转子铁心压装时没有用槽样棒定位，槽壁不整齐。

2）假轴上的斜键和冲片上键槽间的配合间隙过大。

3）压装时的压力小，预热后冲片飞边及油污被烧去，使转子片松动。

4）转子预热后在地上乱扔乱滚，转子冲片产生角位移。

以上缺陷将使转子槽口减小，转子槽漏抗增大；导条截面积减小，导条电阻增大。并对电机性能产生如下影响：最大转矩降低；起动转矩降低；满载时的电抗电流增大，功率因数降低；定子、转子电流增大，定子铜损增大，转子损耗增大，效率降低；温升高；转差率大。

3. 转子斜槽宽大于或小于允许值

斜槽宽大于或小于允许值的原因，主要是转子铁心压装时没有采用假轴上的斜键定位，或假轴设计时斜键的斜度尺寸超差。

对电机性能的影响是：

1）斜槽宽大于允许值时，转子斜槽漏抗增大，电机总漏抗增大；导条长度增加，导条电阻增大，对电机性能影响同第 2 项。

2）斜槽宽小于允许值时，转子斜槽漏抗减小，电机总漏抗减小，起动电流大（因为起动电流与漏抗成反比）。此外，电机的噪声和振动大。

4. 转子断条

产生断条的原因是：

1）转子铁心压装过紧，铸铝后转子铁心胀开，有过大的拉力加在铝条上，将铝条拉断。

2）铸铝后脱模过早，铝液未凝固好，铝条由于铁心胀力而断裂。

3）铸铝前，转子铁心槽内有夹杂物。

4）单冲时转子冲片个别槽孔漏冲。

5）铝条中有气孔，或清渣不好，铝液中有夹杂物。

6）浇注时中间停顿。因为铝液极易氧化，先后浇入的铝液因氧化而结合不到一起，出现"冷隔"。

转子断条对电机性能的影响是：如果转子断条，则转子电阻很大，所以起动转矩很小；转子电阻增大，转子损耗增大，效率降低；温升高；转差率大。

5. 转子细条

产生细条的原因是：

1）离心机转速过高，离心力太大，使槽底部导条没有铸满（抛空）。

2）转子槽孔过小，铝液流动困难（遇此情况应适当提高铁心预热温度）。

3）转子错片，槽斜线不成一直线，阻碍铝液流动。

4）铁心预热温度低，铝液浇入后流动性变差。

转子细条，转子电阻增大，效率降低；温升高；转差率大。

6. 气孔

产生气孔的主要原因是：

1）铝液清化处理得不好，铝液中含气严重，当浇注速度太快或排气槽过小时，模型中气体来不及排出（压力铸铝尤为严重）。

2）铁心预热温度过低，油渍没有烧尽即进行铸铝，油渍挥发在铸铝中形成气孔。

3）在低压铸铝时，如果升液管漏气严重，则通入坩埚的压缩空气会进入升液管，与铝液一齐跑入转子里去而形成气孔。

气孔对电机性能的影响同第 5 项。

7. 浇不满

浇不满的原因主要有：

1）铝液温度过低，流动性差。

2）铁心、模具预热温度过低，铝液浇入后迅速降温，流动性变差。

3）离心机转速太低，离心力过小，铝液充填不上去。

4）浇入铝液量不够。

5）铸铝模内浇口截面积过小，铝液过早凝固，堵住铝液通道。

如果铸铝时出现浇不满的缺陷，也将使转子电阻增大，对电机的影响同第 5 项。

8. 缩孔

出现缩孔的原因主要有：

1）铝液、模具、铁心的温度搭配不适当，达不到顺序凝固和合理补缩的目的。如果上模预热温度过低，铁心预热温度上、下端不均匀，使浇口处铝液先凝固，上端环铝液凝固时得不到铝液补充，造成上端环缩孔。因为缩孔总是产生在铝液最后凝固的地方。

2）模具结构不合理。例如，内浇口截面积过小或分流器过高，使铝液在内浇口处通道增长，内浇口处铝液先凝固，造成补缩不良，会使上端环出现缩孔。又如，模具密封不好或安装不当造成漏铝液，则使得浇口处铝液量过少，无法起到补缩作用，也容易造成缩孔。

缩孔将使转子电阻增大，对电机性能的影响同第 5 项。

9. 裂纹

铸铝转子裂纹主要是由于转子冷却过程中产生的铸造应力超过了铝导条当时（指产生裂纹的瞬间）的材料极限强度而产生的。铸铝转子的裂纹大多是径向的。裂纹有热裂纹和冷裂纹之分：热裂纹是结晶过程中高温下产生的；冷裂纹是已凝固的铝在进一步冷却过程中产生的。产生裂纹的主要原因有：

1）工业纯铝中杂质含量不合理。工业纯铝中常有的杂质是铁和硅，大量实验分析证实，硅、铁杂质含量比对裂纹的影响很大，即硅、铁比在 1.5~10 之间时容易出现裂纹。

2）铝液温度过高（超过 800℃）时铝的晶粒变粗，延伸率降低，受不住在冷凝过程中产生的收缩力而形成裂纹。

3）转子端环尺寸设计不合理（厚度和宽度之比小于 0.4）。

4）风叶、平衡柱和端环连接处圆角过小，因铸造应力集中而产生裂纹。

10. 铝的质量不好或回炉废铝用量过多

铝的纯度不够时电导率降低，使转子电阻增大，对电机性能的影响同第 5 项。如果使用过高纯度的铝锭，则转子电阻减小，电机的起动转矩低（因为起动转矩近似与起动时转子电阻成正比）。

3.7 焊接笼型转子的制造工艺

3.7.1 焊接笼型转子的技术要求

1）导条和端环接头处要有足够多的接触面积，以免在起动、运转时此处过热。

2）导条和端环的焊接一定要焊透、焊牢，要有较大的过渡面。如果达不到会使绕组的机械强度降低和转子电阻增大。

3）助焊剂不应对绕组有腐蚀作用。

4）焊接时要保证铁心绝缘不被损坏。

5）导条应平直，以便穿入铁心。

3.7.2 焊接笼型转子的工艺过程

1. 焊接和助焊剂的选择

铜材料的笼条应采用不同焊料。纯铜导条一般采用铜磷焊料，如焊料 204，这种焊料具有良好的流动性和导电性，并且磷是很好的去氧剂。钎焊纯铜时不需助焊剂，但钎焊黄铜时，因磷不能还原锌而易生成脆性的磷化锌，所以，会使接头性能变坏。在铜磷焊料中加入银，可明显地改善焊料的润湿能力，提高其强度和塑性，降低熔点，可用它代替含银较多的焊料。材质为黄铜或青铜等铜合金的起动导条一般采用银焊料钎焊，焊料牌号为 303，见表 3-8。银焊料是银铜锌的合金，有时也加入镉、镍、锰等，主要是为了改善它的工艺和力学性能。助焊剂一般采用缩水硼砂（$Na_2B_4O_7$）或 1/3 的硼砂加 2/3 的四氧硼酸钾。

2. 钎焊工艺过程

以双笼型转子为例，叙述以下笼型转子焊接工艺过程：

1）下料后要校直，端环可采用黄铜和纯铜，经车、钻孔和铣槽制成。

2）导条弯曲时，不能强行打入槽内，此事容易产生内应力，会在电机运动或运行中引起断条。导条和端环接头间隙应在 0.1~0.2mm。

3）黄铜导条不能直接对着加热源，因它从固态变到液态时间短，没有塑性过渡，容易烧坏。黄铜中锌的沸点低，易蒸发，锌的损坏会降低接头的机械强度和抗腐蚀性。

表 3-8　钎焊料的成分和性能

| 牌号 | 主要成分（质量分数）（%） | | | | 熔点/℃ | | 电阻率 /(Ω·m) | 抗拉强度 /MPa | 密度 /(g/cm³) | 用　途 |
	Ag	Cu	Zn	P	固相线	液相线				
HL201		92		8	710	800	0.28×10^{-6}	165	8.2	钎焊不受冲击载荷的铜和黄铜件
HL204	15	80		5	640	815	0.12×10^{-6}	190	8.3	导电性能较好，钎焊铜、黄铜等受冲击、振动载荷较小的零件
HL303	45	30	余量		660	725	0.097×10^{-6}	322	9.1	钎焊受冲击载荷的铜及铜合金件
HL307	69	25	6		730	755	0.025×10^{-6}	350	9.3	导电性好，钎焊铜和黄铜件

3.8　焊接笼型转子的质量分析

3.8.1　焊接笼型转子的质量检查

焊接笼型转子主要检查外观、尺寸和内部质量。外观看是否有倒齿，导条和端环表面是否有裂纹，焊接表面是否有气孔等缺陷。尺寸应按图样要求检查铁心直径和高度、导条伸出铁心的长度，内端环和外端环的距离等。内部质量的检查包括检查转子电阻杂散损耗和焊接质量。转子电阻和杂散损耗可用损耗分析法测出。另外，也可用转子断条检查器和微欧表测量导条有效电阻的方法，准确测出焊点的缺陷。当焊接笼型转子在结构、工艺或材料上有重大变化时，才需进行破坏性检查，如对焊接接头的力学性能试验、转子的寿命试验等，其目的是为了检查焊接笼型转子的力学性能、电气性能和焊接质量。

3.8.2　焊接笼型转子的质量分析

1）焊缝未焊透。其主要原因是部件表面不干净，加热温度不够，焊料流动性差；助焊剂未起作用，焊接件间隙过大或过小；焊接速度太快。

2）夹渣是夹在焊缝中的一些熔渣或氧化物杂质。夹渣对焊缝的紧密性与均匀性具有破坏作用，同时会降低接头的机械强度，也会使应力集中，产生裂纹。

3）气孔。主要产生原因是助焊剂或焊料潮湿，焊缝中有气体析出；钎焊时温度过高，零件烧熔，焊缝过热。铜在液态能溶解较多的氢气，冷却和凝固太快，氢来不及逸出则形成气孔。

4）裂纹。其主要原因是焊接操作有误，使接头处存在内应力。另外气孔、夹渣等质量问题，也会导致裂纹的出现。

复 习 题

3-1 铸铝转子和焊接笼型转子比较有哪些优点？

3-2 铝中的主要杂质是什么？它们的含量对铝的物理性能和力学性能有何影响？

3-3 离心铸铝的浇注方法有几种？

3-4 离心铸铝的基本原理是什么？其转速如何确定？

3-5 离心铸铝常见的缺陷及防止措施有哪些？

3-6 试述压力铸铝的工艺特点。

3-7 简述转子低压铸铝的工艺过程。

3-8 转子低压铸铝与压力铸铝有何区别？

3-9 焊接笼型转子为何应采用硬钎焊？产生焊接裂纹的原因有哪些？

第4章

电机绕组的制造工艺

绕组是电机的关键部件。电机的寿命和运行可靠性主要取决于绕组的制造质量,而绝缘材料与结构的选择、线圈制造过程中绝缘处理的质量是影响绕组制造质量的关键因素。因此,为了保证绕组的制造质量,必须完全掌握线圈制造、绕组嵌装和绝缘处理的工艺要领、工艺参数和工艺经验。

4.1 电机绕组的分类

电机绕组的结构形式很多,分类方法也各不相同。

4.1.1 按电压等级分类

按电压等级可以分为高压绕组和低压绕组。在我国,对于交流电机,高压绕组是指电压等级在 3kV 及以上的各种交流定子绕组;其他小型电机的定子绕组、磁极绕组,以及直流电机的电枢绕组等,都属于低压绕组。

4.1.2 按绕组在电机上的位置分类

按绕组在电机上的位置可分为定子绕组和转子绕组,常见的结构形式分类见表4-1。当然,表4-1的分类方法也不是绝对的,有时也有例外,如小型同步电机上也有把磁极绕组放在定子上,而把原来的定子绕组放在转子上的。

4.1.3 电机绕组按其用途分类

绕组按用途可分为电枢绕组和磁极绕组。电枢绕组根据结构和制造方法的不同,可分为软绕组(散嵌绕组)和硬绕组(成型绕组)。

软绕组按嵌装方法的不同,可分为嵌入式绕组、绕入式绕组和穿入式绕组。嵌入式绕组是最常见的类型,其下线方式是将多匝线圈经槽口分散嵌入铁心槽内。绕入式绕组则是将绝缘圆导线直接绕入铁心槽内。当铁心为闭口槽或为半闭口槽,但槽口宽度小于所嵌线径时,只能采用穿入式绕组。穿入式绕组需将导线从槽的两端逐根穿入,穿线工作量大,只用于匝数少的特种电机。

硬绕组由绝缘扁线或导条制造的成型线圈组成,根据嵌装方法的不同,可分为嵌入式和插入式。嵌入式绕组铁心为开口槽或半开口槽,绕组元件为多匝或单匝成型线圈。多匝成型线圈用于开口槽时。一般已包好对地绝缘，并经绝缘处理，如图 4-1a 所示。当用于半开口槽时，线圈由双股绝缘扁线并绕成型，称为分片嵌绕组。嵌线时分开入槽，并在槽内拼合，如图 4-1b 所示。

表 4-1　电机绕组分类

	定子绕组			转子绕组			
	分类	线圈形式		分类		磁极绕组	线圈形式
交流电机	小型同步发电机 小型同步电动机 小型异步电动机	散嵌式		同步电机	凸极	磁极绕组	等距的
						阻尼绕组	导条式
					隐极	磁极绕组	不等距
	大型同步发电机 大型同步电动机 大中型异步电动机	成型式	全圈式	异步电机	绕线转子		插入式
						嵌入式	散嵌
							成型
			半圈式或导条式		笼型		铜条
							铸铝
直流电机	磁极绕组	绝缘导线绕制的		电枢绕组		单圈	波绕
							叠绕
							蛙绕
		光导线绕制的	平绕			多圈	波绕
			叠绕				叠绕
	补偿绕组	条式		均压线		单圈式	

单匝成型线圈分全圈式或半圈式两种。全圈式多用于中型直流电机，如图 4-2a、b 所示；半圈式多用于大型汽轮发电机和水轮发电机，如图 4-2c、d 所示。一般单匝成型线圈有大的导体截面，由多股绝缘扁导线组合，并在特制的模具或成型设备上弯制而成。3000kW 以上的大型发电机，由于导体特别大，槽内漏磁场将引起导体内电流分布不均，使绕组损耗增大，为了克服这一缺点，线圈常用多股绝缘扁导线换位编织而成。

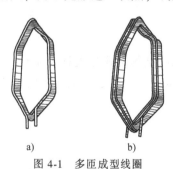

图 4-1　多匝成型线圈

a）用于开口槽　b）用于半开口槽

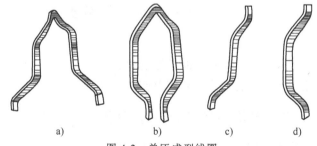

图 4-2　单匝成型线圈

插入式硬绕组，铁心为闭口槽或半闭口槽，绕组元件为半圈式线棒。其用于绕线电机转子时，线圈由裸铜条弯制后敷以绝缘，如图 4-3 所示。铜条先弯好一端，另一端待插入槽后再弯形。

异步电机焊接笼型绕组、同步电

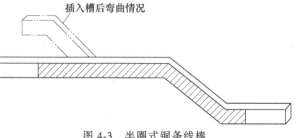

图 4-3　半圈式铜条线棒

机的阻尼绕组或起动绕组，以及大型直流电机的补偿绕组也都采用插入式绕组。

磁极绕组安装在磁极铁心上，可分为绝缘圆导线绕制的及带状导线绕制的两种。绝缘圆导线绕制的如图 4-4a 所示。带状导线绕制的又可分为平绕（宽边弯绕，见图 4-4b）和扁绕（窄边弯绕，见图 4-4c、d）。

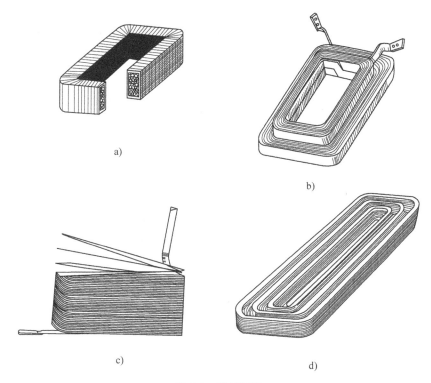

图 4-4　磁极绕组

a）绝缘圆导线绕制的主磁极绕组　b）带状导线绕制的主磁极绕组
c）凸极同步电机的磁极绕组　d）隐极同步电机的磁极绕组

4.1.4　绕组按工艺的角度分类

绕组按工艺的角度可分为：单圈（包括半圈）的，如交流大型电机定子绕组、直流电机电枢绕组、插入式转子铜排、补偿绕组、均压线、阻尼绕组等；多圈的，包括散嵌的和成型的绕组；集中绕组，包括各种磁极绕组等。

4.2　电机绕组的常用材料

4.2.1　电磁线

电机绕组用的导电金属主要是高纯度的铜和铝。为适应匝间绝缘的需要，绕组用的铜和铝大多制成表层有绝缘层的导线，称为电磁线。电磁线种类很多，按其截面形状，可分为圆线、扁线和带状导线；按其绝缘层的特点和用途，可分漆包线、绕包线和特种电磁线等。

1. 漆包线

漆包线的性能一般由漆膜所决定，大致包括以下几项性能：

1）机械性能。漆膜应耐刮，有弹性和柔软性及一定的伸长率，以保证绕线、嵌线、张形、整形时漆膜能承受摩擦、弯曲、拉伸和压缩而不至损伤。

2）电性能。主要是漆膜在干燥和潮湿条件下有良好的耐电压击穿性能，即符合国家标准规定。对高频、高压电机用漆包线，要求漆膜损耗角正切（$\tan\delta$）要小。另外对 $\phi0.5mm$ 以下的漆包线，针孔数是评价其电性能的一项重要指标。

3）热性能。包括漆膜的软化击穿、热老化和热冲击性能。软化击穿性能表示漆膜在一定压力下的耐热变形的能力；热老化性能反映漆膜经受较短时间的热作用后，保留一定弹性的能力；热冲击性能是反映漆膜在烘焙、浸渍过程中或过载运行时，承受热冲击而不至破裂的能力。

4）化学性能。表示漆膜承受酸、碱、盐雾、有机溶剂或制冷剂等化学物品浸蚀的能力。

电机绕组常用的漆包线见表4-2。

表 4-2　电机绕组常用的漆包线

类型	型号	耐热等级	主要特性	用途
缩醛漆包线	QQ—圆铜线 QQB 扁铜线 QQL—$\frac{1}{2}$圆铝线 QQLB 扁铝线	E	耐刮性、耐热冲击性好，耐水解性较好，但漆膜受卷绕力易产生裂纹	普通中小型电机绕组
聚酯漆包线	QZ—$\frac{1}{2}$圆铜线 QZB 扁铜线 QZL—$\frac{1}{2}$圆铝线 QZLB 扁铝线	B	在干燥和潮湿条件下，耐电压击穿性能好；软化击穿性能也好。但耐水解性较差，耐热冲击性一般，与聚氯乙烯、氯丁橡胶等含氯高分子化合物不相容	普通中小型电机及湿热带电机绕组
聚酯亚胺漆包线	QZY—$\frac{1}{2}$圆铜线 QZYB 扁铜线	F	耐热冲击性能及在干燥和潮湿条件下耐电压击穿性能好。软化击穿性能较好，但在含水密封系统中易水解，与聚氯乙烯、氯丁橡胶等含氯高分子化合物不相容	高温电机
聚酰胺酰亚胺漆包线	QXY—$\frac{1}{2}$圆铜线 QXYB 扁铜线	H	耐刮性、耐热性、耐腐性、耐热冲击、软化击穿性能以及在干燥和潮湿条件下耐电压击穿性能均好，但与聚氯乙烯、氯丁橡胶等含氯高分子化合物不相容	高温重负荷电机，牵引电机，致冷电机绕组，密封式电机绕组
聚酰亚胺漆包线	QY—$\frac{1}{2}$圆铜线 QYB 扁铜线	H	耐热性、耐热冲击及软化击穿性能好；耐低温性、耐辐射性好；耐溶剂及化学腐蚀性好，但耐碱性差，在含水密封系统中易水解，漆膜受卷绕力易产生裂纹	耐高温电机绕组

注：漆包线型号中："1"代表薄绝缘，"2"代表厚绝缘。

2. 绕包线

绕包线可分为玻璃丝包线、薄膜绕包线和纸包线。

1) 玻璃丝包线是用无碱玻璃丝绕在裸导线和漆包线上，并经胶粘绝缘漆浸渍烘焙而成。

2) 薄膜绕包线主要有聚酯薄膜绕包线、聚酰亚胺薄膜绕包线和玻璃丝包聚酯薄膜绕包线。

3) 纸包线主要有普通纸包线，常用于油浸变压器线圈。近年来，还开发了耐高压的云母纸包线和耐高温的聚芳酰胺纸包线，主要用大型高压电机的绕组中。

电机绕组常用的绕包线见表 4-3。

表 4-3　电机绕组常用的绕包线

名称及型号	耐热等级	特　　性
双玻璃丝包扁铜（铝）线[SBE(L)CB]，单玻璃丝包聚酯漆包扁铜（铝）线[QZSB(L)CB]，双玻璃丝包聚酯漆包铜（铝）线[QZSBE(L)CB]	B	过负载性、耐电晕性好，但弯曲性、耐潮性较差
单玻璃丝包聚酯亚胺漆包扁铜线[QZYSBFB]，双玻璃丝包聚酯亚胺漆包扁铜线[QZYSBEFB]	F	过负载性、耐电晕性、耐潮性好，但弯曲性较差
硅有机漆双玻璃丝包圆铜线[SBEG]，硅有机漆双玻璃丝包扁铜线[SBEGB]	H	过负载性、耐电晕性好，可改进耐水、耐潮性能，但弯曲性、粘合能力及机械强度较差
单玻璃丝包聚酰亚胺漆铜线[QYSBGB]，双玻璃丝包聚酰亚胺漆包扁铜线[QYSBEGB]	H	过负载性、耐电晕性及防潮性好，但弯曲性较差

3. 特种电磁线

特种电磁线是适用于某种特殊环境的绝缘结构和性能的导线。例如，漆包铜导体聚乙烯绝缘尼龙护套耐水绕组线（SQYN），绞合铜导体聚乙烯绝缘尼龙护套耐水绕组线（SJYN），耐冷却剂漆包线（QNF），中频绕组线（QZJBSB）等。

4.2.2　常用绝缘材料

绝缘材料是一种电阻率很高的材料，流过其中的电流小到可以忽略不计。在应用上，材料的电阻率大于 $10^7\Omega\cdot m$ 的，都称为绝缘材料。

在电机中通过绝缘材料把导电部分与不导电部分隔开，或者把不同电位的导电体隔开。

绝缘材料在电机制造中占有重要地位：一方面，绝缘材料在价格上较贵；另一方面，绝缘材料大部分是有机材料，其耐热性比导电体、铁心等要差得多，寿命短，这就使它直接影响和决定了电机的质量、寿命和成本。

1. 对绝缘材料性能的一般要求

不同的绝缘材料具有不同的性能，是由它们的化学成分和结构决定的。绝缘材料的性能主要是电气性能、力学性能和物理化学性能，综述如下：

1) 绝缘强度。绝缘强度也称击穿电场强度、击穿强度。它是指绝缘材料被"击穿"而丧失绝缘能力时的电场强度，其单位为 kV/mm。

绝缘材料的绝缘强度是考核绝缘材料电气性能的一个重要指标。击穿单位厚度绝缘材料时所加的电压称为击穿电压。

由于绝缘材料的击穿与散热条件有关，故温度对绝缘强度的影响很大，温度越高，绝缘强度越低。此外，材料中水分、电压作用时间、电场的均匀性和电压交变频率等均影响绝缘材料的绝缘强度。

在研究绝缘材料在电场中的性质时，称绝缘材料为电介质。绝缘强度是反映电介质抗电能力的一个指标。电介质在较低电压下基本上是不导电的，因为电介质内部并不像一些金属导体那样，电荷可以自由移动。但当外电压足够高时电介质内部就要发生变化，绝缘性能会丧失而转变为导电体，这就是击穿现象。击穿导致电介质被破坏。很明显，电介质的绝缘强度越高，它的耐电压的能力越强。

2）绝缘电阻。电介质的导电能力极差，但是并不是绝对不导电的，在一定电压作用下，总有一些微小电流流过。因此，电介质仍然存在一个电阻大小的问题。与金属导体不同的是，它的电阻数量级要大得多，故称为绝缘电阻，以 MΩ 为单位。

同一种材料，温度不同或材料表面质量（水分或污物）不同，对绝缘电阻都有较大的影响。随着温度增加，材料内原子和电子的活动加剧，活动的电荷也就稍微多一些，因此绝缘电阻将减小。另外，因为水是导电的，绝缘材料受潮后，表面电阻也将明显降低。

3）耐热性。由于电机在运行时不可避免地因能量损失而发热，因此使用的绝缘材料必须具有一定的耐热性。绝缘材料的耐热性直接决定了电机的允许温升。

按照耐热性划分绝缘材料的等级是绝缘材料的最重要的分级方法，后面将详细说明。

4）吸水性。水分对于绝缘材料是有害的，它降低了绝缘材料的绝缘强度。材料的吸水能力与材料结构有关。吸水性的确定方法是将一定标准的被试材料放在（20±2）℃的蒸馏水中浸泡 24h，测定其吸收水分的多少。令浸水前重量为 G_1，浸水后重量为 G_2，则吸水性为

$$W = \frac{G_2 - G_1}{G_1} \times 100\%$$

5）黏度和酸值。对液体绝缘材料（如绝缘漆）尚需规定黏度和酸值。

黏度是指液体材料的黏稠程度，它决定了材料的流动性。黏度太大，流动性差，使用时（如浸漆时）就不易填满所有小缝隙；黏度太小，则漆流得太快，线圈浸完取出后大部分漆都流掉，不能保证线圈表面形成足够厚的漆膜。

酸值用来表示液体材料的酸性，即含酸量的多少。一般绝缘材料都是有机碳氢化合物，在外界条件（光、电场、热等）作用下，容易部分起化学变化而生成有机酸。尽管酸性很小，但对金属和绝缘材料有一定腐蚀作用，从而影响电气性能，所以酸值必须控制在一定数值以下。酸值以中和 1g 被试物的有机酸含量所需氢氧化钾（KOH）的毫克（mg）数来表示。例如 1032 漆的酸值为 5~10mg/g。

6）介质损耗。绝缘材料在直流电压作用下，由于存在着泄漏电流，它将引起电介质发热，损耗一部分能量。在交变电压作用下，情况更复杂，它不仅存在着泄漏电流引起的能量损耗，还有由于电场的交变引起的附加能量损耗。介质损耗，主要是指绝缘材料在电场作用下，由于漏电和极化等原因产生的能量损耗。

工程上，常用介质损耗角的正切 tanδ 来表示介质损耗大小，衡量绝缘材料质量的好坏。损耗角 δ 是电压通过介质的电流相位角余角（如果没有介质损耗时，通过电介质的电流领先电压 90°，相当于一个理想电容；但实际上由于有介质损耗的存在，电流与电压之间的相位

差将小于 90°。此时，电流与电压相量之间夹角即为 δ）。$\tan\delta$ 值的测量方法，可用专门仪器——西林电桥来测量。

介质损耗不但与电介质的极化、导电性能及电介质不均匀性等有关，还与外界条件，如温度、电压、频率及水分等因素有关。

介质损耗不仅消耗掉能量，而且引起绝缘材料发热并促使其老化，所以希望电机绝缘材料应具有尽可能小的 $\tan\delta$ 值。这不但要从材料选择使用上考虑，而且在电机制造上要提高工艺质量，防止受潮等都是需要特别重视的方面。

7）介电常数。绝缘材料的相对介电常数 ε_r，表示在交变电场作用下绝缘材料内部电荷移动的情况，即介质极化程度。一般情况下，ε_r 随电场频率增高而逐渐下降；随绝缘材料吸湿而增大；温度对极化有影响，ε_r 在某一温度出现峰值。

在高压电机制造时必须考虑材料介电常数，以使复合材料中每种绝缘材料合理地承担电压。几种材料的 ε_r 值见表 4-4

表 4-4　几种材料的 ε_r 值

材料	空气 （$9.8×10^4$Pa）	云母	聚酯薄膜	聚酰亚胺薄膜	玻璃丝	沥青	环氧树脂
ε_r	1.00058	6~6.7	3.2	3~4	1.8~2	2.5~3	3~3.5

另外，由于空气的绝缘电阻很高，同时空气的介电常数与真空的极为接近，远比一般材料的 ε_r 小，因此，在高压交流电机定子线圈的绝缘与定子槽底之间的空气隙中，以及绝缘结构内部的气孔中往往承受高电压。因而，这些地方电场强度过高，空气在很强的电场作用下将出现局部游离，同时伴随发出较暗的蓝光。这就是电晕现象。空气游离将产生臭氧（O_3）和二氧化氮（NO_2）等气体，它们很容易腐蚀绝缘材料，使它发生化学变化，绝缘性能逐渐变坏，以至最后电机不能工作。这就是绝缘老化。因此，高压电机（如 10kV 以上的电机）定子线圈的绝缘在制造过程中必须进行严格的真空浸胶及烘压处理，其目的就是尽可能去除绝缘层间的空气隙。线圈表面涂漆、槽底加垫条等都是为了排除线圈表面与铁心之间的空气隙，以免过高的电场加在这些空气上，产生不利于绝缘的电晕现象。

8）机械强度。绝缘材料作为电机的绝缘或结构零件，在使用过程中经常受到各种力的作用，如拉、压、弯、剪、冲击等，因而相应提出抗拉、抗压、抗弯、抗剪和抗冲击等方面的指标要求。

绝缘材料还有一些特殊的性能要求，如耐溶剂性、耐油性、渗透性等，这里不一一介绍，可在有关标准中查到。

2. 常用绝缘材料的种类、牌号和性能

电机中使用的绝缘材料的种类是很多的，可按下面三种方法进行分类。

按绝缘材料的形态可分为固体、液体和气体三种。

按绝缘材料的化学成分可分为由碳氢化合物组成的有机绝缘材料和由各种氧化物组成的无机绝缘材料（玻璃、陶瓷、云母、石棉等）。

按绝缘材料的耐热水平可分为 Y、A、E、B、F、H、C 七个等级。每一耐热等级对应一定的最高工作温度（见表 4-5），在这个温度以下能保证绝缘材料长期使用而不影响其性能。

表 4-5　绝缘材料的耐热等级和极限温度

耐热等级	最高工作温度/℃	耐热等级	最高工作温度/℃
Y	90	F	155
A	105	H	180
E	120	C	>180
B	130		

绝缘材料的编号方法，规定以 4 位数表示，如 1032、3230 等。4 位数字的意义如下：

左起第 1 位数字表示绝缘材料的分类。例如，1 表示绝缘漆、树脂和胶类；2 表示绝缘浸渍纤维和薄膜类；3 表示绝缘层压制品类；4 表示绝缘压塑料类；5 表示绝缘云母制品类。

左起第 2 位数字表示同类材料的不同品种。例如，第 1 类材料中，0 和 1 表示浸渍漆；2 表示覆盖漆；3 表示瓷漆；4 表示胶粘漆和树脂；6 表示硅钢片漆；7 表示漆包线漆；8 表示胶类。又如，第 2 类材料中，0、1、2 表示棉纤维布；4、5 表示玻璃纤维漆布；6 表示半导体漆布和粘带；7 表示漆管；8 表示薄膜；9 表示薄膜制品。

左起第 3 位数字表示材料的绝缘等级，如 1 表示 A 级，2 表示 E 级，3 表示 B 级，4 表示 F 级，5 表示 H 级，6 表示 C 级。

最后 1 位数字表示材料序号，即表示同类绝缘材料在配方、成分及性能上的差别。例如，1032 和 1031 漆同属 B 级绝缘浸渍，但 1032 为三聚氰胺醇酸漆，1031 为丁基酚醛醇酸漆。

绝缘材料制品有下面几类。

1）纤维制品。主要指的是布、绸、纸等，在电机上主要用于包扎线圈或作衬垫绝缘。这类材料很少单独使用，而是将它浸渍处理后制成漆布（绸）等使用。

用醇酸漆或油溶性漆浸渍的布（绸）呈黄色，称为黄漆布、黄漆绸，它耐油性好。用沥青漆浸渍的布（绸）呈黑色，称为黑漆布、黑漆绸，耐油性较差，电性能较好。

目前这些漆布（绸）由于绝缘等级和材料来源的限制，已逐渐被玻璃布所代替。

在电机绝缘中最常用的绝缘纸是青壳纸。青壳纸也称薄钢纸。它是由纸类经氯化锌溶液处理而成，广泛用来作电机槽绝缘。青壳纸具有良好的抗张强度（例如厚度为 0.4mm 以下的青壳纸，纵向为 90~140MPa，横向为 35~40MPa）；绝缘强度可达 11~15kV/mm；但抗吸水性较差。

随着石油化学工业的发展，青壳纸已被聚酯纤维纸、芳香族酰胺纤维纸等代替。它们质地柔软，不怕弯折；强度高，电性能很理想。

2）玻璃纤维制品。玻璃纤维是由熔融的玻璃块快速拉成的极细（5~7μm）的丝。在电工中用的都是含碱量在 2% 以下的无碱玻璃纤维。这样细的丝，使玻璃固有的脆性变柔软，抗张强度大大提高（远较天然纤维为高）。

玻璃纤维是无机材料，具有不燃性和相当高的耐热性，采用不同的黏合剂，可用于 E、B 甚至 H 级绝缘的电机。玻璃纤维材料来源广泛，可代替天然纤维而节省大量的棉、麻、丝、绸。

在小型电机绝缘中，应用最广泛的有玻璃漆布（用作槽绝缘和相间绝缘）及玻璃漆管（用作导线连接的保护绝缘）两种。

玻璃漆布（管）是由电工用无碱玻璃布（管）浸以绝缘漆经烘干而成。当浸以油性清漆时可当作 E 级材料，当浸以醇酸清漆时可当作 B 级材料。玻璃漆布的主要性能见表 4-6。

玻璃漆管的技术要求见表 4-7。

表 4-6　玻璃漆布的主要性能

牌号		2412(E)			2432(B)		
名称		油性玻璃漆布			醇酸玻璃漆布		
厚度/mm		0.11	0.15	0.20	0.11	0.15	0.20
抗张力/kgf	径向	10.0~22.0	15.0~32.0	22.0~35.0	10.0~22.0	15.0~32.0	22.0~35.0
	沿径向 45°角	5.0~12.0	8.0~14.0	11.0~18.0	5.0~12.0	8.0~14.0	11.0~18.0
击穿电压/kV	常态	4.4~6	5.7~9	7.7~12	5.3~9	6.6~10	9.8~12
	热态	2.2~5 (105℃)	3.2~8 (105℃)	4.2~12 (105℃)	2.4~6 (130℃)	3.4~6 (130℃)	3.4~6 (130℃)
	受潮后	2.2~3	3.4~6	4.4~9	2.4~5	3.5~7	4.6~7
体积电阻率 /(Ω·cm)	常态	10^{12}~10^{14}			10^{12}~10^{14}		
	热态	10^9~10^{11}(105℃)			10^9~10^{10}(130℃)		
	受潮后	10^{10}~10^{12}			10^{10}~10^{11}		

注:kgf 为非法定计量单位,1kgf=9.80665N(后同)。

表 4-7　玻璃漆管的技术要求

牌号		2714(E)	2730(B)
名称		油性玻璃漆管	醇酸玻璃漆管
耐油性	在 105℃浸入变压器油中,漆膜不应产生破裂或脱离漆管	8h	24h
耐热性	加热后经缠绕后漆膜不应脱开或产生裂口	(105±2)℃ 24h	(130±2)℃ 24h
击穿电压/kV	常态时	>5	5~7
	弯曲时	>2	2~6
	受潮时	>2.5	2.5~5

3) 薄膜与复合薄膜制品。目前我国大量生产和应用的是聚酯薄膜。聚酯薄膜的原料是由对苯二甲酸乙二醇酯缩聚而成的聚酯树脂。它是由两种有机化合物——酸和醇类进行缩聚反应而形成的。聚酯薄膜一般作为 E 级绝缘材料,其性能见表 4-8。

表 4-8　聚酯薄膜与聚酰亚胺薄膜的基本性能

牌号		2820(E)	<6050>工厂牌号
名称		聚酯薄膜	聚酰亚胺薄膜
抗张强度/(kgf/mm²)(纵向)		15~21	10~17
延伸率(%)(纵向)		40~130	20~50
耐折次数		15000	15000
绝缘强度/(kV/mm)	常态	130~230	100~190
	热态	100~180(130℃)	80~130(200℃)
体积电阻率/(Ω·cm)	常态	10^{16}~10^{17}	10^{15}~10^{16}
	热态	10^{13}~10^{14}(130℃)	10^{12}~10^{13}(200℃)

另一种薄膜称为聚酰亚胺薄膜，它具有特别优良的耐高温和耐冷性能，能耐所有的有机溶剂和酸，但不耐碱，也不宜在油中使用。

目前我国电机行业普遍采用薄膜复合材料作为槽绝缘，具有良好的电气性能和机械性能。其中，6520可作E级材料，DMD可作为B级材料。这些复合材料的基本性能见表4-9。

表4-9 复合材料的基本性能

牌号		6520（E）	6530（B）	DMD（B）
名称		聚酯薄膜绝缘纸复合箔	聚酯薄膜玻璃漆布复合箔	聚酯薄膜聚酯纤维纸复合箔
厚度/mm		0.15~0.30	0.17~0.24	0.20~0.25
击穿电压/kV	常态	6.5~12	8~12	10~12
	弯折	6~12	6~8	9~12
	受潮后	4.5~12	6~10	8~12
抗张力/kgf	纵向	18~33	25~33	20~30
	横向	12~30	18~27	15~22
体积电阻率 /（Ω·cm）	常态	10^{14}~10^{15}	10^{14}~10^{15}	10^{14}~10^{15}
	受潮后	10^{12}~10^{13}	10^{12}~10^{14}	10^{12}~10^{13}
	热态	10^{11}~10^{13}	10^{11}~10^{12}	10^{12}~10^{14}

4）云母制品。云母制品是将天然云母制成薄片后，用胶黏剂粘制而成的。常用的云母制品有以下品种：硬质云母板、耐热硬质云母板、塑形云母板，柔软云母片以及粉云母制品。

硬质云母板，是将云母薄片用虫胶或甘油树脂黏贴，经过热压与厚度校正制成的。含胶量应小于6%，而且在高温、高压作用下厚度收缩率要小。常用作耐热等级为B级的换向器片间绝缘。

耐热硬质云母板，是将云母薄片用磷酸胺或硅有机树脂黏贴而成。含胶量应小于10%，用作耐热等级为F、H级的换向器片间绝缘。

塑性云母板含胶黏剂为10%~25%，室温时硬脆，但是加热到一定温度以后，变得很柔软。它可以用模具热压成型，冷后又变硬。胶黏剂用虫胶、甘油树脂或硅有机树脂等。

柔软云母片、带，是用油改性甘油树脂漆或沥青混合物与油等配置的胶黏剂胶粘白云母薄片而成，有时用薄纸或玻璃丝布、带作底料。这种云母制品在室温下是柔软的，主要用于电机的槽绝缘及成型线圈、磁极线圈的绝缘。

粉云母制品（粉云母带、粉云母纸等），是用粉云母加胶黏剂及底料制成。用于电机成型线圈的绝缘。

5）塑料制品。常用的有酚醛树脂玻璃纤维压塑料和聚酰亚胺玻璃纤维压塑料。

酚醛树脂玻璃纤维压塑料，是将酚醛树脂经苯胺、聚乙烯、醇缩丁醛及油酸等改性，然后浸渍玻璃纤维而成，属于B级绝缘材料。玻璃纤维有两种形式，一种是乱丝状态，一种是直丝状态。后者用于塑料换向器中，因为这种塑料不但顺纤维方向的拉力特别高，而且材料容积小，加料方便，操作时玻璃丝飞扬小。

聚酰亚胺玻璃纤维压塑料，是用玻璃丝纤维和聚酰亚胺树脂配制的塑料，适用于H级绝缘的换向器。

6）绝缘漆。绝缘漆的种类很多，电机绝缘用漆通常是指浸渍漆，仅在"三防"电机中才需在端部另喷覆盖漆。

所有绝缘漆都由两部分主要材料组成，即漆基和溶剂。

漆基是组成漆的基本成分，它使工件能形成一层牢固的漆膜。利用石油分馏的产品——沥青漆（或称黑烘漆），属于 A 级材料。目前较多的浸渍漆都采用合成树脂作为漆基，如环氧、酚醛、聚酯等。常用浸渍漆的牌号与性能见表 4-10。

表 4-10　常用浸渍漆的性能

牌　　　号	1032	1053	Y130（工厂牌号）	1034
名　　　称	三聚氰胺醇酸漆	有机硅浸渍漆	少溶剂环氧浸渍漆	环氧聚酯少溶剂漆
固体含量（不少于）（%）	47	50	70±2	—
酸值（KOH）/mg/g	5~10	—	—	—
吸水率（%）	1~2	—	—	—
耐热性（h）（不少于）	30（150℃）	200（200℃）	—	—
黏度/s（4 号黏度计）（20±1）℃	30~60	30~65	40	120~240
干燥时间/h	1.5~2（105℃）	1.5~2（200℃）	1（150℃）	14~17min（130℃）
常态绝缘强度/kV/mm	70~95	65~100	80	20~35

用以溶解漆基的材料称为溶剂。大多数溶剂也是树脂类物质，如松节油、甲苯、二甲苯等。溶剂都是一些密度小的易挥发的液体，大多数是易燃的，而且有些对人体有刺激作用甚至有毒，因此在使用时必须采取一定的安全保护措施。

溶剂使漆的黏度降低，流动性和渗透性提高，通过烘焙处理，溶剂可被挥发掉，并不成为漆膜的成分，也不影响漆的性能。

3. 绝缘材料的热老化概念和耐热等级

在电机使用过程中，由于各种因素的作用，使绝缘材料发生较缓慢的、而且是不可逆的变化，使材料的性能（电气性能、机械强度等）逐渐恶化。这种变化称为绝缘材料的老化。

促使绝缘材料老化的因素很多，如热、氧化、湿度、电压、机械作用力、风、光、微生物、放射线等。在低压的正常环境下，促使绝缘材料老化的主要因素通常是热和氧化。

绝缘材料在使用过程中与空气中的氧接触就会发生氧化作用，从而出现酸性化合物，使电气性能变坏，机械强度降低。氧化还可能产生挥发性氧化物，使绝缘物质减少，引起绝缘收缩，进一步恶化机械性能和电气性能。

绝缘材料在温度作用下，一些低分子物质及增塑剂被挥发（由于这些物质存在，使材料具有柔软性），因而使材料脆性增大；在温度作用下也会使材料软化、熔化。在一定程度内，软化是一种可逆的物理变化，但当软化引起相对位置改变或变形时，就成为不可逆变化。最后，在温度作用下，会引起绝缘材料的开裂。

应该看到，促使材料老化的因素不仅是热和氧化两方面，其他因素也同时起作用，而且是互相联系、互相影响的。

绝缘材料老化需一定的时间，这个时间即为绝缘材料的寿命。对电机来说，也就是电机的寿命。正常运行的电机寿命，一般需保持 20 年。那么，怎么能够保证绝缘材料的寿命也不低于这个寿命呢？为此，必须通过大量的试验分析，找出绝缘材料的老化规律。经过几十年来的长时间研究。初步总结了如下公式：

$$T = Ae^{-m\theta}$$

式中　A、m——通过试验求得的常数；

　　　　T——寿命；

　　　　θ——温度，单位为℃。

可见，绝缘材料的寿命与工作温度是指数函数关系。用对数坐标表示时，寿命曲线成为线性关系，如图4-5所示。

由图4-5可见，绝缘材料使用中使寿命降低一半所需增加的工作温度，A级绝缘为8℃，B级绝缘为10℃，H级绝缘为12℃，这一规律通常被统称为热老化的8℃规则。

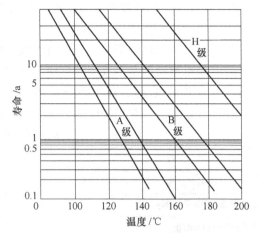

图4-5　标准绝缘等级的热寿命曲线

这样，就可以为各种绝缘材料能保证长期使用（即保证电机获得经济的使用寿命）而规定不同的最高温度（成为极限温度）。根据前述的耐热等级规定，就可以容易地确定该材料应属于哪一个绝缘等级。

从使用要求考虑，允许把某种绝缘材料降级使用，此时，必须考虑资源或经济方面的因素。经过耐热等级评定的中小型电机常用的材料分级情况见表4-11。

表4-11　电机常用绝缘材料耐热分级

分级	绝缘材料名称	制造绝缘材料时采用的黏合剂和浸渍物	浸渍处理材料
Y	1）棉纱、天然丝 2）纸及纸制品 3）再生纤维 4）木材	无	不需要
A	1）绝缘漆处理的纸、棉纱、天然丝或再生纤维素织物	油性沥青漆	干性油改性天然树脂,符合本等级的有机合成液体绝缘材料
A	2）氯丁橡胶和丁腈橡胶 3）油性漆包线（瓷漆） 4）醋酸纤维素薄膜	无	干性油改性天然树脂,符合本等级的有机合成液体绝缘材料
E	1）聚酯薄膜聚酯树脂	无	油改性沥青和合成树脂环氧树脂
E	2）绝缘漆处理的聚酯织物	油改性醇酸树脂漆	油改性沥青和合成树脂环氧树脂
E	3）聚乙烯醇缩醛,环氧树脂基漆包线瓷漆	无	油改性沥青和合成树脂环氧树脂
B	1）绝缘漆处理的玻璃纤维织物		油改性沥青和合成树脂环氧树脂
B	2）云母制品 3）粉云母制品	虫胶油改成合膜树脂、醇酸树脂、环氧树脂	油改性沥青和合成树脂环氧树脂
B	4）聚酯基漆包线漆	无	油改性沥青和合成树脂环氧树脂
B	5）玻璃纤维层制品	三聚氰胺甲醛	油改性沥青和合成树脂环氧树脂

（续）

分级	绝缘材料名称	制造绝缘材料时采用的粘合剂和浸渍物	浸渍处理材料
F	1) 绝缘漆处理的玻璃纤维织物 2) 云母制品 3) 玻璃纤维层压制品	耐热为 F 级的醇酸环氧树脂、硅有机树脂	F 级的醇酸、环氧树脂、硅有机醇酸和苯酚树脂
H	1) 绝缘漆处理的玻璃纤维织物	硅有机树脂、硅有机橡胶	硅有机树脂
H	2) 云母制品 3) 玻璃纤维层压制品	硅有机树脂	硅有机树脂
H	4) 硅有机橡胶	无	硅有机树脂
G	1) 石英、玻璃 2) 电瓷及陶瓷材料	无	无机胶黏剂和玻璃或水泥
G	3) 处理过的石棉和玻璃纤维织物	热稳定特别优良的硅有机树脂	C 级硅有机树脂
G	4) 石棉、水泥 5) 聚四氟乙烯	无	不需要

4.3　电机绕组的绝缘结构

4.3.1　交流低压电机绕组的绝缘结构

交流低压电机的额定电压一般为 3kV 以下，常有 380V、660V、1140V 等几个等级。交流低压电机绝缘结构包括匝间绝缘、槽绝缘、层间绝缘（双层绕组）、相间绝缘和引接线绝缘等。交流低压电机由于容量的不同，其绕组的形式也不同，一般可分为散嵌绕组和分片嵌绕组。

1. 散嵌绕组的绝缘结构

1）匝间绝缘。散嵌绕组以电磁线本身的绝缘作为匝间绝缘，如漆包线漆膜、玻璃丝包线外包玻璃丝或薄膜绕包线外包薄膜等。

2）槽绝缘。槽绝缘是在嵌线之前插入槽内的，一般使用薄膜复合绝缘材料和多层绝缘组成复合槽绝缘。薄膜复合绝缘材料的基材为聚酯薄膜，它对氧较敏感且吸潮后易水解，早期和青壳纸、玻璃漆布等复合组成复合绝缘。为克服青壳纸耐热性差且易吸潮而使聚酯薄膜水解这个缺点，近年来国内发展了聚酯纤维纸与聚酯薄膜复合材料（B 级），如 DMD、DM-DM，以及芳香族聚酰胺纤维纸与聚酰亚胺复合材料 NHN（H 级）等。散嵌绕组槽绝缘材料见表 4-12。

槽绝缘各层绝缘的作用不同，靠近槽壁的绝缘主要起机械保护作用，以防止槽壁损伤主绝缘；靠近导线的一层绝缘纸的作用是防止在嵌线过程中损伤主绝缘。而这两层之间的绝缘（主绝缘）是承受绝缘强度的。由于槽绝缘承受的机械力随电机容量的增加而增加，所以槽绝缘厚度也随电机容量的增加和电压等级的提高而相应增加。

表 4-12 不同绝缘等级的槽绝缘材料

绝缘等级	材　料	总厚度/mm	适用电压/V
E	青壳纸、聚酯薄膜油性玻璃漆布(2412)	0.4	380
	聚酯薄膜绝缘纸复合箔(6520)、油性玻璃漆布(2412)	0.4	380
	聚酯薄膜绝缘纸复合箔(6520)	0.25~0.35	380
B	醇酸玻璃漆布(2432)、醇酸柔软云母板(5133)、醇酸玻璃漆布(2432)	0.45	660
	聚酯薄膜聚酯纤维纸复合箔(DMD)、醇酸玻璃漆布(2432)	0.35	660
	聚酯薄膜聚酯纤维纸复合箔(DMDM)、醇酸玻璃漆布(2432)	0.4	660
	聚酯薄膜聚酯纤维纸复合箔(DMDM)	0.25~0.35	380
F	聚酯薄膜芳香族聚酰胺纤维纸复合箔(NMN)	0.5	660
H	硅有机玻璃漆布(2450)、硅有机柔软云母板(5150)、聚酰亚胺薄膜,硅有机玻璃漆布(2450)	0.5	1140
	硅有机玻璃漆布(2450)、聚酰亚胺薄膜、硅有机玻璃漆布(2450)	0.45	1140
	聚酰亚胺薄膜芳香族聚酰亚胺纤维纸复合箔(NHN)	0.5	1140
C	聚酰亚胺玻璃漆布、聚酰亚胺薄膜	0.25	380
	聚酰亚胺玻璃漆布、聚四氟乙烯薄膜	0.25	380

在槽绝缘的加工过程中,必须注意槽绝缘伸出铁心的长度,以保证绕组对铁心的爬电距离。一般情况下,电机容量越大,电压等级越高,槽绝缘伸出铁心的长度也越长。例如,小型电机槽绝缘伸出铁心的长度为6~15mm,中型电机为20mm以上。

3)槽楔。槽楔的作用是固定槽内线圈。常用槽楔及垫条有:3020~3023酚醛层压纸板,竹(经处理E级);3230酚醛层压玻璃布板,3231苯胺酚醛层压玻璃布板(B级);3240环氧酚醛层压玻璃布板(F级)3250硅有机环氧玻璃布板和聚二苯醚层压玻璃布板等。

4)相间绝缘。绕组端部相间垫入与槽绝缘相同的复合材料(DMDM或DMD)。

5)层间绝缘。当采用双层绕组时,同槽上、下两层线圈之间垫入与槽绝缘相同的复合材料(DMDM或DMD)作为层间绝缘。

6)引接线绝缘。电机绕组引接软电缆和软线(GB/T 6213.1~5—2006)主要指直接永久与电机绕组连接,并与引出机壳体接线柱相连接的电线。电机引接线目前有很多个系列产品:连续运行导体最高温度为70℃、90℃、105℃、125℃和180℃的软电缆(电线),以及耐氟里昂软线和阻燃聚烯烃绝缘引接软线。

2. 分匝嵌绕组的绝缘结构

功率在100kW以上的低压交流电机,由于定子绕组起动电流大,需承受相当大的机械力,因此,其绕组由矩形截面的导线组成。由于槽口宽度只有线圈边宽度的一半,所以线圈是由两匝拼合而成。嵌线时分匝入槽,在槽内拼合成线圈,故称为分匝嵌绕组。

分匝嵌绕组的匝间绝缘为双根玻璃丝包扁线之间的绝缘。分匝嵌绕组的槽绝缘、层间绝缘、垫条、槽楔等与散嵌绕组的要求大致相同。

4.3.2　交流高压电机绕组的绝缘结构

交流高压电机一般是指额定电压在3kV以上的电机,这类电机绝缘的耐热等级通常为B

级和 F 级。交流高压电机的绕组绝缘包括匝间、排间、相间，以及对地（包括槽部和端部绝缘）等各个部位的绝缘。定子绕组采用扁导线绕成的框式线圈，对地绝缘绕包在线圈上。对地绝缘由粉云母、玻璃制品和合成树脂等绝缘材料组成。匝间绝缘除导线本身的绝缘外，一般以云母制品加强，最好采用耐电压强度较高的薄膜绕包导线直接作为匝间绝缘。常用绝缘结构形式见表 4-13。

表 4-13　常用绝缘结构形式

结构形式		连续式	复合式		套筒式
材料 A 多胶粉云母带 B 少胶粉云母带 C 玻璃漆布带或片云母带 D 玻璃粉云母箔	槽部	B	A	A	D
	端部	B	A	C	A 或 C

1. 匝间、排间、相间绝缘

在制作和运行过程中，匝间绝缘易因机械力和热应力作用而受损伤。此外，线圈匝间绝缘的总面积大于对地绝缘的总体积，因此出现薄弱环节的可能性随之增加，故要求它具有较高的机械强度和韧性。

匝间绝缘承受的电压除了按额定电压计算的匝间工作电压外，还会遇到比它大得多的电源电网瞬变电压——大气过电压和操作过电压。其中，电机本身的操作过电压是频繁发生而且直接施加于绕组的匝间绝缘上的，故应着重考虑。

单排线圈只有匝间绝缘。功率较小的交流高压电机常采用双排线圈，此时应有排间绝缘。排间最大电压等于一个线圈的工作电压，但同样也受到操作过电压的作用，通常采用云母带半叠绕加强。匝间和排间的绝缘强度与电机功率、工作电压、起动频繁程度、使用时受机械应力等因素有关。可根据匝间冲击电压值 U_s 选择匝间绝缘。U_s 一般大于每匝工作电压 20 倍。

匝间及排间绝缘的典型结构如图 4-6 所示及见表 4-14。

2. 槽部绝缘

槽部绝缘是绝缘结构中的主要部分，它对地承受相电压，故又称对地绝缘。槽部绝缘也受到各种过电压的作用。

1）槽部绝缘厚度在选择对地绝缘厚度时，除考虑电气方面裕度外，还必须考虑线圈在制造和嵌线时的工艺损伤、绝缘性能的分散性以及正常运行条件下

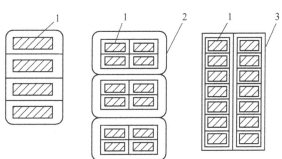

图 4-6　匝间绝缘典型结构
1—导线本身绝缘　2—匝间绝缘　3—排间绝缘

的使用寿命等因素。由于上述原因比较复杂，绝缘结构形式、绝缘材料和绝缘工艺各不相同，线圈槽部绝缘厚度实际上很难进行系统的计算，一般可根据电机额定电压和该绝缘结构的瞬时击穿电场强度求得，并留有 7~9 倍的裕度。对于运行条件较差的电机，其对地绝缘厚度还应适当增加。对地绝缘材料的选用见表 4-15。由这类材料组成的槽部绝缘厚度及原始击穿电压可参考表 4-16。

表 4-14　线圈匝间绝缘结构

匝间冲击电压 U_s/V	结构形式	试验电压[1]工频有效值 /V
<500	双玻璃聚酯漆包线或双玻璃丝包线垫云母条	500
500~1000	双玻璃单层薄膜绕包线或双玻璃丝包线每匝半叠包1层粉云母带	1000
>1000	双玻璃二层薄膜绕包线或双玻璃丝包线每匝半叠包2层粉云母带	1500

[1]　实际试验时应为脉冲电压,其峰值等于 $1.2\sqrt{2}$ 倍工频试验电压有效值,脉冲次数为3次。

表 4-15　对地绝缘材料的选用

绝缘结构		绝缘工艺	绝缘材料	
			槽部	端部
连续式		真空压力无溶剂浸漆	901(594)环氧玻璃粉云母少胶带	901(594)环氧玻璃粉云母少胶带
		热模(液)压	不同油酸酐(TOA)环氧或钛环氧玻璃粉云母多胶带	不同油酸酐(TOA)环氧或钛环氧玻璃粉云母多胶带
复合式	全带式	热模(液)压		黑玻璃漆布或三合一带或胶化时间较长的玻璃粉云母乳胶带
	烘卷式	直线部分烘卷热压	环氧玻璃粉云母(多胶)箔	

表 4-16　线圈槽部绝缘厚度及原始击穿电压

额定电压 U_N/kV	3.0	6.0	10.0
厚度/mm	1.3~1.5	1.8~2.2	2.8~3.2
原始击穿电压/kV	35~40	48~60	75~85
工作场强/(kV/mm)	1.15~1.33	1.57~1.92	1.81~2.06

　　2)线圈槽内装配尺寸,除按所需导线截面和绝缘厚度外,还需考虑线芯松散、线圈公差、嵌线间隙和其他绝缘件。高压定子线圈槽内装配尺寸见表 4-17。

表 4-17　高压定子线圈槽内装配尺寸　　　　　　　　(单位:mm)

序号	名称	材料	槽部尺寸		端部尺寸	
			高度	宽度	高度	宽度
1	槽楔	玻璃布板或压塑料	3.0~5.0	—	—	—
2	楔下垫条	玻璃布板	>0.5	—	—	—
3	导线	见表4-3	ma	nb	ma	nb
4	匝间绝缘	见表4-14	—			
	工艺裕度	导线束公差、松胀量	0.03	0.2	0.03	0.3

（续）

序号	名称	材料	槽部尺寸		端部尺寸	
			高度	宽度	高度	宽度
5	对地绝缘	环氧玻璃粉云母多胶带	—			
	工艺裕度	—	+0.3 -0.5	+0.12 -0.3	<1.3	<1.3
6	层间垫条	玻璃布板	0.5~1.0	—	—	—
7	防晕层	半导体漆或带	—			
8	槽底垫条	玻璃布板	0.5~1.0	—	—	—

注：表中符号：m—沿高度方向股线数；n—沿宽度方向股线排数；a—导线厚度；b—导线宽度。

3. 端部绝缘

1）端部绝缘厚度及材料。因线圈端部承受较低的电场强度，故端部绝缘厚度可较槽部绝缘厚度减薄 20%~30%。根据工艺及绝缘结构的不同，可采用片云母或粉云母带，以及玻璃漆布带或其他绝缘带作为端部绝缘材料。

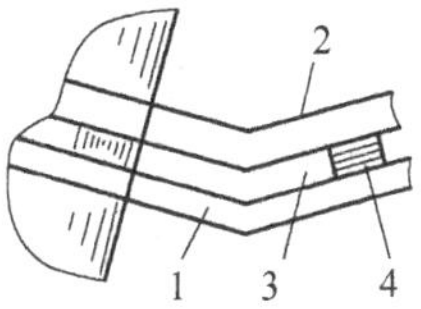

图 4-7　端部线圈边之间的绝缘结构
1—线圈直线部分
2—线圈端面
3—空气隙
4—衬垫物

2）端部间隙。线圈端部间隙，除保证通风散热和嵌线工艺需要外，还必须保证在额定电压下两相邻线圈边之间无电晕并保证电机在耐压试验时无闪络现象。端部线圈边之间可分为空气隙和有衬垫物（层压板或涤纶护套玻璃丝绳）两种情况，如图 4-7 所示。

3）端部绝缘搭接。为了避免耐压试验时复合式绝缘端部搭接处对铁心产生闪络放电，必须保证直线部分和端部的搭接位置和长度，如图 4-8 所示及见表4-18。

表 4-18　复合式绝缘端部搭接尺寸

结构形式	额定电压 U_N/kV	尺寸/mm		
		A	B	C
烘卷复合式	3	45	15	10
	6	65	25	15
	10	100	30	20
包带复合式	3~10	$\frac{2}{3}l_r$	15~30	—

注：l_r—由出槽口起至鼻端前圆角处的端部长度。

4）防晕结构。如前所述，电晕产生臭氧及氧化氮，对绝缘中的有机物有腐蚀和破坏作用，时间长了会使绝缘变脆，加速老化，降低绝缘的使用寿命。在 6kV 电机中已有电晕现象，随着额定工作电压的提高，电晕现象将愈加严重，因此需要进行防晕处理。

电机中产生电晕现象的部位分为两类：一类是由于空气隙的存在，空气发生游离，属于这一类的如槽部线圈与铁心槽之间、端部线圈与紧圈（绑环）之间以及由于工艺处理不当存在于绝缘层之间的空隙；另一类是由尖角存在使电场极端不均匀，致使空气游离而产生电晕，属于这一类的如线圈出槽口处及铁心通风道处的线圈表面。

防止电晕发生的办法，就是设法消除线圈表面这一层介电常数小而绝缘强度又低的空气

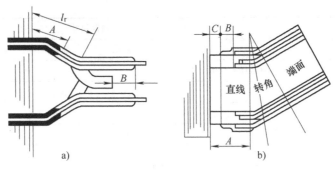

图 4-8　复合式绝缘端部搭接方式

a）框式线圈包带复合式　b）框式线圈烘卷复合式

层以及设法使电场分布比较均匀。现在采用的办法：一种是表面涂半导体漆；一种是绝缘层内部及外部加导体或半导体屏蔽层。这里只介绍表面涂半导体漆的防晕处理工艺。

10000V 及 10500V 高压定子线圈防晕处理工艺如下（见图 4-9）：

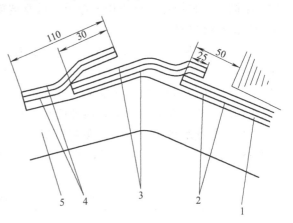

图 4-9　防晕处理示意图

1—玻璃丝带　2—低电阻半导体漆　3—中电阻半导体漆　4—高电阻半导体漆　5—导线

线圈直线部分长度比铁心长 100mm，两端各伸长 50mm，先涂低电阻半导体漆 A38—4 一次（表面电阻率 $\rho = 10^3 \sim 10^4 \Omega$），再半叠包一层厚为 0.15mm 的低电阻半导体玻璃带一次模压成型。直线部分防晕层双边厚度设计时按 0.6mm 计算。端部第一段涂中电阻半导体漆 A38—2（$\rho = 10^8 \sim 10^9 \Omega$），涂刷长度为 105mm，与低电阻层搭接 25mm，半叠包一层厚为 0.1mm 的玻璃丝带后再涂一次 A38—2 漆。端部第二段涂高电阻半导体漆 A38—3（$\rho = 10^{12} \sim 10^{14} \Omega$），涂刷长度为 110mm，与中电阻部分搭接 30mm，半叠包一层厚为 0.1mm 的玻璃丝带，然后再涂一次 A38—3 漆。不同阻值的半导体漆都是绝缘漆内加入导体材料，如炭黑、石墨等混合而成，控制所加入导体材料的含量可以得到不同的表面电阻值。

4.3.3　直流电机绕组的绝缘结构

直流电机绝缘包括电枢绝缘和定子绝缘。

1. 电枢绕组的绝缘结构

1）直流电机电枢绕组又分为散嵌绕组和成型绕组。按接线方式分，有叠绕组、波绕组及各种形式的蛙绕组。直流电机的额定电压有 110V、220V、440V、660V、1000V 等。电枢绝缘结构主要包括线圈绝缘、电枢端部绝缘和换向器绝缘。由于电压等级、绕组形式和绑扎材料的不同，电枢的绝缘结构也有所区别。

大型直流电机电枢绕组的绝缘结构示意图如图 4-10 所示。

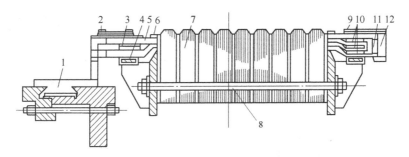

图 4-10 电枢绕组的绝缘结构示意图

1—换向器 2—轧钢丝绝缘 3—层间绝缘 4—支架绝缘 5—电枢绕组

6—槽楔 7—铁心 8—绝缘螺杆 9—无纬带绑扎 10—层间绝缘

11—斜楔 12—并头套

2）电枢线圈及槽部绝缘包括匝间绝缘、层间绝缘、对地绝缘、保护绝缘以及衬垫支撑绝缘。常见电枢绕组槽部绝缘结构如图 4-11 所示。

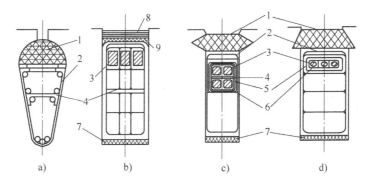

图 4-11 电枢绕组的槽部绝缘结构

a）梨形槽散嵌绕组 b）矩形槽直流电枢绕组 c）2 层式蛙绕组 d）4 层式蛙绕组

1—槽楔 2—槽绝缘 3—匝间绝缘 4—层间绝缘 5—保护绝缘

6—对地绝缘 7—槽底垫条 8—绑扎带 9—槽顶垫条

几种常见的电枢绕组绝缘结构见表 4-19。

表 4-19 常见电枢绕组绝缘材料

绝缘适用范围		550V 矩形槽散嵌线圈	550V 矩形槽散嵌线圈
绝缘等级		B	H
槽部	槽绝缘	0.12 和 0.25mmDMD 各 1 层	0.4mm NHN 1 层
	匝间绝缘	聚酯漆包扁铜线	聚酰亚胺漆包扁铜线
	层间绝缘	同槽绝缘	同槽绝缘
	槽底垫条	0.2mm 环氧酚醛布板 3240 * 1 层	0.2mm 二苯醚层压板 1 层
	绑扎带	环氧无纬玻璃丝带	聚胺—酰亚胺无纬玻璃丝
	槽顶垫条	0.5mm 环氧酚醛玻璃布板 3240 * 1 层	0.5mm 二苯醚层压板 1 层
端部	匝间绝缘	聚酯漆包扁铜线	聚酰胺亚胺漆包扁铜线

（续）

绝缘适用范围	500V 2 层式蛙绕组	1000V 2 层式蛙绕组
绝缘等级	B	F
槽部 槽楔	环氧酚醛玻璃布板 3240 *	环氧酚醛玻璃布板 3240 *
槽部 槽绝缘	0.20mm 聚酯薄膜玻璃漆布复合箔 6530 * 1 层	0.17mm NMN 1 层
槽部 匝间绝缘	双玻璃丝包扁铜线	单玻璃丝包聚酯亚胺漆包扁铜线
槽部 层间绝缘	0.2mm 醇酸柔软云母板 5131 * 1 层	0.2mm 硅有机柔软云母板 5151 * 1 层
槽部 保护布带	0.1mm 无碱玻璃丝带平绕 1 层	0.1mm 无碱玻璃丝带平绕 1 层
槽部 对地绝缘	0.14mmB 级胶带云母带 5438 * 半叠绕 2 层	0.05mm 聚酰亚胺薄膜半叠绕 3 层
槽部 槽顶垫条	0.2mm 环氧酚醛玻璃布板 3240 * 1 层	0.2mm 环氧酚醛玻璃布板 3240 * 1 层
端部 保护布带	0.1mm 无碱玻璃丝带半叠绕 1 层	0.1mm 无碱玻璃丝带半叠绕 1 层
端部 对地绝缘	0.14mmB 级胶粉云母带半叠绕 1 层	0.05mm 聚酰亚胺薄膜半叠绕 2 层
端部 匝间绝缘	双玻璃丝包扁铜线	单玻璃丝包, 聚酯亚胺漆包扁铜丝

绝缘适用范围	1000V 4 层式蛙绕组	1000V 4 层式蛙绕组
绝缘等级	B	F
槽部 槽楔	环氧酚醛层压玻璃布板 3240 *	环氧酚醛层压玻璃布板 3240 *
槽部 匝间绝缘	0.1mm 醇酸玻璃云母带半叠绕 1 层	0.05mm 聚酰亚胺薄膜半叠绕 1 层
槽部 槽绝缘	0.2mm 聚酯薄膜玻璃漆布复合箔 6530 * 1 层	0.17mm NMN 1 层
槽部 保护布带	0.1mm 无碱玻璃丝带	0.1mm 无碱玻璃丝带
槽部 对地绝缘	0.14mm 醇酸玻璃云母带 5434 半叠绕 3 层	0.05mm 聚酰亚胺薄膜半叠绕 1 层
槽部 槽顶垫条	0.2mm 环氧酚醛玻璃布板 3240 * 1 层	0.2mm 环氧酚醛玻璃布板 3240 * 1 层
端部 保护布带	0.1mm 无碱玻璃丝带半叠绕 1 层	0.1mm 无碱玻璃丝带半叠绕 1 层
端部 对地绝缘	0.14mm 醇酸玻璃云母带 5454 * 半叠绕 1 层	0.05mm 聚酰亚胺薄膜半叠绕 2 层
端部 匝间绝缘	0.1mm 醇酸玻璃云母带 5454 * 半叠绕 1 层	0.05mm 聚酰亚胺薄膜半叠绕 1 层

3）电枢绕组端部绝缘除线圈本身的绝缘外，还包括层间绝缘、绑扎无纬带或扎钢丝绝缘以及支架绝缘。电枢绕组端部绝缘结构如图 4-12 所示。

4）电枢直径较小的直流电机，端部不用支架。直径在 200mm 以上的直流电机采用支架，以防止电动力、机械振动力和离心力作用而变形损坏。直流电机电枢端部绝缘材料见表 4-20。

2. 定子绕组绝缘结构

定子绕组绝缘由主磁极绝缘、换向极绝缘、补偿绕组绝缘、绕组连接线绝缘、引出线绝缘组成。下面主要论述主磁极绝缘和换向极绝缘。

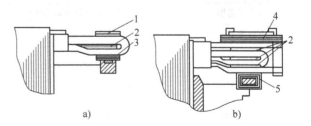

图 4-12 电枢绕组端部绝缘结构

a）平包支架 b）环包支架

1—无纬带 2—层间绝缘 3—平包支架绝缘

4—扎钢丝垫底绝缘 5—环包支架绝缘

表 4-20　直流电机电枢端部绝缘材料

绝缘与电压等级	500V　　　　　B 级绝缘		500V　　　　　H 级绝缘	
端部固定方式	无纬带		无纬带	
绑扎无纬带或扎钢丝绝缘	环氧无纬玻璃丝带		聚胺—酰亚胺无纬玻璃丝带	
层间绝缘	0.25mm DMD 垫放 2 层		0.20mm NHN 垫放 3 层	
支架绝缘(由内至外)	1)0.1mm 无碱玻璃丝布垫放 1 层,以聚酯纤维绳扎紧 2)0.5mm 环氧酚醛玻璃布板 2 层 3)0.25mm DMD 2 层 4)0.5mm 环氧酚醛玻璃布板垫至所需高度 5)0.1mm 无碱玻璃丝带扎紧		1)0.1mm 无碱玻璃丝布垫放 1 层,以聚酰胺纤维绳扎紧 2)0.5mm 硅有机玻璃布板 1 层 3)0.2mm NHN 3 层 4)0.5mm 硅有机玻璃布板垫至所需高度 5)0.1mm 无碱玻璃丝带扎紧	
绝缘与电压等级	660V　　　　　B 级绝缘		1000V　　　　　F 级绝缘	
端部固定方式	无纬带		扎钢丝	
绑扎无纬带或扎钢丝绝缘	环氧无纬玻璃丝带		石棉纸每 10 匝垫放 1 层 1.0mm 二苯醚层压板 1 层 0.2mm 硅有机衬垫云母板 2 层 0.5mm 二苯醚层压板 1 层	
层间绝缘	0.1mm 聚酯薄膜玻璃漆复合膜 2 层,夹垫 0.2mm 醇酸柔软云母板 2 层		0.17mm NMN 2 层,夹垫 0.2mm 硅有机柔软云母板 3 层	
支架绝缘形式	环包		环包	
支架绝缘(由内至外)	1)0.1mm 无碱玻璃丝带半叠绕 1 层 2)0.17mm 聚酯薄膜半叠绕 1 层 3)0.2mm 环氧酚醛玻璃布板垫放 1 层 4)0.14mm 醇酸云母带半叠绕 2 层 5)0.5mm 环氧酚醛玻璃布板垫至所需高度 6)0.1mm 无碱玻璃丝带半叠绕 1 层		1)0.1mm 无碱玻璃丝带半叠绕 1 层 2)0.17mm 聚酰亚胺带半叠绕 1 层 3)0.2mm 环氧酚醛玻璃布板垫放 1 层 4)0.2mm 硅有机云母带半叠绕 3 层 5)0.5mm 环氧酚醛玻璃布板垫至所需高度 6)0.1mm 无碱玻璃丝带半叠绕 1 层	

1) 主磁极绝缘由线圈和极身绝缘组成。对并、他励主磁极线圈,小型直流电机采用电磁线绕制,大中型直流电机多数用双玻璃丝包扁线绕制。裸铜排扁绕的大型直流电机他励绕组,绕后需退火处理,整形后需垫放匝间绝缘,并热压成型。考虑浪涌电压的作用,通常首末匝需加包绝缘。串励绕组和均衡绕组的线圈常用漆包圆线、扁线或双玻璃丝包扁线绕制,其层间,匝间不需另加绝缘。极身绝缘采用 DMD、NMN、NHN 或绝缘纸板。表 4-21 和图 4-13为直流电机主磁极绝缘材料和结构。

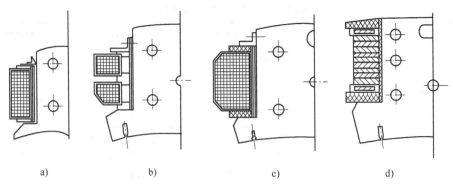

a)　　　　　　　b)　　　　　　　c)　　　　　　　d)

图 4-13　主极绝缘结构

a）框架式极身绝缘　b）垫块式极身绝缘　c）熨包式极身绝缘　d）成型极身绝缘

表 4-21　主磁极绝缘材料

极身绝缘形式	框架式	框架式	垫块式
绝缘等级	B	H	B
励磁电压/V	500	500	500
匝间绝缘	电磁线	电磁线	电磁线
线圈保护绝缘	—	—	0.14mm 醇酚云母带及 0.1mm 玻璃丝带各半叠绕 1 层
极身绝缘	0.25mm DMD 围包 9/4 层	0.22mm NHN 围包 9/4 层	0.5mm 绝缘纸板围包 5/4 层 0.2mm 玻璃丝布围包 5/4 层
线圈两端绝缘	环氧酚醛玻璃布板	硅有机层压布板	压制绝缘垫块
图例	图 4-13a	图 4-13b	图 4-13b

极身绝缘形式	熨包式	熨包式	成型极身绝缘
绝缘等级	B	F	F
励磁电压/V	500	1000	1000
匝间绝缘	电磁线	0.1mm 环氧玻璃坯布 3 层	0.1mm 环氧玻璃坯布 3 层
线圈保护绝缘	0.1mm 玻璃丝带平绕或疏绕 1 层	—	
极身绝缘	0.16mm 环氧坯布围包 5/4 层 0.2mm 环氧粉云母箔围包 9/4 层 0.16mm 环氧坯布围包 5/4 层	0.2mm 环氧玻璃坯布围包 5/4 0.2mm 醇酚云母箔围包 17/4 层 0.2mm 环氧玻璃坯布围包 5/4 层	2mm 环氧酚醛玻璃布压制成型件
线圈两端绝缘	环氧酚醛玻璃布板	环氧酚醛玻璃布板	环氧酚醛玻璃布板
图例	图 4-13c	图 4-13c	图 4-13d

2）换向极绝缘与主磁极绝缘结构基本相同。换向极线圈有裸线平绕和扁绕等形式，其中裸线扁绕线圈有带匝间绝缘和无匝间绝缘之分。多层式绕组有直接绕在极身上的，也有套极式的。小型电机换向极的极身绝缘结构常采用框式。中大型电机换向极的极身绝缘采用熨包结构。图 4-14 所示为常见的集中换向极绝缘结构。表 4-22 所列为换向极绝缘材料。

表 4-22　换向极绝缘材料

结构形式	框架式多层线圈	套极式多层线圈	裸线平绕线圈
电压等级/V	500	500	500
绝缘等级	B	H	F
匝间绝缘	绝缘电磁线	绝缘电磁线	环氧酚醛玻璃布板 3240
线圈对地绝缘	0.25mm DMD 围包 9/4 层	内表面和上、下侧垫放 0.25mm NHN 2 层、保护布带 0.1mm 玻璃丝带半叠绕 1 层	内表面和上、下侧垫放 0.25mm NMN 2 层。外面半叠绕 0.05mm 聚酰亚胺薄膜和 0.1mm 玻璃丝带各半叠绕 1 层
极身绝缘	—	—	—
绝缘处理	线圈浸 1032＊漆 1 次	线圈浸 9111＊漆 1 次	线圈浸 155＊漆 1 次
适用范围	小型电机	小型电机	中、小型电机
结构形式	裸线扁绕	裸线扁绕	裸线扁绕
电压等级/V	500	1000	1000
绝缘等级	B	B	F
匝间绝缘	0.1mm 环氧玻璃坯布 3 层	绝缘垫块	绝缘垫块
线圈对地绝缘	—	—	—
极身绝缘	0.16mm 环氧玻璃坯布围包 5/4 层 0.2mm 环氧粉云母箔围包 9/4 层 0.16mm 环氧玻璃坯布围包 5/4 层	0.2mm 环氧玻璃坯布围包 5/4 层 0.05mm 聚酯薄膜与 0.25mm 醇酸柔软云母板各围包 9/4 层 0.2mm 环氧玻璃坯布围包 5/4 层	0.2mm 环氧玻璃坯布围包 5/4 层 0.25mm 硅有机柔软云母板与 0.05mm 聚酰亚胺薄膜各围包 5/4 层 0.2mm 环氧玻璃坯布围包 5/4 层
绝缘处理	整个换向极浸 1032＊漆 1 次	整个换向极浸 1032＊漆 1 次	整个换向极浸 155＊漆 1 次
适用范围	大、中型电机	大型电机	大型电机

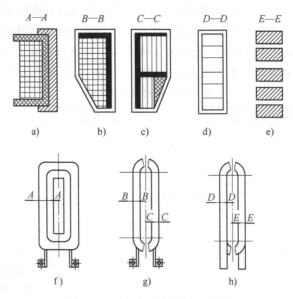

图 4-14 换向极线圈的绝缘结构

a）线圈直接绕在极身上 b）多层套极式线圈 c）裸线平绕 d）裸线扁绕（有匝间绝缘）
e）裸线扁绕（不带匝间绝缘） f）、g）、h）线圈结构

4.4 线圈的制造

4.4.1 多匝线圈的制造

1. 散嵌线圈制造

散嵌式线圈都是在专用绕线机上利用绕线模绕制。交流电机的散嵌线圈，一般讲同一极相组的线圈连绕。为省去极相组间连接线的焊接，有时还将一相（或一条支路）内各线圈连绕。在绕制线圈时应注意以下几点：

1）绕制线圈时必须使导线排列整齐，避免交叉混乱，因为交叉混乱将会增大导线在槽中占有的面积，使嵌线困难，并容易造成匝间短路。

2）线圈匝数必须符合要求，因为匝数多了，浪费铜线，嵌线困难，并使漏抗增大，最大转矩和起动转矩降低；匝数少了，电机空载电流增大，功率因数降低。若三相绕组匝数不相等，则三相电流不平衡，也使电机性能变坏。

3）导线直径必须符合设计要求，因为导线粗了嵌线困难，同时也浪费铜材；导线细了（或绕线时拉力过大将导线拉细），绕组电阻增大，影响电机性能。

4）绕线时必须保护导线的绝缘，不允许有任何破损，否则将造成线圈匝间短路。

5）在完成绕线工序后，每相绕组都要进行直流电阻的测定和匝数检查。在测量直流电阻时，如电阻小于 1Ω，用双臂电桥测量；大于 1Ω，用单臂电桥测量。测得的直流电阻，允许误差不得超过设计值的 $\pm4\%$，目的是检查线圈松紧和接头质量。

散嵌线圈的几何尺寸是由绕线模来保证的。绕线模的尺寸需经试绕试嵌，在符合工艺要求和绕组尺寸情况下加以确定。

绕线模一般用干燥硬木、铝合金、塑料等制造。绕线模可分为固定式、张缩式绕线模。对于生产量大的小型交流电机，可采用自动计匝、跳槽和停车的专用绕线机。图 4-15 所示为固定式菱形连绕绕线模，它由模心、压板等组成。图 4-16 所示为张缩式绕线模，其特点是可以快速装拆线圈。工作时，张缩式绕线模的上下左右 4 块模心（1、3）依靠链板 2 张紧。线圈绕成后，用手柄转动转轴使链板发生偏转，模心同时收缩，即可取出线圈。用手柄将转轴转回原位，模心张开，又可重新绕线。

2. 成型线圈的制造

1）绕组制造工艺流程。不同的绝缘结构形式和绝缘成型工艺，其工艺流程有所差别。高压定子绕组主要工艺流程如图 4-17 所示，图中 I、II、III、IV、V 表示五种绝缘结构的工艺流程方案。

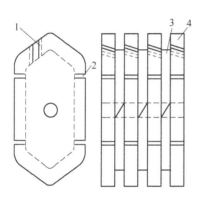

图 4-15　菱形连绕绕线模（$q=3$）
1—过线槽　2—扎线槽　3—模心
4—压板

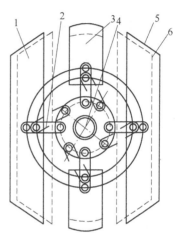

图 4-16　铰链联动结构张缩式绕线模
1—左右模心　2—链板　3—上下模心　4—转轴
5—工作状态　6—卸线圈状态

2）工艺要点。工艺要点如下：

① 张型及复型。张型是保证线圈几何尺寸（直线和端部长度，端部弧度，跨距等）的关键工序。在经冷复型后，即可得到较为精确的线芯尺寸。

② 匝间胶化。匝间绝缘需经过热模压胶化，使线匝排列整齐，并黏合成整体。线匝之间填充绝缘漆，防止内部空气游离。胶化后线芯的尺寸公差宽度 $B_0^{+0.2}$，高度 $H_0^{+0.3}$。胶化工艺见表 4-23。

表 4-23　线芯胶化工艺

类别	材　　料	工艺参数
1	玻璃丝包自黏性薄膜绕包线	180～190℃　5～10min
2	半叠绕多胶粉云母带	180～190℃　15～30min
3	浸或涂环氧酚醛漆	180～190℃　15～20min

绕包、槽部、端部及引线绝缘均采用半叠绕。粉云母带宽度一般为 25mm。要求绝缘带柔软适宜，绕包时要求搭接正确、均匀、无褶皱，绝缘平服紧密，尽量减少损伤。经匝间胶

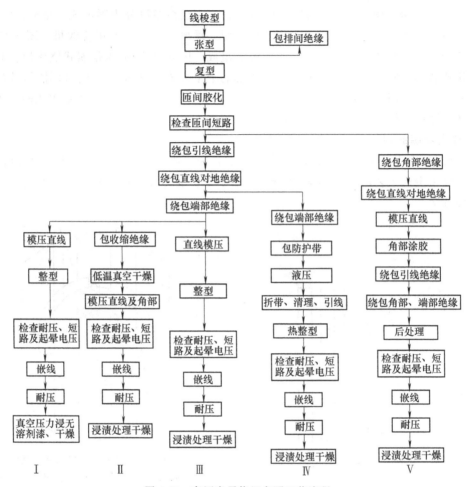

图 4-17　高压定子绕组主要工艺流程

注：1. 真空度的剩余力不得大于 $26.7×10^2$Pa；2. 输胶时胶温为 $160~165℃$。

化后的框式线圈，其直线部分绕包环氧粉云母带，开始 2 层绕包到斜边两端 1/3 处，以后几层逐步向斜边成锥体形伸长，锥体部分云母带搭接每层约一个节距（1/2 带宽），锥体长度一般为 80~100mm。

直线部分绝缘绕包厚度根据设计并考虑模（液）压时的压缩率而定

$$压缩率 = \frac{线圈绕包后绝缘实际厚度 - 模（液）压后绝缘实际厚度}{线圈绕包后绝缘实际厚度}$$

此值根据绝缘带的特性及线圈制造工艺而定，对于环氧粉云母带一般取 20%~25%。绕包后绝缘实际厚度用恒压力为 49N 的弹簧卡尺测定。端部和引线头可采用粉（或片）云母带、玻璃漆布带等作为绕包材料。采用一次模压成型防晕的线圈，可在绕包线圈槽部及端部绝缘的同时包上防晕带。

③ 线圈绝缘热压成型。绕包好绝缘后的线圈需经热压、固化成型，使绝缘紧密，粉云母带各层粘合成一整体，以获得优良的电气、机械性能和精确的外形尺寸。热压、固化成型分模压和液压两种。模压由热压模传递热量和压力，液压以加热的沥青胶在密封罐中传递热和压力。模压或液压的工艺参数与粉云母带中胶合剂的胶化时间及线圈截面、绝缘层厚度有

关。线圈成型固化的质量用介质损耗角增量来检查。在实际生产上，也有用小锤轻敲绝缘层的办法，以敲击时有无清脆的金属声判断质量的好坏。

模压时线圈先在 180~200℃ 热模上预热 3~5min，使胶黏剂稍能流动，均匀分布于绝缘层中，此时不加全压，以免将胶挤出造成线圈发空。随着胶黏剂受热聚合，可逐步将压膜加到全压，同时校正线圈鼻高和端部尺寸，并保持模温和所需的时间，其范围一般为 180~200℃，保温 45~200min。最后将线圈移入冷模，使绝缘在受压情况下逐步冷却以稳定尺寸。模压时将线圈角部及端部斜边用夹具夹紧防止该处绝缘肿胀和折皱。模压前增加线圈低温真空干燥（并用热收缩薄膜固紧绝缘层）的工序有利于产品质量提高和缩短模压时间。液压时线圈在液压灌内应固定良好，相互之间留有空隙，线圈直线和斜边部分用夹板固定以保证线圈截面尺寸。液压工艺参数举例见表 4-24。

表 4-24　液压工艺参数举例

线圈电压/V	参数	低温		高温		加压	
		预热	真空	输胶	温度平衡	初压	全压
600	时间/h	1	1~1.5	$\frac{1}{3} \sim \frac{1}{2}$	$\frac{1}{6} \sim \frac{1}{4}$	$\frac{5}{12}$	8
	温度/℃	40~60	80~90	125	130	130~135	135~160
	压力/MPa	—	—	—	—	0.2	0.7~0.75
1000	时间/h	1	1.5~2	$\frac{1}{3} \sim \frac{1}{2}$	$\frac{1}{4} \sim \frac{1}{3}$	$\frac{5}{12}$	8
	温度/℃	40~50	90~100	125	130	130~135	135~160
	压力/MPa	—	—	—	—	0.25	0.7~0.75

注：1. 真空度的剩余力不得大于 $26.7 \times 10^2 \, \text{Pa}$。

　　2. 输胶时胶温为 160~165℃。

3）成型线圈三种绕线模（即梭形、菱形、梯形）尺寸的确定。

① 梭形模尺寸确定。梭形模模心尺寸如图 4-18a 所示。

梭形模尺寸计算公式为

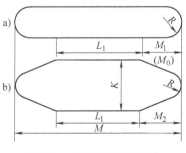

$$M_0 = \sqrt{f_{da}^2 + \frac{1}{4}\tau_y^2 + (H-h_1)^2} \qquad (4-1)$$

$$M_1 = \frac{1}{90}\pi R_1 \arcsin\left(\frac{M_0}{2R_1}\right) \qquad (4-2)$$

$$M = L_1 + 2M_1 \qquad (4-3)$$

$$L_1 = l_1 + 2d_1 \qquad (4-4)$$

图 4-18　梭形和菱形模尺寸

a）梭形　b）菱形

式中　l_1——铁心长度；

　　　d_1——线圈伸出铁心直线段的长度，电压 500V 以下时 d_1 取 20~25mm；大于 500V 小于等于 3kV 时取 35~40mm；大于 3kV 小于等于 6kV 时取 50~55mm。

f_d、τ_y、H、R、R_1、h_1 所代表的尺寸如图 4-19 所示。其中，R 为梭形线圈端部的内半径，3kV 以下取 12mm，大于 3kV 小于等于 6kV 时取 15mm。R_1 为线圈上层边端部圆弧实际半径，投影半径为 R_1'，$R_1' = R_1 / \cos^2 \phi$。

② 菱形模尺寸确定。菱形模心尺寸如图 4-18b 所示，计算公式为

$$M_2 = \sqrt{M_1^2 + \frac{1}{4}K^2} \qquad (4\text{-}5)$$

$$M = L_1 + 2M_1 \qquad (4\text{-}6)$$

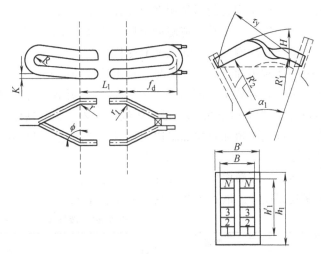

图 4-19　多匝成型线圈结构尺寸

式中　　M_1、L_1 和 R——与梭形模相同；

　　　　K——菱形模宽度，一般 $K = 80$mm。

当线圈匝间垫绝缘条时

$$M_0 = \sqrt{(f_d - C_i N)^2 + \frac{1}{4}\tau_y^2 + (H - R - h_1 - C_i N)^2} \qquad (4\text{-}7)$$

式中　　C_i——绝缘厚度；

　　　　N——线圈匝数。

③ 梯形模尺寸确定。梯形模尺寸可用作图确定，在此不叙述。

4.4.2　单匝线圈的制造

单匝线圈可分全圈式和半圈式。单匝线圈由裸导条或绝缘扁导线弯制而成。由裸导条制造的半圈式线圈工艺为：校直、下料、退火、搪锡、弯制导线，包匝间绝缘、热压成型工序与多匝线圈制造工艺相同。

1. 导条的校直、下料与退火

试制阶段，可用剪切机下料，平板上校直。批量生产时，可用自动校直落料机校直和下料。当裸导条的截面较大时，为便于弯制，裸导条需进行无氧退火处理。退火温度一般控制在 600~650℃，保温时间视导线厚度而定。厚度为 1.5~2.5mm 时，保温 45min；厚度为 2.51~5mm 时，保温 60min；厚度为 5.01~8mm 时，保温 80min。退火温度和保温时间达到后，将其迅速投入冷水槽中冷却并冲洗干净。

2. 导线弯制

1）全圈式线圈的鼻端需扁弯成 U 形，一般在气动弯形机上进行。然后可用拍脚机（见图 4-20）敲成"人"字形。最后，将拍成"人"字形的线圈放到成型模上敲打成型。图 4-21所示为波绕组电枢线圈成型模。

2）半圈式线圈分裸导条式线圈和换位编织线圈。当导条较粗时一般采用专用弯形工具和专用成型机。铜排为插入式线圈（绕线转子电机），将导条先弯折一端，另一端线插入铁心后弯折，最后将两个半圈式线圈拼合成完整的线圈。

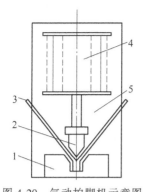
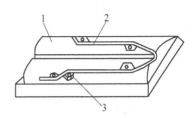

图 4-20　气动拍脚机示意图
1—底模　2—上模　3—U 形线坯　4—气缸　5—工作台

图 4-21　电枢线圈成型模
1—模体　2—线圈　3—挡板

4.4.3　磁极线圈的制造

直流电机和同步电机都有磁极线圈，有的装在固定部分，如直流电机的磁极线圈，包括换向极线圈，装在机座上；有的装在转子上，如同步电机的磁极线圈。

1. 磁极线圈的类型

磁极线圈从工艺上分类可分为绝缘导线绕制的和裸铜（铝）条绕制的。绝缘导线绕制的又分为圆导线和扁导线两种。裸铜条绕制的又可分为平绕（宽边弯绕）和扁绕（窄边弯绕）。

绝缘圆导线绕制的磁极线圈如图 4-22a 所示。直流电机的并励绕组线圈匝数较多而电流不大时，可以做成这一种。电流较大的中小型直流电机的主磁极线圈，可用高强度聚酯漆包扁铜（或铝）线或双玻璃丝包扁线绕制，如图 4-22b 所示。为了出头方便，可按图中所示序号绕制（第 11 匝、12 匝为预先留线反绕）。出头的是最外面的第 10 匝和第 12 匝。用裸铜条平绕的磁极线圈如图 4-22c 所示。匝间绝缘在绕制过程中用绝缘带边绕边垫。为了工艺上的方便，线圈的段数最好为双数，这样抽头方便。用裸铜条扁绕的线圈如图 4-22d 所示。绕线应在扁绕机上连续进行。线圈绕好后经过退火，整形等处

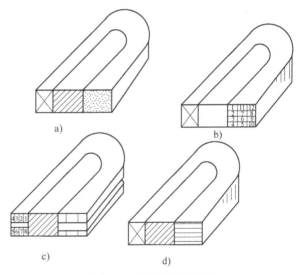

图 4-22　磁极线圈的类型
a）圆线绕车绕成的　b）扁线绕成的
c）裸铜条平绕　d）裸铜条扁绕

理，按一定的设计匝数焊好引线，再垫匝间绝缘。这种线圈广泛用作直流电机串励绕组、换向极绕组和同步电机磁极绕组。

磁极线圈按其对地绝缘方式不同又可分为三种：

1）卷烘式。铁心上包上云母纸、玻璃漆布等绝缘，用漆或树脂粘牢，加热固化，最后把绕好的线圈套上去。

2）骨架式。用金属的或绝缘的骨架，把绝缘和线圈装上去，然后进行浸漆（或浸胶）处理，最后再和铁心装在一起。

3）直接绕线式。磁极铁心上包好绝缘以后，直接把导线绕在铁心上面。

2. 扁绕磁极线圈的制造工艺

扁绕磁极线圈的制造工艺为：绕线——退火——整形——焊引出线——绝缘——热压——清理——检查。

1）绕线。生产批量小或试制产品中，采用人工绕制；批量生产时采用扁绕机绕制。矩形导线扁绕比平绕困难，工艺过程长，但是扁绕线圈散热较好，机械强度较高，修理方便，故对于电流大的线圈用扁绕比平绕好。

2）退火和整形。由于扁铜线在绕制过程中受力而使线圈弹性扭歪，不易进行整形和绝缘处理，必须在无氧退火炉中进行退火处理，以降低材料硬度和消除绕制时产生的内应力。无氧退火处理工艺与单匝线圈相同。退火后表面应无氧化皮，导线弯折180°应无裂纹。然后在压床上用冷压工具将线圈压平。

3）绝缘和热压处理。目的是使匝间绝缘经过处理后变为坚固的整体，保证在运行中线圈不会松动，绝缘层也不会跑出，增加电机的可靠性。下面介绍凸极同步电机励磁线圈的绝缘及热压处理工艺。

热压处理在油压机上进行，所用胎具（见图4-23）在线圈套于模心之前要先将线圈通电（直流）加热，使温度上升至50~60℃（约5min），使玻璃坯布软化，易于套模。套模时，模心上面包1~2层绝缘纸，并将中间楔块塞入，放上压板。用木锤打紧，略微加些压力，使导线和玻璃坯布夹紧。然后通电加热使温度升至100~110℃，逐渐加压，如胶液流出太快，则压力要缓慢增加（线圈高度达到图样要求为止），温度升至150℃左右保压25~30min，至绝缘固化，切断电源，在压力下除去外面多余的坯料，再用冷风吹冷到50~60℃后除去压力。取出线圈并包好引出线绝缘。

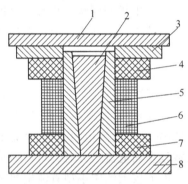

图4-23 热压处理胎具

1—上压板 2—楔块 3—套筒
4—胶木板（隔热） 5—模心 6—线圈
7—胶木板 8—压床平台

4.5 绕组的嵌装

4.5.1 软绕组的嵌装和接线

绕组展开图是嵌线工艺的依据。在考虑嵌线工艺之前应该搞清楚绕组展开图，从而找出嵌线工艺规律。下面分别介绍几种典型绕组嵌线工艺。

1. 单层链式绕组

小型三相异步电动机（11kW以下）当每极每相槽数$q=2$时，定子绕组采用单层链式绕组。

以$Q_1=24$、$2p=4$、$q=2$、$y=5$为例，定子绕组展开图如图4-24所示，其嵌线工艺如下：

1）因嵌完线后引出线的位置最好在机座出线口的两边，所以嵌第一个槽时，应考虑槽的位置。通常，定子铁心有 4 个扣片的在 2 个扣片之间，有 6 个扣片的在扣片的前一个槽。

2）先嵌第一相第一个线圈的下层边（因它的端边压在下层，故称下层边），封好槽（整理槽内导线，插入槽楔），上层边暂不嵌（这种线圈称为起把线圈或吊把线圈）。

3）空一个槽，嵌第二相第一个线圈的下层边，封好槽，上层边也暂不嵌（因 $q=2$，所以起把线圈有 2 个）。

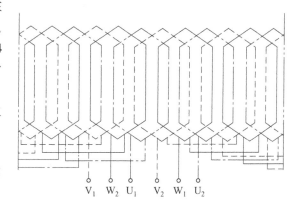

图 4-24　单层链式绕组

4）再空一个槽，嵌第三相第一个线圈的下层边，封好槽，上层边按 $y=5$ 的规定嵌入槽内，封好槽，垫好相间绝缘。

5）再空一个槽，嵌第一相的第二个线圈的下层边，封好槽，上层边按 $y=5$ 的规定嵌入槽内，封好槽，垫好相间绝缘。这时应注意与本相的第一个线圈的连线，即应上层边与上层边相连或下层边与下层边相连。

6）以后第二相、第三相按空一槽下一槽的方法，轮流将第一、二、三相的线圈嵌完，最后把第一相和第二相的上层边（起把）嵌入，整个绕组就全部嵌完。

单层链式绕组嵌线时有以下特点：

1）起把线圈等于 q。

2）嵌完一个槽后，空一个槽再嵌另一相的下层边。

3）同相线圈的连线是上层边与上层边相连，下层边与下层边相连。

2. 单层交叉式绕组

小型三相异步电动机（11kW 以下）当 $q=3$ 时，定子绕组采用单层交叉式绕组。以 $Q_1=36$、$2p=4$、$q=3$，$y=7$、8 为例，定子绕组展开图如图 4-25 所示，其嵌线工艺如下：

1）考虑好嵌第一槽的位置。

2）先嵌第一相的两个大圈中带有引出线的下层边及另一个下层边，封好槽，两个上层边暂不嵌（起把）。

3）空一个槽，嵌第二相小圈（单圈）的下层边，上层边也暂不嵌。

4）再空两个槽，嵌第三相两个大圈中带有引出线的下层边，并按大圈节距 $y=8$ 把上层边嵌入，紧接着嵌另一个大圈的下层边和上层边。

5）再空一个槽，嵌第一相小圈下层边，这时应注意大圈与小圈的连接线，即上层边与上层边相连，下层边与下层边相连。然后按小圈的节距 $y=7$ 把上层边嵌入槽内。

6）再空两个槽，嵌第二相的大圈，按上层边与上层边相连，下层边与下层边相连的原则，把一个大圈的下层边嵌入槽内，紧接着嵌另一大圈。

7）再空一个槽，嵌第三相的小圈，嵌线时注意本相连线。再按上述方法，把第一、第二、第三相线圈嵌入槽内，最后把第一、第二相起把线圈的上层边嵌入槽内。

交叉式绕组嵌线的特点是：

1）起把线圈数为 $q=3$。

2）第一、第二、第三相轮流嵌，先嵌双圈，空一个槽嵌单圈，空两个槽嵌双圈，再空一个槽嵌单圈，再空两个槽嵌双圈……一直嵌完，最后落把。

3）同相线圈之间的连接是上层边与上层边相连，下层边与下层边相连。

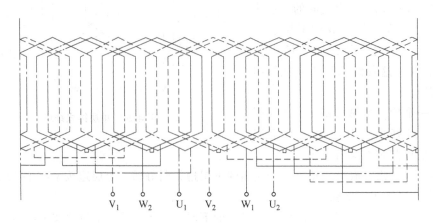

图 4-25 单层交叉式绕组

3. 单层同心式绕组

小型三相异步电动机（11kW 以下）当 $q=4$ 时，定子绕组采用单层同心式绕组。

以 $Q=24$、$2p=2$、$q=4$，$y=11(1\text{-}12)$、$9(2\text{-}11)$ 为例，定子绕组展开图如图 4-26 所示，其嵌线工艺如下：

1）选择好第一槽的位置后，先嵌第一相小圈带引出线的下层边，再嵌大圈下层边，两个上层边不嵌。

2）空两个槽，嵌第二相线圈的小圈和大圈的下层边，上层边也暂不嵌。

3）再空两个槽，嵌第三相线圈的小圈和大圈下层边，并按节距 $y=9(2\text{-}11)$ 和 $11(1\text{-}12)$ 把两上层边嵌入槽内。

4）按空两个槽嵌两个槽的方法，顺序把其余的线圈嵌完，最后把第一、第二相起把线圈的上层边嵌入槽内。

单层同心式绕组嵌线的特点是：

1）起把线圈数为 $q=4$。

2）在同一组线圈中嵌线顺序是先嵌小圈再嵌大圈。

3）嵌线时的顺序是嵌两个槽空两个槽。

4）同相线圈间的连线，应该是上层边与上层边相连，下层边与下层边相连。

单层绕组上述三种嵌线方法，连线都要事先套好套管，而且较长，连线之间还会出现交叉现象。因此，目前我国许多电机制造厂采用单层绕组穿线工艺。在嵌线之前，先把三相绕组按一定的规律穿好，然后根据以上方法把穿好的线圈按次序嵌入槽内。采用穿线工艺时，连线不需要套套管，也不需要加长，因此节省套管和铜线，而且端部整齐。

4. 双层叠绕组

容量在 11kW 及以上的中小型异步电动机定子绕组采用双层叠绕组。

以 $Q=24$、$2p=4$、$q=2$、$y=5$ 为例，定子绕组展开图如图 4-27 所示。

从双层绕组展开图可以看出，嵌线工艺比较简单。但应注意的是，在开始嵌线时有 y 个线圈上层边不嵌。其余线圈嵌完下层边后即按 y 嵌上层边。在嵌上层边之前，应先放入层间绝缘。直到全部线圈嵌完后，再把起把线圈的上层边嵌入槽内。

5. 单双层混合绕组

以 $Q=36$、$2p=4$，$y=8$（1-9）、6（2-8）为例，定子绕组展开图如图 4-28 所示，其嵌线工艺如下：

1）选择好第一个槽的位置后，把第一相第一组的小圈带有引出线的一边嵌入槽内，另一边不嵌，紧接着把大圈的下层边嵌入，上层边也不嵌。

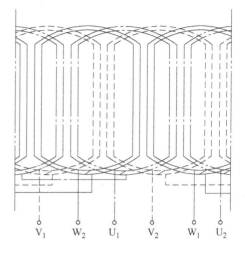

图 4-26　单层同心式绕组

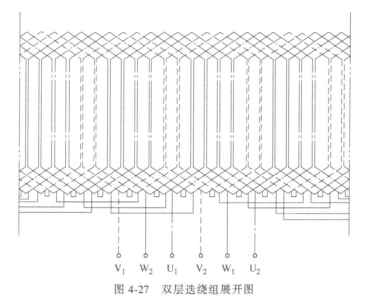

图 4-27　双层迭绕组展开图

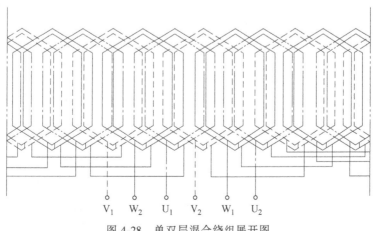

图 4-28　单双层混合绕组展开图

2）空一个槽，嵌第二相第一组的两个下层边，上层边也不嵌。

3）再空一个槽，嵌第三相第一组的两个下层边，并按 $y=6(2\text{-}8)$ 和 $8(1\text{-}9)$ 把两上层边嵌入槽内。

4）按空一个槽嵌两个槽的方法，顺序把其余的线圈嵌完，最后把第一、第二相的起把线圈的上层边嵌入槽内。

单双层混合绕组嵌线的特点是：

1）大圈每圈匝数等于每槽导体数，小圈每圈匝数等于 $\frac{1}{2}$ 每槽导体数。

2）大圈节距是8，是单层；小圈节距是6，是双层。

3）在同一组线圈中，嵌线的顺序是先嵌小圈，再嵌大圈。

4）嵌线时的顺序是嵌两个槽空一个槽。

5）同相线圈间的连接规律是上层边接上层边，下层边接下层边。

单双层混合绕组是由双层短距绕组变换过来的，它具有短距绕组能改善电气性能的优点，同时它又有一部分是单层绕组，这一部分具有不需要层间绝缘、下线较快的特点。

6. 接线

电机绕组若是以极相组为单元进行绕线，嵌线后就要进行一次接线。从电机制造厂生产工艺来看，单层绕组一般采用一相连绕的工艺，故一次接线仅用于双层绕组和维修中的单层绕组。

所谓一次接线就是将一相中所有的线圈按一定原则连接起来成为一相绕组。例如：一台4极电机，有4个线圈组，按极性的要求接线时，应该是头与头相连，尾与尾相连，如图4-29所示。

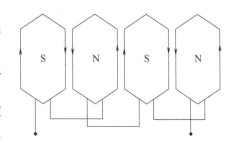

图4-29　4极电机接线方式

为了简便起见，在实际接线中，均绘制接线草图指导接线。下面以图4-29为例，绘制接线草图。

1）因 $2pm=4\times3=12$，在圆周上画12条短线，表示12个线圈组，如图4-30所示。

2）在短线下面标出相序，顺序为A、C、B、A、C、B、……。

3）在短线上画出箭头表示接线的方向，顺序为一正一反，一正一反、……。

4）按照箭头所指的方向，把A相接好。

5）根据A、B、C三相绕组应互差120°电角度原则，在此例中，$2p=4$，总的电角度为 $2\times360°=720°$，线圈组数为12，故两相邻线圈组间电角度为 $\frac{720°}{12}=60°$。则B相相头滞后A相相头两个线圈组；C相相头滞后B相相头两个线圈组。然后，按照A相连接方式，分别将B相和C相接好。

为了得出三相绕组相头互差120°电角度，可以有各种引出线的位置。如图4-31按顺时针方向，B相头比A相头滞后120°电角度，C相头比A相头超前120°电角度，这样三相相头仍互差120°电角度，同样可以产生三相旋转磁场。这种接线方式，6根引出线靠近，引线较短，可以节省引出线，也便于包扎。双层短距绕组，主要是用在Y180机座号及以上较大容量的电机中，因为每相绕组通过的电流较大，这样就必须选用较粗的铜线，但是铜线直径过大，会造成嵌线困难，故在双层绕组中，大多采用每相绕组由两个或两个以上的支路进行并联，以减小导线直径。几个支路并联连接的原则是：

1）各支路均顺着接线箭头方向连接，并联时使各支路箭头均是由相头到相尾。

2）并联后各支路线圈组数相等。

仍以三相四极电机为例，按照上面所说的原则接成两个支路并联。首先将每相线圈组数分别串联为两个支路。再加两个支路并联，其方法有两种：一种是邻极相组并联，如图 4-32a 所示；另一种是隔极相组并联，如图 4-32b 所示。

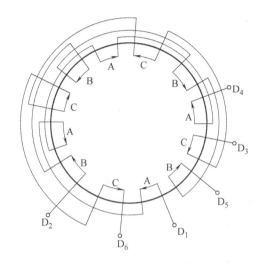

图 4-30 接线草图

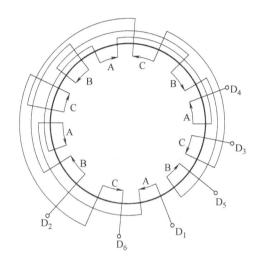

图 4-31 接线草图

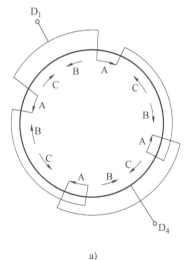

a)

b)

图 4-32 并联接线草图

a）邻极相组并联 b）隔极相组并联

这两种接线效果是相同的，均符合以上原则。这样，A 相绕组电流分两支路流过，每支路电流仅为相电流的一半，导线截面积也可减少一半。以上讨论的是一次接线的原则和连接方法。

4.5.2 硬绕组的嵌装

1. 多匝式定子硬绕组嵌装

分片嵌线圈的嵌装顺序如图4-33所示。线圈嵌入后，沿槽高方向如有间隙，需用垫条垫实，并使线圈两端伸出铁心外的长度相等。嵌第一节距线圈时，为使下层边能很好地放到槽底，必须把上层边临时放入相应的槽中，但无需沉到槽底。嵌一般线圈时，先嵌下层边，然后放好层间垫条，再将上层边嵌入已有下层边的槽内，剪去高出槽口的槽绝缘。折覆槽绝缘后，用压线板压实打入槽楔。用涤波绳或扎绳、垫块绑扎绕组端部。当嵌到最后一个节距

图4-33 分片嵌线圈嵌装顺序示意图
1—槽楔 2—线圈 3—垫条 4—槽绝缘

的线圈时，需将第一节距线圈的上层边（吊把线圈的上层边）用布带逐个吊起，以便嵌入最后节距线圈的下层边。待嵌好下层边后，即将吊把线圈逐个放下嵌好。吊把线圈的吊起高度应适当，以刚好能嵌入下层边为准，以免线圈绝缘受损。

半固化线圈嵌装前，一般已经过绝缘处理，绝缘层在室温时较脆，因此，均应将线圈加热到适当温度，使之呈柔软状态，操作时不至受损伤。

在8极以上的高压电机中，一般采用全固化工艺制造线圈，为避免线圈绝缘在吊放过程中受损，改用"垫把"方法嵌装，如图4-34所示。将第一节距线圈的上层边置于铁心内圆表面的垫块上予以升高，升高的距离以能使最后一节距线圈的下层边嵌入槽内为准；同时第一节距线圈的下层边放入槽内的深度应控制适宜（在线圈绝缘弹性变形以内）。随后几个节距线圈的下层边用垫块逐级递降嵌入槽内，经过几个过渡节距之后，即可按一般方法嵌装。待嵌到最后一个节距线圈时，取出垫块并嵌入最后节距的下层边，然后依次嵌好第一节距及过渡节距线圈。

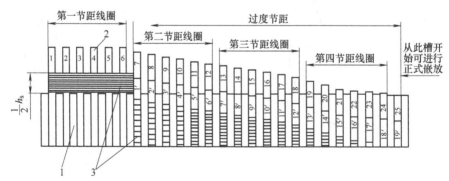

图4-34 多极数高压电机"垫把"嵌装过程
1—铁心 2—线圈 3—垫块 h_s—槽高

由于硬绕组嵌装时的绑扎工作较大，为及时查出绝缘不良的线圈，以便修理或更换，可在每嵌完若干个线圈后进行耐压试验一次，待全部嵌好后，再整个绕组进行试验。

2. 插入式硬绕组的嵌装

1）按图样要求在槽内放入垫条及槽绝缘。

2）将线圈涂上石蜡，然后根据图样由集电环端插入槽内。先插入底层线圈，此时应根据图样确定引线位置，并以此线圈作为第一个线圈将此线圈及槽分别作记号。沿逆时针方向按接线图所规定的各相连转子线圈依次插入转子，最后一节距的线圈若不能从下层插入，就从上层插入，然后落到下层。此时，应注意铁心端部到线圈拐弯处的尺寸，两端要一致。

3）用绳子将已嵌入的线圈成型端（前端）扎紧（临时的）。

4）底层线圈弯形。用铁管将线圈的后端部弯成曲线形，使其紧靠在线圈支架上，如图 4-35 所示，按尺寸 A' 在后端划线作为弯形的依据。用弯形工具将线圈弯成图 4-35 所示形状。图中，尺寸 A' 与线圈的成型端对应尺寸一致，尺寸 C 为 1/2 后端节距，尺寸 B 为上下层左右各线圈之差，全圆周长短之差应符合图样规定。弯形之后用木锤打平端部使其紧贴于线圈支架上，注意切勿打坏线圈绝缘。

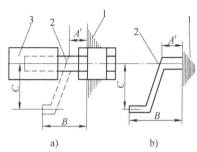

图 4-35　绕组的端部弯形

a）弯形前　b）弯形后

1—铁心　2—绕组　3—弯形工具

5）去掉临时绑扎线。根据图样在下层线圈的斜边部分上放好以玻璃丝带扎紧的层间绝缘板，并放入层间垫条。

6）插入上层线圈。将线圈涂上石蜡，按顺时针方向从集电环端插入上层，在插入最后一个节距的线圈时，应将先插入的几个线圈抽出来一点让路，而后再逐渐插入。

7）上层线圈弯形。根据第一个线圈位置来检查槽距是否正确，在弯形同时加以修整，使上下层线圈端部接头对齐。

8）打入转子槽楔。此时应注意槽楔下的垫片不要鼓起损坏。

9）耐压试验。

10）用并头套连接上下层线圈，插入并头楔，用钳子夹等，按图样装上风叶。

11）焊接。

12）扎钢丝或无纬玻璃丝带。

3. 直流电枢硬绕组的嵌装

由于直流电枢绕组在下好线以后，线圈端头要接到换向片上，这就要求铁心槽、换向片及线圈出头的相对位置有一定的关系，而不能任意连接。在小型直流电机内为了结构上的简单，电刷固定在端盖上，位置不能调整，这时从槽内出来的线圈端头接到哪一个换向片上就有一定的要求。因为要保证处在电刷下面的换向片所连接的线圈边刚好放在中性区内，对于较大些的直流电机，刷杆装在刷杆座上，位置可移动。中性区可以在试车时再调整，但因线圈多为硬扁铜线制成，端头位置全已固定，如果连接的换向片错位，将造成施工上的不方便。所以，在开始下线前要找一下位置，这个工作称为作电枢标记。下面以波绕组为例来说明。图 4-36 表示一个波绕组的电枢展开图。图中，y_1 代表前节距，y_2 代表后节距，y_1、y_2 以元件边数为单位；y_S 代表槽节距，以槽数为单位；y_K 代表换向节距，以换向片数为单位。可

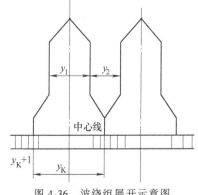

图 4-36　波绕组展开示意图

见，根据中心线就可以决定两个线圈边所在的槽及其应连接的换向片。

先决定取哪里作中心线。如果槽节距 y_S 为双数，则 $y_S/2$ 为整数，这时中心线应该通过铁心的槽的中心；如果 y_S 为单数则 $y_S/2 =$ 整数 $+1/2$，这时中心线应该通过铁心的齿的中心。对于换向器表面中心线是应该通过换向片中心还是应该通过云母片，可以这样决定，如果 $[(y_K+1)-1]/2 =$ 整数，则中心线通过换向片中心；如果 $[(y_K+1)-1]/2 =$ 整数 $+1/2$，则中心线通过云母片。

如果一个线圈边共有 n 个元件，即每个边有 n 个出头，要连接 n 个换向片，上面两个式子应写成：$[(y_K+n-1)-1]/2 =$ 整数，如图 4-37 所示，则中心线通过换向片中心；$[(y_K+n-1)-1]/2 =$ 整数 $+1/2$，则中心线通过云母片。根据已确定的中心线位置，就可决定第一个线圈所在的槽及所连的换向片了。

例 4-1　已知一台 55kW、4 极直流电机，槽数为 50，换向片数为 99，每个线圈由两个元件边组成（$n = 2$），槽节距 $y_S = 13(1-14)$，$y_K = 49(1-50)$，决定开始下线的槽和所连接的换向片。

解：（1）先决定中心线的位置，由于 $y_S = 13$，为单数，故知在铁心部分中心线应该通过齿中心，又因为 $(y_K+n-1)/2 = (49+2-1)/2 = 25$，为整数，故知中心线在换向器上应通过换向片中心。

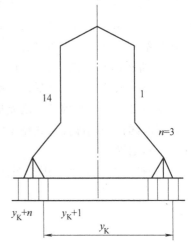

图 4-37　$n = 3$ 的绕组示意图

（2）将一根线绳（或钢直尺）拉直，使其在铁心部分对准一个齿的中心，在换向器表面对准一个换向片中心，记下这个齿和这个换向片，然后在铁心上以这个齿为起点（称作 0），向前后各数
$$\left[(y_S+1)/2 = \frac{13+1}{2} = 7\right]$$
7 个槽，即定为第 1 和第 14 槽，第一个线圈的两个边就按放在这两个槽内。接下去以找到的换向片为起点（称作 0），向前后各数 25 片，找到的两个换向片即为线圈外面的两个出头应该连接的换向片。把这个结果画出来，如图 4-38 所示。可见，如果以一侧（右侧）为起点，以右侧的线圈边所在的槽为第一槽，左侧的就是第 14 槽；如果以右侧元件边所连换向片为第一片，则中心线通过的为第 26 片，左侧元件边的内边头连接第 50 片（$y_K = 49$），外边头加接第 51 片。

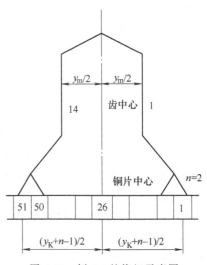

图 4-38　例 4-1 的绕组示意图

（3）第一个线圈放好位置后，接下去把其余线圈按顺序往下排就可以了。

例 4-2　已知一台 190kW、4 极直流电机，电枢铁心为 41 槽，换向片数为 123，每个线圈边有 3 个出头（$n = 3$），槽节距 $y_S = 10(1-11)$，换向节距 $y_K = 61(1-62)$，决定开始下线的槽和所应连接的换向片。

解：（1）决定中心线的位置。因为 $y_S = 10$ 为双数，故知中心线应通过槽中心；又因为

$(y_K + n - 1)/2 = \dfrac{61 + 3 - 1}{2} = 31\dfrac{1}{2}$，故知中心线在换向器表面应通过云母片。

（2）以钢直尺对准槽中心及云母片，并做出标记，以该槽为 0，向前后各数 $y_S/2 = 5$，可以找到两个槽（1 号、11 号槽）。再以找到的云母片为 0，向前后各数 32，找到两个换向片（1 号、64 号换向片），即为所要找的线圈出头外边应连接的两个换向片，如图 4-39 所示。

（3）第一个线圈的位置决定以后，其余各线圈按顺序往下排放。和小型交流电机定子线图嵌线一样，最初的几个线圈的上层边要等到最后再下进去。电枢绕组嵌线工艺还包括清理线头、焊接及端部绑扎等工序。

4. 端部绑扎

绕组端部一般采用无纬玻璃丝带绑扎，个别也有用钢丝绑扎的。

（1）绑扎计算

端部尺寸如图 4-40 所示，绑扎截面积为

$$TB = 0.89 \times 980 \frac{GD_0}{(\sigma)}\left(\frac{n}{1000}\right)^2 \tag{4-8}$$

式中　T——绑扎厚度，单位为 m；

　　　B——绑扎宽度，单位为 m；

　　　G——端部重量，单位为 kg；

　　　D_0——端部平均直径，单位为 m；

　　　n——转速，单位为 r/min；

　　　(σ)——工作温度时绑扎许用应力，Pa，取 196MPa，极限强度约 490MPa。

设绑扎每匝的厚度为 t，宽度为 b，则绑扎的匝数

$$W = \frac{TB}{tb}$$

常用的无纬玻璃丝带为 0.17mm×25mm，即 4.25mm²，故匝数为

$$W_1 = \frac{TB}{4.25 \times 10^{-6}}$$

采用钢丝绑扎时的匝数 $W_2 = W_1/K$，换算系数 K 见表 4-25。

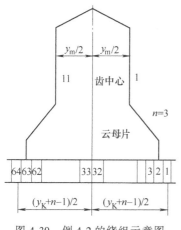

图 4-39　例 4-2 的绕组示意图

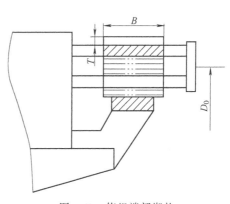

图 4-40　绕组端部绑扎

表 4-25　不同钢丝直径所对应的换算系数

钢丝直径/mm	1.0	1.5	2.0	2.5	3.0
换算系数 K	0.3	0.6	1.0	1.6	2.3

（2）绑扎工艺

绑扎前先整平端部，绑扎过程中，再边绑扎边整平端部。无纬玻璃丝带绑扎的固化在结组绝缘处理预烘时进行。绑扎工艺见表 4-26。

表 4-26　无纬玻璃绑扎带绑扎工艺

序号	工艺简述	0.7×0.25 带的绑扎拉力/N	适用范围
1	冷态绑扎	500	小型电机
2	炉热 80~100℃绑扎	500	中型电机
3	绑箍时钢丝箍→烘 80~100℃→边拆临时箍边扎绑箍	250~500	转速较高的中型电机
4	上夹紧工具→浸漆干燥→趁热拆去夹紧工具,随后扎绑箍	250	大型电机

4.6　绕组的焊接

4.6.1　绕组焊接的特点及分类

1. 绕组焊接的特点

绕组焊接的特点是接头多、尺寸小、结构形状多样，焊接是在接头邻近绝缘、空间狭窄的条件下进行的，因此，应尽量选用通用性强、不具腐蚀性、不影响邻近绝缘、经济而简便的焊接方法。

2. 绕组焊接分类

一般绕组焊接可分为钎焊、熔化焊和压力焊三类。铜绕组接头的焊接最常用的是钎焊。

（1）钎焊

钎焊的主要特点是钎料（焊料）的熔点低于被焊金属的熔点。焊接时，焊料熔化，但被焊金属不熔化。根据焊料的熔点和接头强度不同，钎焊又分为软钎焊（低温钎焊）和硬钎焊（高温钎焊）。焊料熔点低于 450℃，接头强度一般不超过 50~70MPa 的称为软钎焊；焊料熔点高于 450℃，接头强度可达 500MPa 的称为硬钎焊。软钎焊最常见的是锡焊，硬钎焊最常见的是银铜焊和磷铜焊。

（2）熔化焊

熔化焊是利用局部加热而使被焊金属熔化焊合的焊接方法，通常有气焊、氩弧焊、二氧化碳气体保护焊等。其中，氩弧焊应用得最普遍。中大型直流电机、牵引电机的换向片接头焊接一般都采用氩弧焊。

（3）压力焊

压力焊是将接头局部加热到接近熔化温度，同时加压力焊合的方法，常见的压力焊有点焊、冷压焊。

4.6.2 钎焊工艺

1. 钎焊的焊料和焊剂

焊料要有适宜的熔点，良好的润湿性、流动性、抗腐蚀性和导电性。

硬钎焊，焊料为磷铜和银铜（参见第 3 章 3.7 节的表 3-8）。磷铜焊料脆，不耐振动，不宜用于转子绕组焊接。银铜焊料性能优良，但价格贵，一般用于焊料质量要求高的场合，如大型发电机转子绕组、异步电机铜条笼型绕组，以及同步电机阻尼绕组等。

银铜焊料的焊剂采用缩水硼砂或 1/3 的硼砂加 2/3 的四氟硼酸钾。

软钎焊，焊剂有松香或松香酒精溶液。它对接头无腐蚀作用，并能形成保护膜保护焊接处不受氧化或腐蚀。另外，焊剂可采用氯化锌和氯化铵的焊药膏等，但这类焊剂对铜和绝缘有腐蚀作用，焊后要彻底清洗残余焊剂和焊渣。

常见的软钎焊（锡铅焊料）的成分与性能见表 4-27。

表 4-27 常用锡铅焊料的成分与性能

牌号	主要成分（质量分数）（%）			熔点 /℃	电阻率 /($\Omega \cdot m$)	抗拉强度 /MPa	应 用
	Sn	Sb	Pb				
HLSnPb50	49~51	≤0.8	余量	210	1.56×10^{-7}	38×10^2	换向器与绕组引出线的焊接
HLSnPb58—2	39~41	1.5~2.0	余量	235	1.70×10^{-7}	39×10^2	各种线圈之间的焊接
HLSnPb68—2	29~31	1.5~2.0	余量	256	1.82×10^{-7}	33×10^2	接头搪锡

2. 软钎焊工艺概述

软钎焊可分烙铁焊、浸渍焊和波峰焊等。

（1）烙铁焊

烙铁焊又分为火烧烙铁焊、电热烙铁焊、变压器快速烙铁焊等。烙铁的大小和端面形状与电机容量及施焊部位有关。大容量电机需配备足够的热容量烙铁来保证焊接质量。焊接时，先把烧热的烙铁搪上锡，同时在线头上涂焊剂（松香酒精溶液等）。然后将烙铁放到线头线面并紧贴线头，当松香酒精溶液沸腾时，立即把焊锡条触在线头和烙铁上，必要时可适当添加焊剂，使锡液更易渗入。焊接时，不能使烙铁烧得过热，以防止其氧化挂不上锡而"烧死"；要防止烧伤邻近的绝缘，并避免锡渣落入绕组内部。

（2）浸渍焊

浸渍焊是把接头放入锡液中进行焊接的一种方式。一般交流电机定子绕组接头，采用手提式电热浸焊斗。对于直流电枢换向器接头，一般都采用浸渍焊。电枢整体浸渍焊如图 4-41

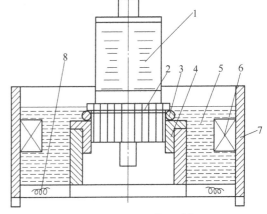

图 4-41 电枢整体浸渍焊

1—电枢 2—换向器 3—石棉绳 4—套筒
5—熔锡 6—沉箱 7—锡锅 8—电阻丝

所示。

浸焊时，将换向器待焊部位涂上松香酒精溶液，环形焊槽下面有套筒，其孔的直径稍大于换向器2的工作表面直径。将换向器直立放入套筒孔中，套筒与换向器之间空隙应用石棉绳3塞住。焊锡是在锡锅7中熔化，热源由线圈8中的交流电供给，此电流在锡锅的铁壁中产生涡流，涡流产生的热量使焊锡熔化。由于铜的导热快，焊接时焊锡容易冷却，故在焊接前由线圈将环形焊槽和换向器焊接处预热。然后放下沉箱6，使锡锅中的溶液平面上升，经斜槽流入环形焊槽中，将电枢绕组与换向片焊接在一起。焊完后，再提升沉箱，焊锡就由斜槽流回锡锅。焊锡的温度不宜过高或过低，一般在280℃左右。焊接时间越短越好，一般不超过几分钟，以免换向器过热得太厉害。电枢绕组与换向器的焊接采用锡焊，设备比较简单，整体一次锡焊的生产效率也比较高。但是由于锡及锡合金的熔点低，只能用于绝缘等级B级以下的电机，不适用于F、H级绝缘的电机；而且整体一次锡焊后换向器的温度往往超过最高工作温度，使换向器内产生过大的应力，也使换向片硬度降低，影响换向器质量。为解决上述问题，可采用氩弧点焊工艺焊接电枢绕组和换向器。

（3）波峰焊

以波峰形式利用焊机内的泵压出一股平稳的液态焊料至焊接位置进行焊接，称波峰焊。波峰焊使用于中小型直流电机的换向器焊接，与整体浸渍焊相比，具有焊接温度均匀，焊接速度快，换向器表面温度低，质量稳定可靠，省电等优点。

3. 硬钎焊工艺概述

硬钎焊的焊料熔点高，一般采用气焊、电阻焊、中频感应焊等。

（1）气焊

气焊是利用氧—乙炔火焰，并把焊接部分加热，使焊料熔化而使焊接部分焊合。施焊时，为防止温度过高而使其金属结晶变粗，在把焊接部分加热到呈樱桃红色时，即在焊接处洒上焊剂，并放上焊条，让焊接部分热量传递给焊条，令其自然熔化填入焊缝。施焊时，不能用火焰直接烧焊条，以免焊件温度不够，焊条熔化造成虚焊。

（2）电阻焊

电阻焊是根据焊接部分接触处电阻较大，通过大电流时，便在接触处产生高温而使焊料熔化，充填焊接部分的焊缝。电阻焊一般采用焊钳或对焊机。

（3）中频感应焊

中频感应焊的感应线圈系用矩形空心导线制成，中间可通水冷却。中频感应焊加热迅速均匀，生产率和质量均比较高，但应注意焊接次序，尽量减少焊接应力的影响。

4. 熔化焊与压力焊工艺概述

为避免开焊和甩焊，对过载大的直流电枢绕组和换向器的焊接，常采用加热速度快、通电时间短、热影响区域小的氩弧焊、点焊和冷压焊。

（1）氩弧焊

氩弧焊是以氩气保护的一种电弧焊。电极用钨或钍钨制成，采用直流电源。氩气从喷嘴中喷出形成层流，在全部焊接过程中包围着电极和熔池，使已熔化的金属受到保护不被氧化，并使热量集中，以保护附近的绝缘不受烧伤。为避免换向器温度过高，可用空心铜环箍紧在换向器表面上，空心铜环内用水循环冷却。焊接时不是一片接一片连续施焊，而是每隔几片焊接一次，经过几个循环才将全部换向片接头焊完。经验证，如果操作正确，换向片硬度不会降低，云母片不会发生烧伤问题；焊头牢固可靠，不受过载影响。

（2）点焊

点焊是利用带铜钼电极的点焊设备，在电枢绕组与换向器焊接处通以短时大电流，使铜熔化成为焊点，熔化深度为 2~3mm，焊点直径为 2mm 左右，由一连串焊点连成焊线，使电枢绕组与换向片（或升高片）牢固焊接在一起。

（3）冷压焊

冷压焊是将对接的压钳同接头钳合在一起，施加较大的压力，让接头在冷状态下焊合的一种方法。φ0.8mm 以上的圆线或扁线采用冷压焊都可以对接，绕组引出线可以搭接。冷压焊的优点是不需加热、无焊料焊剂、接头强度不低于基本金属、可有效防止焊接过程中绝缘受伤和腐蚀等，是接头对接较理想的方法。但此法需有搭接模具，并对对接的压钳精度要求较高。

4.7 绕组的绝缘处理

电机制造过程中，绕组要经过严格的绝缘处理，以提高机械、电气及其他防护性能。浸渍处理是电机制造中很关键的工序。一般地讲，绝缘处理分为浸漆处理和浸胶处理两大类。浸漆处理适用于低压电机定子绕组及直流电枢绕组；浸胶处理则用在高压电机线圈上（在嵌线以前浸胶）。有特殊要求的，如三防电机，则在浸漆时采用较特殊的处理。下面介绍适用于一般环境下运行使用的 500V 级以下的小型三相异步电动机（中心高为 80~280mm）的绝缘处理工艺。

4.7.1 浸漆处理的目的

电机绕组绝缘处理是指用绝缘漆浸渍填充内层和覆盖表面。绕组绝缘处理的目的是：

1）提高耐潮性。绝缘在潮湿空气中将不同程度地吸收潮气，从而引起绝缘性能恶化，绝缘经浸漆、干燥固化后，就能将其细孔填满并在表面形成光滑致密的漆膜，可提高阻止潮气和其他介质侵入的能力。

2）减缓老化程度，提高导热性能和散热效果。由于绝缘结构表面形成的漆膜使空气中的氧和潮气等不易浸入绝缘内部，因此，可延缓老化过程，从而延长绝缘结构的使用寿命。绝缘漆的热导率约为空气的 5 倍，用漆填充空气隙后能改善绝缘结构的导热性能，提高散热效果。

3）提高电气性能和机械性能。绝缘漆的绝缘强度及其他电性能远高于空气，经绝缘处理后，绕组粘结成一个整体，既提高了绕组的电气性能，又避免了由于电磁力、振动和冷热伸缩引起的绝缘松动与磨损。

4）提高化学稳定性。经绝缘处理后，漆膜能防止绝缘材料直接与有害的化学介质接触而损害绝缘性能。经过特殊绝缘处理，还能使绕组绝缘具有防霉、防电晕、防油污等能力。

4.7.2 烘房结构

烘房按照通风方式分为自然通风和热风循环两种。热风循环式烘房结构原理如图 4-42 所示。

空气在预热器内用水蒸气加热或电加热，然后用鼓风机吹入烘房内部加热工件，排气管和进气管都由阀门控制。这种结构的烘房空气流动快，房内温度较均匀，干燥效率高，电机制造厂普遍采用。

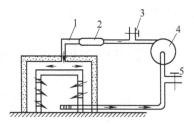

图 4-42 热风循环式
烘房结构原理
1—隔热板 2—空气预热器 3—排气口
4—鼓风机 5—进气口

4.7.3 普通二次浸漆

目前国内电机厂生产的低压电机以 E 级和 B 级绝缘为主，一般采用二次浸漆。所浸的漆是 1032 三聚氰胺醇酸树脂漆，溶剂为二甲苯或甲苯，采用的工艺是热沉浸工艺，烘干次数为 2 次。普通二次浸漆的工艺参数见表 4-28。从表中可知，浸漆的过程由预热、浸漆、烘干三个主要工序组成。

表 4-28 普通二次浸漆的工艺参数（B 级绝缘、浸 1032 漆）

序号	工序名称	处理温度/℃	电机中心高/mm	处理时间	绝缘电阻稳定值 /MΩ
1	白坯预烘	120±5	80~160	5~7h	>50
			180~280	9~11h	>15
2	第一次浸漆	60~80	—	>15min	—
3	滴漆	20	—	>30min	—
4	第一次烘干	130±5	80~160	6~8h	>10
			180~280	14~16h	>2
5	第二次浸漆	60~80	—	10~15min	—
6	滴漆	20	—	>30min	—
7	第二次烘干	130±5	80~160	8~10h	>1.5
			180~280	16~18h	>1.5

1. 预烘

预烘的目的是：驱除绕组中所含的潮气，以提高绕组浸漆的质量；提高工件浸漆时的温度，当工件与绝缘漆接触时，绝缘漆黏度降低、很快地浸透到绕组里去。

工件开始加热后，每隔 1h 测量一次绝缘电阻，记录所测结果，并同时记录烘房温度，直到绝缘电阻重新升高并连续稳定达 3h 以上（其电阻值的变化小于 10%），并不少于浸漆预烘规范的规定时间为止。根据记录下来的数据可绘制烘房温度与时间的关系曲线（见图 4-43 曲线 1）和绝缘电阻与时间的关系曲线（见图 4-43 曲线 2）。

从曲线 2 可以看出。a 至 b 段绝缘电阻逐渐下降，原因是温度逐渐升高，绕组内部水分不断蒸发，而导致绝缘电阻开始下降。直到烘房温度稳定以后绝缘电阻变化趋向最低值，即

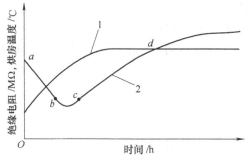

图 4-43 烘房温度及绝缘电阻变化曲线
1—温度变化曲线 2—绝缘电阻变化曲线

bc 段。再经过一定时间以后，潮气不断减少，绝缘电阻又逐渐上升，如 *cd* 段，最后绝缘电阻稳定（如 *d* 后面部分），说明绕组内部已经干燥。

在预热升温期间，应使新鲜空气不断与烘房内空气交换，以加速潮气的蒸发，当大部分潮气已经除去时，应有少量换气而保持炉温，以求烘焙速度较快，节省时间。

2. 浸漆

待绕组冷却到 60~80℃ 时，将有工件的浸漆干燥架吊入漆缸内浸漆。较大尺寸的定子可单件吊起使其竖直或倾斜 30° 角沉入漆中。漆面应高于绕组 200mm 以上，直浸到没有气泡逸出，并不少于规定时间。

如果浸漆时工件温度高于 80℃ 与绝缘漆接触，将促使溶剂大量挥发，造成材料消耗。另一方面，在较热的工件表面迅速结成漆膜，堵塞绝缘漆继续浸入的通道，还会造成浸不透的后果。反之，如果浸漆时工件温度太低，则与它接触的漆的温度就会降低，漆的黏度增大，流动性和渗透性差，也使浸漆效果不好。经验证明，采用热沉浸工艺时，工件温度选在 60~80℃ 为宜。

漆的黏度是用福特杯 4 号黏度计（即 4 号福特杯或 Bz—4 杯）来测量。福特杯 4 号黏度计是一个容积为 100cm³ 的铜杯（黄铜或纯铜），结构如图 4-44 所示。该杯流出口需严格控制在公差范围内，否则所测得的黏度误差会很大。使用时，将福特杯全部沉入漆内，大杯口朝上，垂直方向取出（在福特杯颈部系一铜丝，作为提取用），当漆面达到杯内口表面时，按下秒表开始记时，一直到杯内所有的漆液流完，记下时间和温度。此时所得的秒数，即为在当时漆温下漆的黏度。时间愈长，黏度越大；时间越短，黏度越小。

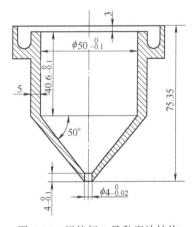

图 4-44　福特杯 4 号黏度计结构

浸漆过程中黏度的选择一般这样考虑：第一次浸漆时，希望漆渗透到绕组内部，因此希望漆的渗透性好一些，故漆的黏度应该较低，一般可取 20℃，Bz—4，18~22s。第二次浸漆主要是为了在绝缘表面形成一层较好的漆膜，因此漆的黏度应该大一些，一般取 20℃，Bz—4，28~32s。

漆的黏度选用不合适会造成哪些后果呢？可以这样来分析：在一定的温度下（如室温 20℃）黏度和它的溶剂量有关系，溶剂越多，固体含量越少，漆的黏度就越低。如果使用低黏度的漆，虽然漆的渗透能力强、能很好地渗到绕组的各空隙中去，但因为漆基的含量少，当溶剂挥发以后，留下的空隙较多，使防潮能力、导热能力、机械强度和绝缘强度都受到影响。如果使用的漆黏度过高，则漆难以渗入绕组内部，即发生浸不透的现象，防潮能力、导热能力、机械强度和电气强度同样达不到要求。

由于漆温对黏度影响很大，所以，一般规定以 20℃ 为基准。考虑到测量时漆温不可能恒定在 20℃，因此在其他温度下测量时，必须加以换算。当采用普通的二次浸漆工艺时，按表 4-29 换算。

福特杯使用后，必须用溶剂清洗，注意保存，尤其要注意流出孔勿被阻塞或损伤。标准 4 号福特杯，在 20℃ 时，蒸馏水的黏度是 11.5s，可根据这一标准进行校验。

工件在漆液中沉浸的时间一般作以下考虑：第一次浸漆时为了使漆较好地填充到绕组内

部,浸漆的时间应该长一些,例如浸 1032 漆一般为 20 ~ 30min (待气泡不再发生为止);第二次浸漆主要是为了形成表面漆膜,因此浸渍的时间可以短一些。从另一方面看,如果第二次浸漆的时间太长,反而将第一次浸漆漆膜损坏,得不到好的浸漆效果,所以第二次一般浸 10 ~ 15min。

表 4-29　二次浸漆工艺 1032 绝缘漆黏度—温度对照

温度/℃	1032		温度/℃	1032		温度/℃	1032	
	时间/s	时间/s		时间/s	时间/s		时间/s	时间/s
	一次浸漆	二次浸漆		一次浸漆	二次浸漆		一次浸漆	二次浸漆
40	16	19.5	26	18.2	27	12	25.5	40
39	16	20	25	18.4	27.5	11	26	42
38	16	20.4	24	18.7	28	10	27	43.5
37	16	20.8	23	19	28.5	9	28	45.5
36	16.2	21	22	19.4	29	8	28.5	47
35	16.2	21.5	21	19.8	29.5	7	30	50.5
34	16.5	22	20	20	30	6	32	52
33	17	22.5	19	21	32.5	5	33	53.5
32	17.2	23	18	21.5	34	4	33.5	55
31	17.4	23.5	17	22	35	3	34.5	58
30	17.6	24	16	22.5	35.5	2	35	60.5
29	17.8	24.8	15	24	36.5	1	36	62
28	18	25.5	14	24.5	37.5			
27	18	26	13	25	39.5			

3. 烘干

浸过漆的工件应放在空气中滴漆大约 30 ~ 40min,使不再有余漆滴出。同时还应仔细地清除铁心表面的余漆。工件经过充分的滴干,可以避免把易燃的漆液带进烘房,引起火灾和爆炸。清理表面的余漆是为了减少以后刮漆的工作量。

烘干过程由两个阶段组成。烘干的第一阶段是漆中溶剂挥发的过程,这时烘房的温度控制在略高于溶剂挥发点。溶剂(苯)的挥发点是 78.5℃,因此,烘房温度控制在 70 ~ 80℃即可。第一阶段也称为低温阶段,如果这时的温度过高,会使溶剂挥发过快,在绕组的表面形成许多小孔,影响浸漆质量。同时,过高的温度将使工件表面的漆很快结膜,渗透到绝缘内部的溶剂不易挥发,反而不易烘干。为了溶剂能够尽快挥发,应该加大烘房的通风量,开大进出风口,或间断地打开烘房门,以便降低烘房内溶剂气体的浓度,减少着火和爆炸的危险。烘干的第二阶段是为了使漆基氧化。在工件表面形成牢固的漆膜。这时烘房温度应提高到 (130 ± 5)℃,故又称之高温阶段。此时,还需要不断补充新鲜空气,因为高温和换气能加速氧化和聚合的过程,使烘焙的时间缩短,并提高漆膜的强度。而低温缺氧的烘焙,即使延长时间,也不能获得高质量的漆膜。烘焙的时间要根据绝缘电阻的数值来定,一般要求在绝缘电阻与时间的关系曲线上达到三点稳定,即认为已经烘干。

4.7.4　真空加压一次浸漆

在我国,有些工厂为了提高绕组的浸渍质量,缩短浸烘周期,采用了真空加压一次浸漆工艺，电机绕组浸漆的质量超过了普通二次浸漆的质量。

真空加压一次浸漆的工艺过程如下（见图4-45）：

1）预烘。将工件吊入烘房，1h升温至110~120℃，然后保持1.5h。

2）入罐。将预烘好的工件吊入浸漆罐内，然后密封罐口。

3）抽真空。开动真空泵，抽出浸漆罐内的空气。抽真空至剩压力 $2.67×10^2$Pa 时保持此值20min。

4）输漆。利用浸漆罐内的真空，将黏度为41s（20℃，Bz—4）的1032漆输入浸漆罐内，当漆面高出工件500mm时关闭阀门，并稳定10min。

5）加压。开动空气压缩机，将过滤的干燥空气

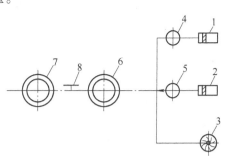

图4-45　真空加压浸漆管道示意图
1—真空泵　2—空气压缩机　3—鼓风机
4—冷凝器　5—空气过滤器　6—浸漆罐
7—贮漆罐　8—阀门

打入浸漆罐内。在气压升至0.5~0.6MPa后，保持恒压20min。

6）排漆。利用浸漆罐的余压，将漆压回贮漆罐内。

7）排气。开动鼓风机，将浸漆罐内的挥发物抽出（0.5h）。

8）开罐。将工件滴干后（从排完漆开始，1h左右），撤除浸漆罐口的密封。

9）入炉干燥。将滴干的工件吊入烘房，关好烘房门；升温，先低温预热3h，温度为80~100℃；逐步升高到120~130℃，烘焙9h左右（以绝缘电阻值稳定为准）。

4.7.5　少溶剂环氧浸渍漆一次浸漆

为了提高绕组的浸渍质量，缩短浸烘周期，降低成本，一些工厂采用少溶剂环氧漆一次热沉浸工艺。

工艺过程如下：

1）预烘。将工件放入烘房，预热温度（120±5）℃，时间为3h。

2）浸漆。将工件吊入漆槽内，漆面应高出定子绕组200mm以上，浸到无气泡冒出。

3）滴漆。浸过漆的工件在空气中放置约30~40min，直至无余漆滴出。

4）低温干燥。工件滴干后放入烘房，烘房温度控制在70~80℃，时间大于1h。

5）高温干燥。烘房温度升高至（135±5）℃，时间为8h。绝缘电阻连续稳定3h以上可出炉。

少溶剂环氧浸渍漆一次沉浸工艺有以下特点：

1）浸渍漆本身防霉，不加任何防毒剂，毒性小，可改善劳动条件，减轻环境污染。

2）有良好的电气性能，击穿温度、绝缘电阻都优于1032漆；机械强度高，固化后的定子线圈硬而不脆。

3）固体含量高，浸透性好，挂漆量大，可实现一次浸烘，缩短了生产周期，节约能耗50%，使电机成本降低，有较好的经济效益。

4）漆的黏度小，一次浸漆定子铁心内外圆表面挂漆量小，不用刮漆，可以减轻工人劳动强度。

4.7.6　快干无溶剂漆的滴浸工艺

上面介绍了 1032 三聚氰胺醇酸树脂漆的热沉浸工艺。这种工艺的缺点是：浸烘周期长，生产效率低；在漆中含有 50% 左右的溶剂，在烘干过程中要白白跑掉，造成很大的浪费；由于溶剂的挥发使漆膜在生成过程中产生大量微孔，降低了绕组的防潮性能和导热性能；漆中含有对人体有害的甲苯、二甲苯等溶剂，在浸烘过程中大量挥发，影响工人的身体健康。为适应电机工业的飞速发展，我国又试制成功了无溶剂浸渍漆和转盘式小型电机定子浸烘自动线，实现了小型电机绝缘处理的自动化，改善了劳动条件，减轻了劳动强度，缩短了浸烘周期，提高了劳动生产率和产品质量。Y 系列小型异步电动机采用这种工艺，定子绕组的温升可降低 6℃ 左右。

下面介绍 1034 环氧聚酯无溶剂漆的配制方法、滴浸原理和滴浸工艺。

1. 配制方法

1034 滴浸用快干无溶剂绝缘漆的配方见表 4-30。各种原料分开包装，置于干燥阴凉处，贮存期可达三个月。使用时需按表 4-30 的比例自己配制，配好的漆在室温下放置，黏度逐渐增加，但在 3~4 天内仍可使用。配制过程是：

1）在容器中用苯乙烯溶解过氧化苯甲酰。

2）在混合器中相继放入甲基丙烯酸聚酯、不饱和聚脂和 618 环氧树脂，搅拌均匀后加入上述过氧化苯甲酰的苯乙烯溶液，继续搅拌均匀，再加入萘酸钴，混合均匀。

3）在搅拌过程中，将正钛酸丁酯慢慢加入上述混合物中。搅拌至呈棕红色透明液体为止。加正钛酸丁酯时，有热放出，因此要和缓，并要边加边搅拌，以免引起局部胶化。

表 4-30　1034 滴浸用快干无溶剂绝缘漆的配方

材料名称	规格	配比(重量:份)	材料名称	规格	配比(重量:份)
甲基丙烯酸聚酯	—	70	苯乙烯	—	3
不饱和聚脂	—	18	萘酸钴	含量 2.5%	3
618 环氧树脂	—	12	正钛酸丁酯	纯度 98% 以上	3
过氧化苯甲酰	含量 90% 以上	1			

2. 滴浸工艺原理

按表 4-30 配制的无溶剂漆，在 20℃ 时，黏度大约为 3min（但其黏度随温度的升高急剧下降，如图 4-46 所示，在 70℃ 时，漆的黏度为 20s 左右。温度在 120℃ 左右时，漆开始胶凝，胶凝的时间很短，一般在 6~12min 内。在胶凝前，漆一直是很稀的液体（黏度基本上不变），有利于漆在绕组中浸透和覆盖。在胶凝后，经过短时间的加热，可达到充分固化，并有很高的电气强度和机械强度，这样就为缩短浸烘周期提供了有利条件。

由于无溶剂漆具有上述特性，所以当把无溶剂漆连续滴到已被预热并具有一定倾斜角的不断转动的定子绕组的上端部时，如图 4-47 所示，漆接触到热的绕组后黏度迅速下降，在重力、毛细管作用和离心力的作用下，很快渗透到绕组内部，由上端流至下端充满槽内空隙，直至完全浸润为止。当漆自绕组下端部开始滴干时，停止滴漆，立即将定子铁心由倾斜转动改变成水平转动。此时，漆仍有良好的流动性，在不断转动的情况下，完成浸渍和覆盖。这时，再迅速提高绕组温度，使漆迅速胶凝和固化，使之达到一定的电气、机械性能。

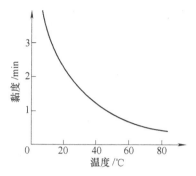

图 4-46 黏度与温度关系曲线

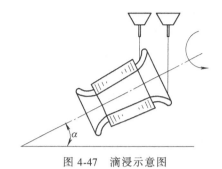

图 4-47 滴浸示意图

3. 滴浸工艺过程和工艺参数的选择

滴浸工艺的整个过程分为预热、滴浸、后处理（胶凝和固化）三个阶段，如图 4-48 所示。

下面所介绍的工艺过程和工艺参数，以某电机厂 Y 系列 Y80~Y160 电机定子绕组滴浸自动线为例。

滴浸自动线是由 12 个工位的转盘及其转动装置、滴漆、加热等设备组成的，如图 4-49 所示。转盘每 4min 转动一次，工件即前进一个工位。全过程（包括装卸工件）共需 48min。其中，1、2、12 三个工位，工件静止不动；3 工位，工件倾斜旋转；4~11 工位，工件水平旋转。

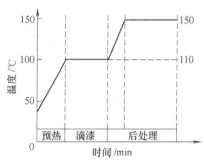

图 4-48 滴浸工艺的三个阶段

（1）预热阶段

定子绕组加热到滴浸所需温度，可以采用绕组直接通电加热和外部间接加热两种。后者用红外线辐射加热或热风循环加热。直接通电加热，一般是经过调压器向绕组通入工频交流电流。预热温度为 100~115℃。

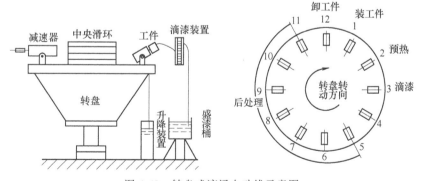

图 4-49 转盘式滴浸自动线示意图

（2）滴浸阶段

滴浸阶段需要控制的工艺参数有：滴浸温度和时间、工件倾角、工件转速、滴漆流量和时间。

1）滴浸温度和时间。确定合适的滴浸温度和时间，是保证滴浸质量的重要因素之一。

如果温度过高，漆在绕组中尚未完全填满就产生胶凝，会堵塞定子槽，使绕组无法浸透；如果温度过低，漆的黏度大，会使滴漆浸透困难，使滴浸时间延长，甚至填充不满。对于Y80~Y160电机的定子绕组，配合节拍为4min的转盘转动，滴浸温度为100~115℃。

2）工件倾角。工件倾角小，需要的滴浸时间长；工件倾角大，滴浸时间可以缩短。对于线径粗、铁心短、槽满率低的电机，因为倾角大、漆渗透快，如果滴漆时间短，会造成填充不良，所以工件倾角应当小一些。反之，对于线径细、铁心长、槽满率高的电机，为了加快漆的渗透、缩短滴漆时间，工件倾角应当大一些。对于定子绕组端部长的两极电机，工件倾角要小一些，否则，绕组端部含漆量小，表面覆盖不良。工件倾角一般在15°~35°之间选用。

3）工件转速。定子绕组在滴漆时，需要连续转动，才能使绕组端部得到均匀的漆液，并使漆沿着各槽流到绕组的下端部。转速太高时，会出现甩漆，使铁心外圈沾漆，槽底漆多，槽口漆少；转速太低时，会产生漆的流失。对于直径大的电机，选较低的转速；反之，取较高的转速。Y系列H80~H160的电机定子，可分别选用40r/min、30r/min、20r/min。

4）滴漆流量和时间。定子绕组在滴漆时，滴漆装置在单位时间内均匀供给定子绕组的漆的数量，称为滴漆流量。在保证漆对绕组能填充、渗透、覆盖良好，且漆不污染定子铁心内外圆的前提下，应选用大的滴漆流量。Y80~Y160电机各种规格的定子，滴漆流量调节范围为30~200mL/min。

（3）后处理阶段

后处理阶段又分为胶凝和固化两个阶段。在不引起绝缘损坏的前提下，可尽量采用较高的温度，缩短后处理时间。对于B级绝缘的电机，在短时间内，可采用150℃作为后处理温度。温度由100~115℃升到150℃，胶凝阶段约8min，以后在150℃温度下固化，约20min。

4.7.7 湿热带三防电机的浸漆处理

湿热带三防（防潮、防霉、防盐雾）电机工作在条件很恶劣的湿热带地区。在这些地区，空气中湿度很大（25℃时相对湿度为95%左右），有霉菌，有盐雾，所以电机容易受潮而使绝缘电阻降低，绝缘表面容易长霉而使绝缘材料变质（温度为17~38℃、相对湿度为75%以上最适于霉菌的生长），金属零件和绝缘容易受到盐雾的腐蚀。因此，湿热带电机应具有防潮、防霉、防盐雾的能力。

湿热带三防电机定子绕组的浸漆处理，要求比一般的电机严格（其他有关零件都要进行三防处理）。对于B级绝缘的电机，定子绕组嵌线和接线后，浸1032三聚氰胺醇酸树脂漆三次，其工艺参数与普通的二次浸漆工艺类似；喷环氧酯灰瓷漆一次，黏度为35~45s。喷覆盖漆时工件温度为50~80℃，喷完后，在（120±5）℃温度下烘干（大约烘2h）。

漆膜表面应光滑平整，无气泡、起皱、脱皮及裂纹现象；要求覆盖面全部喷到，并做到表面颜色一致。

4.7.8 定子绕组绝缘浸渍干燥工艺守则

Y、Y—L系列三相异步电动机定子绕组绝缘浸渍干燥工艺守则：

适用范围

1）本守则适用于一般环境下运行使用的、中心高为80~280mm的低压小型异步电动机的定子绕组，采用 1032 绝缘漆、二次浸漆干燥的绝缘处理工艺。

材料

2）电机定子浸漆、干燥时需用材料见表 4-31。

表 4-31　需用材料

浸渍绝缘漆	溶　剂	其　他
1032 三聚氰胺醇酸树脂漆	二甲苯或甲苯 （工业纯）	漆刷、揩布 （不挂丝）

设备及工具

3）电机定子绕组绝缘处理工艺需用下列设备及工具：

① 烘房：具有强迫循环通风和测量、调节温度设备，并有测量工件绝缘电阻接线装置。其工作温度为（130±5）℃。

② 烘焙用干燥架、铁筐等。

③ 搬运工具：平车、吊车等。

④ 浸漆用设备：浸漆罐（具有密封的盖罩），滴漆盖、储漆槽。

⑤ 黏度计：Bz—4 号黏度计和秒表。

⑥ 温度计：0~150℃。

⑦ 兆欧表：500V。

⑧ 空气压缩机：产生气流净化绕组绝缘。

⑨ 刮漆工具：铲刀、刮刀或刮漆机等。

工艺准备

4）操作前先查对工件要求的绝缘规范和绝缘处理工艺守则，再检查操作用的材料、设备和工具是否达到使用要求。对绝缘漆应先测量黏度并调节到下述规定数值：

第 1 次浸漆：Bz—4 号黏度计（20℃），18~22s；

第 M 次浸漆：Bz—4 号黏度计（20℃），28~32s。

5）检查工件绕组及绝缘，不应有损伤和污迹。然后将引出线连接好再绑扎在一起。

6）凡损坏的工件，如引出线破损、线圈碰伤、槽楔滑出和绑扎松开等的工件，应给予修复或更换。

7）用压缩空气仔细净化工件，并用漆刷、揩布配合清理工件。

工艺过程

8）白坯预烘。

① 把待浸漆的工件按下述规定装上平车：

同批入烘房的定子规定应接近。

根据烘房的特点堆放定子：Y80~Y160 电机定子绕组排放在分层的烘焙用干燥架上，每架工件不得超过 3 层并用垫块固定。尺寸较大的工件应堆放在干燥条件较好的位置。工件堆放的方位和数量应不妨碍烘房内良好的通风和温度均匀。

选择干燥条件较差（定子铁心直径大、铁心长、工件位置温度低），且分布在不同位置的两个以上定子进行绝缘电阻测量（三相绕组对铁心）。

② 将装有待烘工件的平车推入烘房并关闭炉门。

③ 加热：先开鼓风，然后以不大于30℃的升温速率加热工件。温度控制在（120±5）℃范围。升温期间应使烘房内有足够新鲜空气不断与烘房内空气作交换，到达工件温度后可适当减小。

④ 白坯预烘阶段：工件开始加热后就每隔1h测量绝缘电阻一次，同时记录烘房温度。直到绝缘电阻重新升高并连续稳定达3h以上（其电阻值的变化小于10%），并不少于浸漆预烘规范的规定时间为止。

⑤ 先关烘房加热。再关烘房鼓风，打开烘房门拉出平车。

9）第一次浸漆、干燥。

① 浸漆：待绕组冷却到60~80℃时将装有工件的浸漆干燥架吊入浸漆罐内浸漆。较大尺寸定子可单件吊起使其竖直或倾斜30°沉入漆中。漆面应高于绕组200mm以上。直浸到没有气泡逸出，并不少于规定时间为止。

② 滴漆：吊出工件先在浸漆罐上停留5~10min，再置于滴漆盘上滴漆。滴干至没有余漆滴下并不小于规定时间。滴漆后再检查一次槽楔等绝缘部位，如有异常情况应及时补正。

③ 干燥：将浸好漆的工件按第8）条操作，装车进行干燥处理。浸漆工件的烘焙温度见表4-32规定。

10）第二次浸漆干燥。按第9）条操作，并按第二次浸漆干燥规范（见表4-32）的规定控制处理工艺。

11）刮漆。第二次浸漆干燥后，在工件热态情况下将铁心内、外圆表面的漆刮刷干净，不应使漆层高出其表面。其他部位应无残余漆瘤、气泡皱纹及裂纹等现象。

质量检查

12）每批工件浸漆处理时都应按规定作详细检查和记录。

13）工件每次干燥结束都应经检查人员检查，认为符合要求并签字后方可出炉。

14）浸漆工件烘干后绕组表面漆膜色泽应均匀一致，手触漆膜应不粘手并稍有弹性，表皮没有裂纹和皱纹出现。

15）第一次浸漆干燥后，趁热态检查和整理槽楔的不整齐部分。

16）每次浸漆前一定要检查漆的黏度是否符合该次浸漆工艺的要求，浸漆罐内使用的漆应每周检查固体含量一次，每3个月至少清洁漆槽并滤漆一次，每6个月按漆的标准检查漆的性能一次。每批入库的绝缘漆及溶剂都应检查其主要性能并记录检查结果。

技术安全及注意事项

17）浸漆、干燥场所严禁烟火，并应备有必要的防火器材。

18）浸漆、滴漆场所应保持通风良好、清洁干燥，定期检查空气中有毒气体含量，不得超过规定标准。

19）浸漆、干燥处理工艺的操作应严格遵守工艺守则，干燥过程中烘房门不得任意打开，发现问题应及时停止操作。

20）操作者应穿戴劳动防护工作服，操作时应避免直接接触溶剂。

21）绝缘漆、溶剂应按要求妥善存放在阴凉场所。环境要整洁，要讲究工艺卫生。化学污物和垃圾要集中专门处理。

22）工件在搬运、堆放中应注意保护绕组和绝缘部位，以免发生碰伤、擦伤情况。

23）转序时，按产品规格装集装箱，箱内铺垫橡胶垫；堆放时用塑料布盖好，以防灰尘落入。

浸渍干燥规范见表4-32。

表 4-32　浸渍干燥规范

序号	工序名称	处理温度/℃	电机中心高/mm	处理时间/h	绝缘电阻稳定值/MΩ
1	白坯预烘	120±5	80~160	5~7	>50
2	第一次浸漆	60~80	180~280	9~11	>15
3	滴漆	室温		>15min	
4	第一次烘干	130±5	80~160		>10
			180~280		>2
5	第二次浸漆	60~80			
6	滴漆	室温			
7	第二次烘干	130±5	80~160	8~10	>1.5
			180~280	16~18	>1.5

表 4-32 说明如下：

1）表中温度为工件位置的实际温度，温度计所测温度应按烘房具体温度分布予以校正。

2）烘干处理所需时间应从温度到达规定值时算起（不包括升温过程）。

3）同批烘焙的不同工件中，烘干时间应根据最大电机中心高的定子工件所规定的时间来决定。

4）工件绝缘电阻值为三相绕组对铁心所测数据。最后稳定值系指烘房中工件温度为规定烘培温度（白坯工件不低于115℃，浸渍工件不低于125℃）时测量值。并必须与其他工艺参数一起记录，经检验员核对，合格后才允许工件出烘房。

5）不允许烘干时间少于表4-32所规定的最小处理时间。

4.8　绕组的质量检查与试验

电机的核心是绕组，无论是绕制、嵌装、焊接、绝缘处理和装配，均要对绕组进行质量检查与试验，避免不合格产品流入下一道工序，造成质量问题。

4.8.1　绕组匝间绝缘试验

绕组制造过程中，可能引起机械损伤或绝缘破损，会造成匝间故障，所以必须进行绕组匝间绝缘试验。对散嵌绕组的匝间绝缘试验是在线圈嵌入铁心后、并头前进行的。对成型线圈，应在线圈成型后，对各单个线圈进行匝间试验。

绕组匝间绝缘试验，以往常采用中频电源法、插入铁心法或短路侦察器等，而目前，国家标准要求对电机绕组或多匝线圈必须施加冲击电压与波形比较法来判别绕组绝缘故障。尽管不同类型的电机和不同形式的绕组各有自己的试验方法标准，但其核心内容是大体相同的，或者说，其试验工作原理是基本相同的。试验时，仪器给两个绕组轮换着加相同波形和峰值的冲击电压，并由示波器在其屏幕同一坐标上显示这两个绕组的放电曲线。若这两个绕组的电磁参数（匝数、直流电阻、形状、磁路参数、电容量等）完全相同，即阻抗完全相等，则其放电波形曲线就会完全相同，从而在屏幕上完全重合，即只看到一条曲线；若这两个绕组的电磁参数不完全相同（或匝数不等，或磁路不同），即阻抗不相等，则其放电波形曲线就会有差异（或频率不同，或幅值不同），从而在屏幕上不完全重合，即可看到两条不同的曲线。采用冲击电压与波形比较法进行电机绕组的匝间绝缘试验，方法简单，准确率高，且可大大提高检测效率。

4.8.2 介电强度试验

介电强度试验俗称耐电压试验。因所加电压有交流和直流之分，所以又分耐交流电压试验和耐直流电压试验两种。两者不能相互代替。介电强度试验根据电机制造的不同阶段，其试验要求也有所不同。电机在绕组嵌入铁心后但未浸漆时和装成整机后，都要进行介电强度试验。试验过程中，应从不超过试验电压全值的 1/3～1/2 开始，在 10～15s 内逐渐升到全值，维持 1min，无击穿现象，即认为合格。试验后，应按加压时相同速率降低电压到初始电压后再切断电源。

4.8.3 高压线圈电晕起始电压与介质损耗的测定

1. 电晕起始电压测定

为了考核高压线圈的防晕处理质量，应抽试高压线圈的电晕起始电压。一般都采用目测法测定电晕起始电压。将线圈直线部分包以与铁心等长的铝箔并接地，线圈引线头接高压，逐渐升高试验电压，直到线圈绝缘表面出现蓝色的电晕放电微光，此电压即为电晕起始电压。

2. 介质损耗 $\tan\delta$ 的测定

为了检查高压线圈绝缘的整体性和密实性，也应进行 $\tan\delta$ 值的测定。线圈的介质损耗 $\tan\delta$ 值一般采用高压电桥（西林电桥）测量，频率为 50Hz，电压为 $0.5U_N$、$1.0U_N$ 和 $1.5U_N$ 下各测一次。当电压为 $6kV \leqslant U_N \leqslant 11kV$ 时，测量温度为 20℃，$\tan\delta$ 值应在 4%；测量温度为 130℃，$\tan\delta$ 值应在 10%。当电压 $U_N \geqslant 13.8kV$ 时，测量温度为 20℃，$\tan\delta$ 值应在 3%，测量温度为 130℃，$\tan\delta$ 值应在 10%。测量时线圈与电桥连接不应出现电晕，以免 $\tan\delta$ 值增大；被测线圈的测量电极的外部绝缘有脏污或受潮，将会导致 $\tan\delta$ 值偏小或出现负值。

3. 绝缘电阻的测定

测量绕组的绝缘电阻的目的是检查绕组的受潮和缺陷情况。测量绝缘电阻的仪表称为兆欧表，有手摇发电式和电子式两类。兆欧表的规格是按其所发出的电压值来确定的，常用有250V、500V、1000V 和 2500V 四种。电机考核标准中，一般只给出热态时的绝缘电阻考核标准，而且不同种类的电机，其考核标准有所不同。电机绕组的绝缘电阻在热态下所测得的数值应不小于下式所求得的数值：

$$R_M = \frac{U}{1000 + \dfrac{P}{100}}$$

式中　R_M——电机绕组的绝缘电阻，单位为 MΩ；

　　　U——电机绕组的额定电压，单位为 V；

　　　P——电机的额定容量，单位为 kW。

一般电机标准中没有冷态时绝缘电阻的考核标准，这是因为，电机绕组冷、热态时绝缘电阻之间的关系与电机试验时所处环境的温度、相对湿度以及电机绝缘材料的性能、质量、状态等很多因素有关，所以很难给出准确的换算公式。但一般情况，温度越高，绝缘电阻越小。下面给出仅供参考的冷、热态绝缘电阻换算公式：

$$R_{MC} \geqslant \frac{U}{1000} \frac{75 - T}{5}$$

式中　R_{MC}——冷态绝缘电阻考核值，单位为 $M\Omega$；

　　　T——测量时的绕组温度（一般用环境温度），单位为℃；

　　　U——绕组额定电压，单位为 V。

复　习　题

4-1　电机绕组的分类有哪些？

4-2　电机绕组常用的电磁线有哪几种？电磁线应具备哪些主要性能？

4-3　按制造工艺特征不同，绝缘材料可分为哪几大类？

4-4　电机的绝缘结构和材料的选择应遵循什么原则？

4-5　试说明交流低压电机的绝缘结构和一般绕组形式。

4-6　试说明高压电机的绕组绝缘结构。

4-7　试说明直流电机绕组的绝缘结构。

4-8　散嵌线圈在绕制时应注意哪些问题？

4-9　成型线圈在制造过程的工艺要点是什么？

4-10　试述磁极绕组的类型。

4-11　试述单层链式绕组嵌装工艺。

4-12　试述多匝式定子硬绕组嵌装工艺。

4-13　试述直流电枢绕组嵌装工艺。

4-14　绕组的焊接有哪些特点？试述绕组焊接分类。

4-15　浸渍处理的目的是什么？

4-16　试述滴浸工艺原理。

4-17　绕组匝间绝缘试验一般采用哪几种方法？

4-18　设计一种工频耐压的试验电路图。

第5章
换向器与集电环的制造工艺

5.1 换向器的结构形式

换向器是直流电机和交流整流子电机最重要、最复杂的部件之一。它的作用是将电枢绕组中感应的交变电动势经电刷变为直流电动势；或把外面通入电刷的直流电流转换成为电枢绕组中所需要的交变电流。此外，它还要承受离心力和热应力的作用。在电机运行中，不允许换向器有微小的松动和变形，要求换向器的工作表面光滑平整，具有较高的耐磨性、耐电弧性、耐热性以及可靠的对地绝缘、片间绝缘及爬电距离；要求换向器具有足够的强度、刚度以保证片间压力；在电机起动、制动或超速运转情况下，其形状能保持稳定。换向器质量的优劣，对电机的运行性能有很大影响。

换向器由导电部分、绝缘部分和紧固支承部分组成。其结构形式有以下四种。

5.1.1 拱形换向器

拱形换向器是使用历史较久、应用范围较广的一种结构，如图5-1所示。

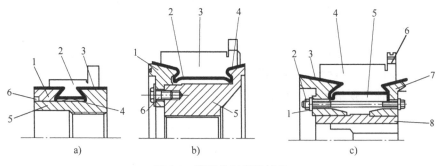

图 5-1 拱形换向器的结构
a）螺母拱形换向器
1—钢质 V 形压圈　2—换向片　3—V 形绝缘环　4—绝缘套筒　5—钢质套筒　6—螺母
b）螺钉拱形换向器
1—钢质 V 形压圈　2—绝缘套筒　3—换向片　4—V 形绝缘环　5—钢质套筒　6—螺栓
c）螺杆拱形换向器
1—垫圈　2—螺杆　3—V 形绝缘环　4—换向片　5—绝缘套筒　6—升高片
7—钢质 V 形压圈　8—钢质套筒

　　图 5-1a 为螺母式拱形换向器。换向片 2 和云母片间隔排列成圆柱体，钢质 V 形压圈 1、钢质套筒 5 和螺母 6 将换向片和云母片紧固在一起，V 形绝缘环 3 使换向片与钢质套筒之间绝缘。当换向片 2 与钢质套筒 5 之间空隙较大时，也可以不用绝缘套筒 4。此种结构用于直径小于 250mm、长度小于 300mm 的换向器。

　　图 5-1b 为螺钉式拱形换向器。用几个标准螺钉将钢质 V 形压圈 1 和钢质套筒 5 紧固在一起。其优点是当 V 形绝缘环 4 厚度不均匀时，螺钉可起微量调节的作用，使换向器也能较好地紧固。此种结构用于换向器直径大于 300mm、长度小于 300mm 的中、大型直流电机。

　　图 5-1c 为螺杆式拱形换向器。用几根长螺杆 2 及螺母将钢质 V 形压圈 7 和钢质套筒 8 拧紧。它的优点是当换向器受热膨胀时，螺杆 2 也能相应地拉伸，像弹簧一样的起调节作用，从而减小了钢质 V 形压圈 7 所受的弯曲和扭转应力，以免换向器受过大的应力而变形。螺杆一般用镍铬钢或铬钢制造，它们的膨胀系数和铜片膨胀系数基本相同。此种结构用于直径大于 360mm、长度大于 300mm 的换向器。

　　图 5-2 为铆接式拱形换向器。钢质套筒 5 用钢管切成或用钢板卷成，钢质套筒 5 右端冲压成喇叭口形状，装配时将左端铆开压紧压圈 1。这种结构形式的换向器机械加工量比较少，适用于大量生产、直径在 80mm 以下的换向器。

　　以上几种钢质 V 形压圈紧固的拱形换向器，其受力状况如图 5-3 所示。依靠钢质 V 形压圈在换向片鸠尾 30°锥面所加的压力 P_R 紧固，在 3°锥面留有少量间隙 δ。这种结构的换向器零件很多（套筒、压圈、V 形绝缘环等），加工要求较高，工时较多，已成为电机制造的关键。

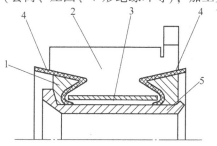

图 5-2　铆接式拱形换向器

1—压圈　2—换向片　3—绝缘套筒

4—V 形绝缘环　5—钢质套筒

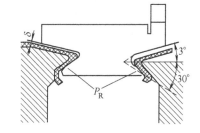

图 5-3　拱形换向器受力状况

5.1.2　塑料换向器

　　采用塑料作为换向器的紧固支承部分，结构较简单，节省了云母制品及黑色金属，减少了加工工时，降低了电枢的转动惯量，改善了电机的换向性能。由于塑料的力学性能较差，目前，塑料换向器还只用于直径在 300mm 以下的小型换向器，其结构如图 5-4 所示。

　　图 5-4a 为不加钢质套筒的结构。换向片及云母片均热压于塑料中，塑料内孔与轴直接配合。换向片为工字形结构，楔力较好，运行时不易发生凸片。换向片根部也可以采用 Ω 形（见图 5-4b），以提高换向器的强度，这种结构用于换向器直径大于 40mm 而小于 125mm、长度大于 50mm 的小型直流电机中。

　　图 5-4c 为有钢质套筒 4 的塑料换向器。钢质套筒 4 与轴配合，在换向片槽部加环氧玻璃丝环，以提高换向器的机械强度。这种结构适用于换向器直径大于 125mm 的小型直流电机。

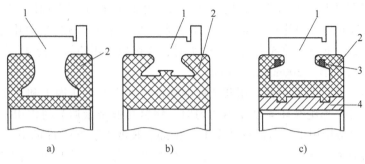

图 5-4　塑料换向器结构
1—换向器　2—塑料　3—加强环　4—钢质套筒

5.1.3　紧圈式换向器

紧圈式换向器又称为绑环式换向器，其结构如图 5-5 所示。紧圈 3 热套在换向片 1 的外圆上，紧圈 3 下面带有绝缘层，由两个锥形套筒 2 及螺母 4 来支承和紧固换向器。紧圈 3 由合金钢制成，紧圈数目按换向器的直径和长度确定。紧圈 3 与换向片 1 外圆间有 1~1.5mm 的过盈量。这种换向器紧固可靠，换向器工作表面变形小，制造工艺比较复杂。它用于换向器圆周速度为 40m/s 及以上的高速直流电机。

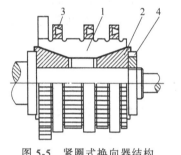

图 5-5　紧圈式换向器结构
1—换向片　2—锥形套筒　3—紧圈　4—螺母

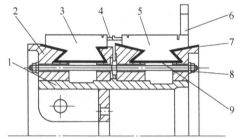

图 5-6　双段式换向器结构
1—钢质套筒　2—钢质压圈　3、5—换向片
4—连接片　6—升高片　7—V 形绝缘片
8—螺杆　9—绝缘套筒

5.1.4　分段式换向器

当换向器直径较大，长度大于 500mm 时，为防止换向器工作表面呈腰鼓形变形，而将换向器做成多段式结构；各段换向器（片）之间用连接片 4 连接，最外面两个钢质 V 形压圈 2 仍用一套螺杆 8 拉紧。双段式换向器结构如图 5-6 所示。

5.2　换向器的技术要求

换向器是电机中结构复杂、制造较困难的部件之一。它的成本高，容易损坏，因此在很大程度上决定着电机制造的质量、电机寿命以及电机的运行情况。

换向器的工作部分是由大量的铜片和云母片相间排列组成一个圆柱体，而云母片又是含有有机胶粘剂的多层云母板或粉云母板，因此要求换向器形状规则，并且在运行条件下承受住电压、热及压力的综合作用而不发生变形。所以，在制作时要对铜片和云母片进行多次的冷压、热压处理，以保证其稳定性。另外，换向器的结构零件如钢质 V 形压圈、V 形绝缘环及铜片组上车出的 V 形槽等都是形状复杂、加工技术要求很高的零件。因此，换向器的制造工艺是直流电机制造的关键。

换向器的技术要求如下：

1）换向器表面应呈规则的圆柱形，直径、长度应符合规定的尺寸公差，直径 ϕ325mm以下的小型换向器工作表面径向圆跳动不超过 0.01~0.02mm，大中型换向器工作表面径向圆跳动不超过 0.03~0.05mm，工作表面粗糙度应在 Ra0.8μm 以下，不允许有凸片和凹坑。

2）换向器端面和轴线保持垂直，端面圆跳动不超过 0.1~0.5mm。

3）整个换向器各刷距下的换向片数要分布均匀，图 5-7 中，$n_1 = n_2 = \cdots = n_8$，允许差一片云母片或差 1/4~1/3 铜片。

4）换向片对轴线应平行。图 5-8 中所示的偏斜差应不大于表 5-1 规定的数值。

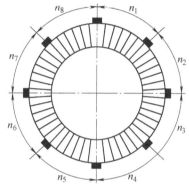

图 5-7　各刷距下换向片的均匀分布

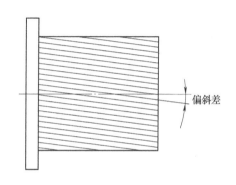

图 5-8　换向片对轴线偏斜差

5）换向器的绝缘性能要可靠，片间绝缘和对地绝缘应能承受规定的耐压试验，在长期运行中绝缘性能应保持稳定良好。

6）换向片和升高片及电枢绕组的焊接应牢固可靠，运行中不应发生松动和开焊等缺陷。

7）换向器各零件应牢固可靠，在运行中不应有松动、脱落等现象。塑料换向器在运行中，塑料不应产生裂纹、脱壳等缺陷。换向器应能承受规定的超速试验和过负载试验。

表 5-1　换向器片的偏斜公差

换向器长度 /mm	换向片厚 /mm	不平行偏差 /mm	换向器长度 /mm	换向片厚 /mm	不平衡偏差 /mm
<50	—	0.5	>400	<7	1.5
50~400	<7	1.0		>7	2.0
	>7	1.5			

5.3　拱形换向器的制造工艺

拱形换向器是金属换向器的典型结构形式，它的主要工艺过程如图 5-9 所示。

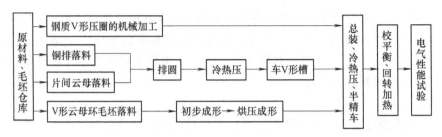

图 5-9 拱形换向器制造的主要工艺过程

下面仅就换向器制造工艺比较特殊的部分分别加以介绍。

5.3.1 换向片制造

换向片在电机运行中与电刷接触而导电，同时它又承受旋转产生的离心力，因此要求换向片的材料应具有良好的导电性、导热性、耐磨性、耐电弧性和具有一定的机械强度。电解纯铜（纯度在 99.9% 以上）能满足上述各项要求，采用的较多。近年来也有的采用银铜、镉铜、铬铜、稀土铜合金等材料。换向片材料主要性能见表 5-2。

冷拉铜排的截面形状和尺寸应符合图样规定的公差，表 5-3 是换向片的尺寸偏差。

一般换向片是根据换向器的要求将铜材冷拉成断面为梯形的铜排，如图 5-10a 所示，然后采用冲、剪、铣等方法截成需要的尺寸。较小的换向片可直接冲成带鸠尾的形状，以减少机械加工量，同时有利于废料回收。较厚的换向片用剪床剪断或在铣床铣断。冲剪下料引起的变形必须校平。

表 5-2 换向片材料主要性能

性能 \ 种类	电解铜	银铜	镉铜	铬铜	稀土铜
主要化学成分(质量分数)(%)	Cu99.9	Ag = 0.07 ~ 0.2, Cu 余量	Cd = 1, Cu 余量	Cr = 0.4 ~ 0.6, Cu 余量	La = 0.1, Cu 余量
抗拉强度/MPa	350 ~ 450	350 ~ 450	600	450 ~ 500	350 ~ 450
硬度 HB	80 ~ 100	95 ~ 110	100 ~ 115	110 ~ 130	95 ~ 110
电导率(%)IACS[①]	98	96	85	80 ~ 85	96
热导率/(J/m·s)	377	—	344	335	—

① 相对标准退火铜线电导率的百分比。

表 5-3 换向片尺寸偏差

换向片厚度/mm	容许偏差/mm	换向片厚度/mm	容许偏差/mm
3 ~ 6	-0.05	>18 ~ 30	-0.3
>6 ~ 10	-0.06	>30 ~ 50	-0.6
—	—	>50 ~ 80	-0.8
>10 ~ 18	-0.07	>80 ~ 105	-1.0

图 5-10a 中，尺寸 a 偏差应该是负值，因为装配后 a 边是位于换向器外圆处，它的尺寸用负偏差，可以使靠近内圆处的压力比外圆处更大，在制造以及使用磨损后车削外圆时，保证换向器仍有足够的紧度而不至松动，如图 5-10b 所示。如果 a 边偏差取正值，则装配后靠近内圆处比外圆处松，外圆车削后换向器容易松动，如图 5-10c 所示。

当换向片厚度小于 8mm、片高小于 70mm 时，采用冲剪方法加工。这种方法加工的铜片两端有飞边，而且容易变形，冲剪后必须增加修整校平工序。

铜片较厚和片高较长的换向片，可采用铣床切断加工，一次可同时铣断几个工件。这种方法加工的换向片较平整，但材料消耗较多，生产效率

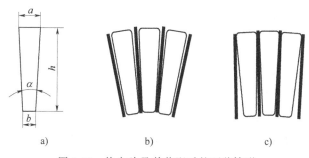

图 5-10　换向片及其装配后的两种情形

也较冲剪方法低。当铜片很厚时，可采用锯床锯断。但生产效率低，材料消耗大。

换向片切断后还应校平，达到侧面弯曲度不大于 0.05～1.0mm 的要求。如果换向片有扭曲现象，还应进行校正。最后在摩擦压力机上用校平模校平和校正。同时把铜片两侧面压出一定规则的花纹来，以增加换向片同云母片之间的摩擦，避免滑移现象。换向片的校平和校正也可以用手工方法进行。

校平后的换向片要进行机械加工，铣平一个端面作为换向片的装配基准面，以及铣接线槽或升高片槽。当换向片尺寸很小而且不装升高片时，可以在换向器装配后铣接线槽。铣槽一般用卧式铣床，并且采用专用夹具（见图 5-11）或采用自动装卸和自动夹紧的装置，以提高生产效率。

换向片截面的四周允许有圆角，a 边的圆角可以保证在换向器压装时压力通过铜片中心；b 边位于内圆处，装配后不加工，它的圆角可以增大表面距离，减少片间爬电的可能性。换向片截面形状要求尽可能准确，特别是换向器较大、片数较多时更应注意。图 5-12 所示是检查梯形铜排截面尺寸的样板。铜片两边与样板贴紧后，a 边尺寸应在刻线（最大尺寸和最小尺寸）之间。

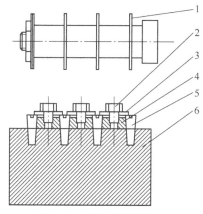

图 5-11　换向片铣槽夹具

1—片铣刀　2—螺钉　3—开口垫圈
4—压板　5—换向片　6—夹具体

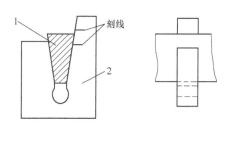

图 5-12　检验梯形铜排用的样板

1—梯形铜排　2—样板

5.3.2　升高片及其固定

升高片是换向片与电枢绕组的中间连接零件。在小型电机中，电枢直径和换向器直径相

差较小时，或为了提高使用的可靠性，则将换向片的一端加高来代替升高片，并在换向片加高部分铣槽作为接线槽。在大中型电机中，电枢直径与换向器直径相差较大，必须借助于升高片来连接。

升高片一般用 0.6~1.0mm 纯铜板或用 1.0~1.6mm 韧性好的纯铜带制成。常见升高片的形式如图 5-13 所示。

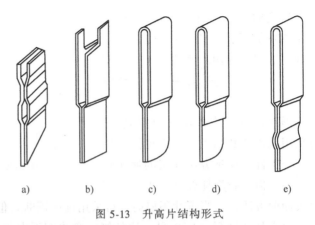

图 5-13 升高片结构形式

图 5-13a、b、c 为双层厚度结构的升高片，适用于换向片较薄、升高片与并头套之间距离较小的电机。单层厚度结构的升高片（见图 5-13d）适用于换向片较厚、升高片与并头套之间距离较大的电机。升高片较长时，其中部弯成弧形（见图 5-13e）以改善升高片受热后的变形和减少换向片所受的升高片的离心力。

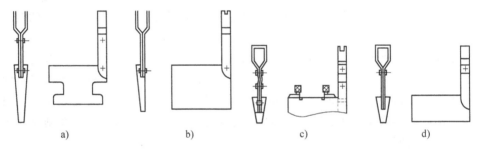

图 5-14 升高片与换向片连接方式

升高片与换向片的连接方式有铆接、焊接等方式，如图 5-14 所示。图 5-14a 为升高片和换向片用铆接、锡焊连接，升高片嵌装在换向片中间槽内。图 5-14b 为升高片贴在换向片侧面槽内，用于换向片较薄的中小型电机。图 5-14c 为升高片与换向片采用轴向销子撑紧，并锡焊固定，多用于某些高速汽轮励磁机。图 5-14d 为升高片与换向片采用硬焊方法连接，机械强度较高，接触电阻小，工艺要求高，但应防止换向片过热退火。

图 5-15 为升高片和换向片磷铜焊接示意图。焊接前首先在换向片上铣出凹口槽，并将升高片嵌入换向片槽内，用特制角尺和弹簧夹夹紧换向片和升高片使其互相垂直，然后放在水箱内特制的定位架上。焊接时，将炭精钳夹住换向片焊接处，大电流变压器（容量为 20kW、二次电压为 6~10V、二次电流可达 2000A）电流通过炭精电极和换向片，很快产生高温。将磷铜焊条放在槽口端部，使其熔化，

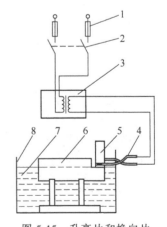

图 5-15 升高片和换向片
磷铜焊接示意图
1—熔断器　2—刀开关　3—大电流
变压器　4—炭精夹　5—升高片
6—换向片　7—水　8—水箱

并依靠焊料本身的流动性充满整个槽内。焊后迅速将工件投入水中，使之迅速冷却，以防止换向片退火。

焊接后要进行质量检查。首先查看外形，表面不应有被烧坏的凹坑，槽内应充满焊料，在槽口和两侧面应无多余的焊料堆。然后作换向片工作表面的硬度检查，硬度应不低于60HB。此种方法广泛应用于 B、F、H 级绝缘的电机。

铆接方法的缺点是：手工操作多（搪锡、钻孔、铆接等），所需工时和材料较多，敲打铆钉时铜片易变形以及铆钉高出铜片，影响压装质量。

5.3.3 换向器云母板和 V 形绝缘环的制造

1. 换向器云母板

在换向器中云母板与铜片应组成形状稳定的圆柱体。对于片间绝缘材料的要求是厚度均匀，具有一定的弹性，在高温高压作用下具有较小的收缩率，老化较慢，其耐热等级应与电机的耐热等级相适应。换向器装配时不应有较多的胶粘剂流出和个别云母片滑出的现象。它的硬度应合适，加工时不脆裂，最好与铜具有相近似的磨损率。

换向器片间云母板的厚度一般为 0.5~1.0mm，厚度公差为±(0.02~0.03) mm，故可以用冲剪方法加工。如果换向片是矩形的，片间云母板也是矩形的，可以用剪床或冲压式压力机落料。当换向片冲出 V 形槽时，片间云母板也要冲出 V 形槽，此时，只能在冲压式压力机上用冲模落料。在换向器内圆及接线端端面外，片间云母板的尺寸应比换向片大 2~3mm，以增强换向片片间绝缘。

2. V 形绝缘环

V 形绝缘环垫在换向片与钢质 V 形压圈之间，作为换向器的对地绝缘。B 级绝缘电机的 V 形绝缘环采用虫胶塑型云母板、醇酸型云母板或环氧玻璃丝布制造。V 形绝缘环的坯料形状如图 5-16 所示。其中圆环形和齿轮环形是相近的，除落料有些区别之外，压制成形的工艺是一样的。由于齿轮环形坯料剪去了多余的材料，所以压制的 V 形绝缘环比圆环形坯料的平整。它们的外圆直径 D 等于 V 形绝缘环截面的长度（图 5-17 中的 ABCDEF 的长度和）。这两种坯料用于尺寸很小的 V 形绝缘环。矩形和扇形的坯料是相近的，扇形坯料最常用，如图 5-18a 所示。压成的 V 形绝缘环，为了产生径向压力，V 形绝缘环的一面与轴线成 30°角；另一面并不传递压力，但为了便于脱模它与轴线成 3°角，如图 5-18b 所示。矩形坯料压成的 V 形绝缘环有 30°角，另一面是垂直的，脱模比较困难，但是矩形坯料落料方便，材料利用率高，故也有采用。矩形和扇形的坯料压制工艺是一样的。

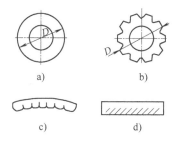

图 5-16　V 形绝缘环的坯料

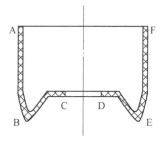

图 5-17　V 形绝缘环的截面图

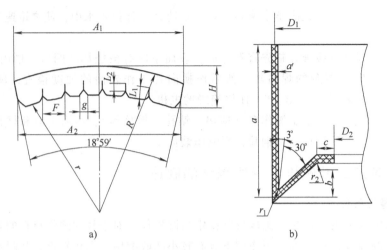

图 5-18　扇形坯料尺寸

a) 扇形坯料　b) V 形绝缘环

　　扇形坯料尺寸可按 V 形绝缘环尺寸计算出来，如图 5-19 所示。V 形绝缘环是圆锥台形的。锥顶角 α 为 6°，由几何公式得知，将圆台展示为扇形片时，扇形圆弧对应的中心角 β 应按下式计算：

$$\beta = 2\pi\sin\frac{\alpha}{2} = 2\pi\sin3° = 18°50' \qquad (5-1)$$

扇形片外径按下式计算：

$$R = \frac{\dfrac{D_1}{2}}{\sin\dfrac{\alpha}{2}} + 10\text{mm} = 9.55D_1 + 10\text{mm}$$

$$(5-2)$$

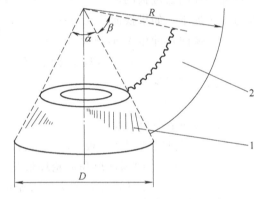

图 5-19　V 形绝缘环与扇形坯料的关系

1—V 形绝缘环　2—扇形坯料

扇形片内径按下式计算：

$$r = R - (a + c + 3.2r_1 + r_2 + 1.15b + 20\text{mm}) \qquad (5-3)$$

式 (5-2) 和式 (5-3) 中的 D_1、a、b、c、r_1 和 r_2 均由图 5-18b 示出。

外弦长 A_1 按下式计算：

$$A_1 = 2R\sin\frac{18°50'}{2} + K = 0.327R + K \qquad (5-4)$$

内弦长 A_2 按下式计算：

$$A_2 = 2r\sin\frac{18°50'}{2} + K = 0.327r + K \qquad (5-5)$$

　　式 (5-2) 中所加 10mm 及式 (5-3) 中所加 20mm 是准备在 V 形绝缘环成形后进行边缘修整的加工余量。式 (5-4) 和式 (5-5) 中所加 K 值是为了防止坯料放入压模时，在头尾相接处产生缝隙。K 值的大小决定于 V 形绝缘环的直径 D_1，其数值见表 5-4；坯料上的切口数目也决定于 D_1，其数目见表 5-5。切口按切口距平均分布在坯料内弧线上，两端各有半个切口。

V 形绝缘环的制造工艺过程如下：

1）坯料加工。制造 V 形绝缘环的材料都很薄，一般只有 0.2mm 左右，可以用剪刀按样板剪出坯料。也可以把一叠材料放上样板并把两端夹紧，在带锯上锯，这样生产效率较高。剪好的坯料有一面要涂上胶粘剂并晾干。

表 5-4　经验附加值 K

直径 D_1/mm	<100	100~300	>300
K/mm	4	4~7	7~10

表 5-5　坯料上切口数

直径 D_1/mm	<60	60~90	90~130	130~170	170~220	220~280	280~400	>400
切口数	8	10	16	20	26	32	40	48

2）初步成形。按照需要的厚度，把几层扇形片叠起来，每层彼此错开 1/4~1/2 切口距，使缺口互相遮盖起来，以保证绝缘性能。然后把整叠扇形片加热软化（虫胶塑型云母板加热到 100℃）围住初步成形模，如图 5-20 所示。并在外面包上一层玻璃纸，用带子捆起来，用手将坯料压在成形模的 V 形部分上，再加压铁压紧。用环氧玻璃布制造的 V 形绝缘环不需要此工序。

3）烘压。初步成形后为了提高其强度，防止运行时外力和热作用下变形，V 形环需进行烘压处理。压模结构如图 5-21 所示。烘压时所加压力按下式计算：

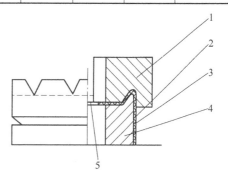

图 5-20　V 形绝缘环初步成型模
1—压铁　2—玻璃纸　3—云母板
4—成型模　5—带子

$$P = pS \tag{5-6}$$

式中　p——单位面积上的压力，单位为 Pa，一般取 $25×10^6$Pa；

　　　S——V 形绝缘环在水平面上的投影面积，单位为 m^2。

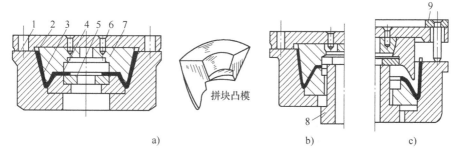

图 5-21　V 形绝缘环的成型模
1—模套　2—上模板　3—V 形绝缘环　4—下模　5—圆环　6—圆锥　7—凸模　8—脱模垫圈　9—脱模压板

V 形绝缘环用虫胶塑型云母板时，压模预热到 140~160℃，将初步成形的 V 形绝缘环装到模具上，加半压约 1min，然后将模具加热到（160±5）℃加全压约 1min。撤去压力，将模具和工件一起放入烘箱。在（160±5）℃温度下烘 2~6h。再从烘箱中取出模具及工件加全压，然后在压力下冷却。为了加速冷却，可以用风吹，待冷到室温后，进行脱模。脱模时在圆环 5 的下面加脱模垫圈 8，在上模板 2 上面加脱模压板 9，然后加压力将模套 1 脱下，工件即可取出。

V 形绝缘环用环氧玻璃坯布材料时，压模预热到 160℃，将坯料放入模具加半压约 1min，在模具温度 160~170℃下保持全压 1~3h，然后冷却到室温脱模。

V 形绝缘环外径小于 270mm 时，可以省去半加压工序。

V 形绝缘环压制好以后，首先从外形上检查，表面应光滑，无皱折、裂纹等缺陷。各部分的尺寸和厚度可以用游标卡尺测量。在倾角为 30° 的部分，平均壁厚偏差为 +0.500mm、−0.100mm，倾角 30° 部分，平均壁厚偏差为 $^{+0.200mm}_{-0.100mm}$ 边的平均厚度偏差为 $^{+0.250mm}_{0}$。外形和尺寸检验合格的 V 形绝缘环还要作耐压试验，耐压试验要求见表 5-6。

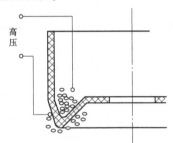

图 5-22　V 形环的耐压试验示意图

耐压试验方法如图 5-22 所示。将 V 形绝缘环放在盛满金属颗粒的容器中，并在 V 形绝缘环内部也盛满金属颗粒，然后，在两部分金属颗粒之间通以高压电，保持 1min 不击穿为合格。

表 5-6　耐压试验要求

云母环厚度/mm	1	1.2	1.5	2.0	5.2	3.0
试验电压/kV	5.5	5.5	6.5	8.0	11	11

V 形绝缘环过去都是用云母材料制造，因为云母材料绝缘性能好，耐电弧能力强。但是云母价格高，资源少，而且机械强度差，故近几年来有很多工厂对一般产品采用环氧玻璃布制造，例如 B 级绝缘电机的 V 形绝缘环，机械稳定性好，成本只有云母的 1/4；但是环氧玻璃布的耐电压击穿能力差，有的工厂采用在环氧玻璃布中加两层 0.05mm 的聚酰亚胺薄膜，可提高耐电压击穿能力。

5.3.4　换向器装配

换向器装配包括的工序很多，如把换向片和云母片排成圆形、进行片间云母的烘压处理、车 V 形槽、装 V 形绝缘环及压圈、进行 V 形绝缘环的烘压处理以及半精车、动平衡、超速等工序。通常把换向片的装配和烘压称为一次装配（片装）；把车过 V 形槽的铜片组（总装配以前还夹紧在工具压圈内）与 V 形绝缘环及压圈装在一起，并进行烘压称为二次装配（器装）。下面分别加以介绍。

1. 排圆

首先逐片测量换向片和云母片的厚度，并分类存放。排圆时按一个换向片和一个云母片相加其厚度相等的条件，把云母片和换向片间隔排列。要求片数准确，外圆尺寸应在规定的范围内，换向片与换向器轴线平行，升高片要排列整齐，换向器内圆处及升高片端云母片凸出于换向片的高度应一致。

如果换向器不要求片间云母在升高片一端凸出时，可以使升高片朝下在平台上排圆。但为了绝缘可靠，常要求升高片端云母板凸出升高片 3mm，此时可采用刻有与云母片数目相等径向沟槽（深 3mm）的专门排圆的工具，云母片插入沟槽中，使云母片直立并支持换向片直立，沟槽数等于换向片数。这种工具通用性较差。

常用的办法还是使升高片向上，以另一端为准在平台上排圆，工具压圈的内径设计得比升高片外圆大，当换向片与云母片立好后用绳扎住，用 90°角尺找好垂直后围上压瓦、套上压圈。如果排好的圆直径超出了规定的尺寸，则要调整云母片的厚度来改正。调整时，应根据云母片的实际收缩率及各厂的实际经验来进行。

2. 冷热压

换向片冷压所用工具有圆柱形压紧圈、圆锥形压紧圈、辐射螺栓的压紧工具等。换向器直径为 30~50mm 时，采用圆柱形压紧圈；换向器直径在 >50~500mm 时，一般用圆锥形压紧圈；换向器直径大于 500mm 时，采用辐射螺栓的压紧工具。下面着重介绍圆锥形压紧圈，其结构如图 5-23 所示。

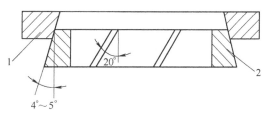

图 5-23　圆锥形压紧圈
1—锥形环　2—锥状扇形块

它由锥形环 1 和锥状扇形块 2 组成。扇形块是由一个锥环切成的，可以切成四块、六块或八块，切口线与轴线成 20°角，以防止云母片或换向片受压时挤入切口内。锥形环与扇形块配合面的锥度角为 4°~5°。为减少摩擦，锥形环用 45 号钢制造。扇形块用铸铁制造，而且配合斜面的表面粗糙度应较低。这种压紧工具的优点是能均匀地增大换向片间的压力，压紧后能保持压力，但是模具制造工时较多。

冷压换向器的设备一般采用油压机，所需压紧力可按下式计算：

$$P = 1.11 \times 2\pi sp\tan(\alpha + \beta) \tag{5-7}$$

式中　P——油压机作用在工具上的轴向压力，单位为 N；

　　　s——换向片侧面积，单位为 m^2；

　　　p——换向片间单位面积所需压力，单位为 Pa，拱形换向器取 $35×10^6$Pa，绑环式换向器取 $60×10^6$Pa；

　　　α——工具锥度角（一般为 4°~5°）；

　　　β——摩擦角（一般取 15°）；

　　1.11——修正系数。

换向器冷压之后还要进行加热烘压。换向器加热烘压的温度、时间、压力与换向器片间云母板所用的胶粘剂及换向器大小有关。换向器采用 5531 虫胶云母板作为片间云母板时，烘压规范见表 5-7。换向器烘压所用设备为装有恒温控制的烘箱和油压机。烘压的目的是把片间云母板中多余的胶粘剂挤出，并使云母板中的胶黏剂固化。故换向器尺寸越大，烘焙时

表 5-7　换向器片烘压规范

换向器直径 /mm	第一次烘压			第二次烘压		
	烘焙温度 /℃	烘焙时间 /h	加压条件	烘焙温度 /℃	烘焙时间 /h	加压条件
204 以下	130±5	2	在 (110±10)℃ 下加压	160	3	第一次 (140±10)℃ 热压 第二次 (20±10)℃ 冷压
205~456		4			5	
457~715		6			8	
716~1607		8			10	
1608~2546		10			12	
2547~3000		12			16	

间越长。当温度升高时，换向片和压紧工具都发生膨胀，而铜的膨胀系数较大，冷却后，铜片收缩较多，降低了换向片间压力，所以换向器在烘压后必须在冷态下再压一次。

压紧后换向器的外圆直径应符合表 5-8 所列公差值，还应用 90°角尺检查换向片对轴线的平行度。

表 5-8　换向器直径公差

换向器直径/mm	容许直径偏差/mm	换向器直径/mm	容许直径偏差/mm
300 以下	±1.0	800~1600	±2.0
300~800	±1.5	1600 以上	±2.5

3. 车 V 形槽

换向片和云母片排圆并经烘压处理以后，拆除夹紧工具之前在车床上车出 V 形槽。车 V 形槽加工质量要求如下：

1）两端 V 形槽应保持同轴，同轴度应不大于 0.03mm。

2）V 形槽形状要精确，用图 5-24 所示的样板检查，30°锥面不允许有间隙，3°锥面容许有 0.05~0.1 mm 间隙。

3）V 形槽表面粗糙度应达到 $Ra1.6\mu m$。

4）换向片间不允许有短路现象。

车 V 形槽的装夹方法如图 5-25 所示。车第一面时以换向器外圆及端面为基准找正（见图 5-25a）并同时把端面车光及车出定位用的 5mm 深的止口；然后调头，如图 5-25b 所示，利用换向器端面及止口与车床夹具止口配合，并用四个螺杆压紧压圈外圆，加工第二面 V 形槽。车床夹具止口圆应与车床主轴同心，故两端 V 形槽的同轴度主要取决于换向器止口与夹具止口的配合间隙。车 V 形槽时，为了避免换向片间短路，车床切削速度要高（例如 80~100m/min），背吃刀量和进给量要小，车刀要用硬质合金材料，而且要锋利。车完以后要仔细清除飞边，以防止片间短路。

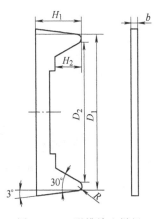

图 5-24　V 形槽检查样板

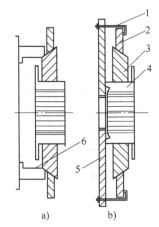

图 5-25　V 形槽加工的装夹方法
1—螺杆　2—锥形环　3—扇形块　4—换向片组　5—夹具体　6—四爪卡盘

车 V 形槽以后，要进行片间短路试验。图 5-26 所示为片间短路试验电路示意图，电源接交流 220V 电压。将试棒放在相邻两个换向片上，如果灯泡亮了，就是片间有短路存在，可用刀片将 V 形槽内铜片间飞边刮掉，直到不短路为合格。根据需要，在车 V 形槽前也可以进行一次片间短路试验，试验合格后再车 V 形槽。

4. 二次装配

二次装配即换向器总装配（或称为器装）。二次装配的任务是把换向器所有零件组装起来，再进行烘压，使换向器成为坚固稳定的整体。装配时应有清洁的工作环境，防止粉尘和杂物进入换向器内部。拧紧螺钉或螺母时，要对称均匀地进行，以保证换向片端面与压圈端面的平行。

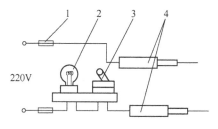

图 5-26　片间短路试验电路示意图
1—熔断器　2—灯泡　3—开关　4—试棒

组装好的换向器还要进行烘焙，烘焙的温度和时间主要决定于 V 形绝缘环的材料及换向器尺寸。用虫胶云母材料的换向器，其烘压规范见表 5-9。

热压或冷压所需压力 P 按下式计算：

$$P = 1.81pS \tag{5-8}$$

式中　p——换向片间单位面积所需压力，单位为 Pa，拱形换向器取 $(15 \sim 25) \times 10^6$ Pa；

S——换向片加工 V 形槽以后的侧面积，单位为 m²。

每次热压或冷压以后，都要拧紧螺母或螺钉，然后卸掉压紧工具，在 V 形绝缘环露出的部分绑扎玻璃丝带，间隙处用环氧树脂涂封，以防水气和灰尘进入换向器内部。最后，以换向器内孔为基准，在车床上半精车换向器外圆，夹具是用三爪卡盘夹住一心轴，换向器套在心轴上，并用螺母压紧。半精车时，对外圆尺寸没有公差要求，但要尽量少车，多留余量，车光即可。

表 5-9　换向器二次装配烘压规范

换向器直径 /mm	第一次烘压			第二次烘压		
	烘焙温度 /℃	烘焙时间 /h	加压条件	烘焙温度 /℃	烘焙时间 /h	加压条件
204 以下	130±5	2	在 (110±10)℃ 下热压	160±5	2	第一次 (140±10)℃ 热压　第二次 (20±10)℃ 冷压
205 ~ 456		3			3	
457 ~ 715		4			4	
716 ~ 1606		5			5	
1607 ~ 2546		8			8	
2547 ~ 3000		10			10	

5. 换向器的回转加热（动压及超速试验）

换向器装配并半精车外圆表面之后，需进行最后一次加热加压处理，即回转加热。其目的是使换向器在比工作条件更为严酷的条件下，进行最后一次烘压成形，同时检查换向器质量是否符合要求。但是，并不是每种换向器都做动压和超速试验。需进行动压和超速试验的换向器如下：

1）工作表面线速度大于 13m/s 的换向器。

2）可逆转电动机的换向器。

3）双段结构的换向器。

4）特殊重要的换向器。

动压前要对换向器做动平衡校验（大型换向器可做静平衡校验），以免旋转时产生过大的振动。动压设备如图 5-27 所示。动压时，把换向器装在动压设备的轴上，换向器内孔与动压轴的配合采用 H6/h5。用手转动换向器，在冷态下用百分表测量换向器工作表面的径向回跳动，一般取圆周 4 点并记录下来。然后开动电动机，使换向器旋转，转速保持在额定转速的 50%，同时加热，在 2h 内使换向器温度由室温逐渐上升到（125±5）℃（H 级绝缘温度为 150~160℃），保持这个温度，并把转速提高到额定转速，再旋转 3~4h，再升速到额定值的 125%~150%，超速旋转 5min，停车后用百分表测量换向器表面的径向圆跳动值，并同冷态下比较，若相差不超过 0.03mm 则为合格。若相差超过 0.03mm，但不超过 0.15mm，就要重新精车工作表

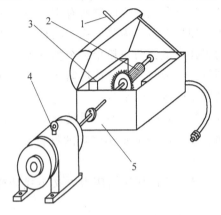

图 5-27　换向器回转加热设备
1—温度计　2—换向器　3—软木板
4—直流电动机　5—保温箱

面，再进行动压试验，直到合格为止。若相差超过 0.15mm，则说明换向器片严重凸出，必须进行返修，重新做动压试验，直到合格为止。

5.3.5　换向器的电气性能试验

换向器应做片间短路和耐压试验。

1. 片间短路试验

片间短路试验在车完 V 形槽以后进行，试验电路示意图如图 5-26 所示。用两支试棒，加 220V 交流电压于相邻的换向片上逐次试验，用灯泡（或电铃）指示有无短路存在。

2. 耐压试验

目的是检查换向片和套筒之间的绝缘，即对地绝缘。耐压试验要求在换向器装配后烘压前、换向器烘压后或回转加热后、换向器压轴后与电枢线圈连接前共进行三次，加压标准见表 5-10。几次试验电压逐渐减低是考虑高压的积累效应及加工中的损伤。试验以无击穿或无闪烁为合格。

表 5-10　换向器对地耐压试验

试验阶段	试验电压	试验时间/s
换向器装配后烘压前	$2.5U_N + 2600V$	60
换向器烘压后或回转加热后	$2.5U_N + 2500V$	60
换向器压轴后与电枢线圈连接前	$2.5U_N + 2400V$	60

5.3.6　总装配后的加工

换向器经过上述加工及检验合格后，就可进行压轴了。在压轴之前，换向器还要在套筒

内侧车出一个键槽来。这道工序所以要留到最后，是为了保证在装到轴上去之后。换向片相对于电枢铁心槽的位置能满足设计要求。此时，键槽位置可由换向片位置来确定。也有的工厂在加工套筒时就把键槽加工出来，但在二次装配时要用专门工具来保证键槽与换向片的相对位置符合图样要求。

换向器压到轴上以后，要进行换向器表面的精车。这时可以允许直径大于图样尺寸，因为这样对换向器寿命有好处。

换向器加工的最后一道工序是下刻云母。因为片间绝缘云母板的硬度比铜大，磨损比铜慢，运行中云母板经常高出换向器的表面，这也是造成直流电机火花的一个原因。为此，在出厂前要把云母板刻掉很浅的一层，使云母板比铜片低 1~2mm，这就是云母下刻。此工序一般安排在电枢嵌好线并与换向片焊接好之后进行，以减少焊锡造成的片间短路的可能。

云母下刻最简单的方法就是用手工锯（如用断锯条一片一片用手拉），这种方法生产效率低，劳动强度高，只在单件生产时偶有采用。一般生产厂多用自制专用设备（用车床或刨床改装的）加工。用车床改装的云母下刻机（如图 5-28）将电枢装在机床主轴顶尖和尾座顶尖之间。在车床小拖板上装一个电动机，电动机主轴上装一个片铣刀，此片铣刀的厚度应等于云母片的厚度。由电动机带动铣刀高速旋转，当铣刀对准云母片时由机床溜板箱带动铣刀作纵向移动，进行下刻。然后，将换向器转过一个角度，再下刻相邻的云母片。转动换向器可以手动或自动控制。下刻深度由调节铣刀位置决定。这种设备生产效率高，加工质量好，但是铣刀消耗较快。为了保护操作人员的健康，一般在铣刀旁装有吸尘设备。

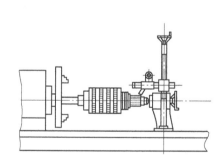
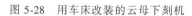

图 5-28　用车床改装的云母下刻机

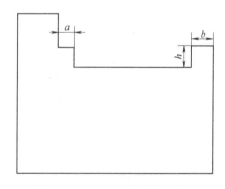

图 5-29　云母不下刻时的下料图

有的工厂采用云母不下刻工艺，其方法是在云母片落料时就冲成图 5-29 的形状，深度 h 为 3~4mm，a 为 5mm，b 为 10mm，a 和 b 是为了换向片和云母片排圆时定位用的。内侧的 a 部分在车退刀槽时可以去掉，外侧的 b 部分可用手工去掉，此云母下刻节省工时。但是换向器加工过程中的铜屑、灰尘等物会集中在槽内，换向器工作表面加工的飞边也会倒向槽内，因而增加了片间短路的机会，所以仍需清除飞边及杂物。

5.4　塑料换向器的制造工艺

5.4.1　塑料换向器的用料

塑料主要由合成树脂和填充剂组成，此外还要加入增塑剂、染料及少量附加物等。塑料按树脂特性可分为热固性塑料和热塑性塑料两大类。热固性塑料受热后，树脂熔化具有可塑性，在一定温度下经过一定时间以后，树脂固化成形，以后再受热也不会熔化或软化，只在温度过高时碳化。这类塑料常用的有酚醛塑料、三聚氰胺塑料、聚酰亚胺塑料、硅有机塑料等。热塑性塑料受热后树脂熔化具有可塑性，冷却后固化成形，再受热树脂又会熔化，仍具有可塑性。这类塑料如有机玻璃、聚氯乙烯等。

塑料换向器所用塑料为热固性塑料。常用的有下列两种：

1）酚醛树脂玻璃纤维压塑料。这是 B 级绝缘材料。酚醛树脂经苯胺、聚乙烯、醇缩丁醛、油酸等改性，然后浸渍玻璃纤维而成。玻璃纤维有两种形式：一种是乱丝状态；一种是直丝状态。后者用于塑料换向器中，因为这种塑料不但顺纤维方向的拉力特别高，而且材料容积小，加料方便，操作时玻璃丝飞扬小。

2）聚酰亚胺玻璃纤维压塑料。这是用玻璃纤维和聚酰亚胺树脂配制的塑料，适用于 H 级绝缘的换向器。

5.4.2 塑料换向器的制造工艺

塑料换向器片间云母板的形状和换向片形状基本相同，除工作表面之外，其余每边比换向片大 2~3mm，以增强换向器片间绝缘。

塑料换向器第一次装配和烘压方法与拱形换向器基本相同，烘压之后经检验合格并且做片间短路试验合格之后，再进行塑料压制。酚醛玻璃纤维塑料的压制工艺过程如下：

1）称塑料重量。用天平称好一台塑料换向器所需塑料的重量，此重量是按塑料体积乘密度计算出来的，并经过试压校准。

2）塑料预热。将按规定重量称好的塑料放入恒温箱中预热，温度为 60~70℃，时间为 30min，使塑料中的水分和挥发物蒸发一部分，这样可以缩短压制时间和降低压制压力。如果塑料中的水分和挥发物含量不高时，也可以不预热。

3）压模和换向片组预热。在恒温箱内或在带电热板的油压机上将压模、换向片组等加热到 110~120℃，温度过高会使塑料过早固化，温度过低则塑料流动性差。

4）装料。将塑料装入已预热的压模内，装料动作要快，而且要均匀。有加强环的换向器应在装塑料前将加强环装好。

5）热压。设备为带有电热板的油压机。将装好料的压模放到压力机工作台中心，加一定的压力压合模具。压制压力等于塑料换向器在水平面投影的面积乘以压力强度（40~60MPa）。换向器尺寸越小及材料流动性越差时，压力强度应取得越大，但不要超过 60MPa，加压速度不要太快，以免压坏铜片。然后，在 140~160℃温度下，保持压力一定时间，使塑料固化成形。压制时间按塑料最大壁厚处计算，每毫米厚度压制 1~1.5min。压制温度越高，压制时间应越短。压制所用压模结构如图 5-30 所示，上模 2 用上压板 1 安装在油压机的上工作台上，下模用下压板 7 安装在油压机的下工作台上，但是，可以水平移动。加料模腔 3 用 4 个螺栓安装在下模座 6 上。塑料换向器压制好以后，油压机上工作台上升，上模 2 随之离开加料模腔 3，然后旋松螺栓，取下加料模腔 3，再用压床顶杆将塑料换向器及下模一起顶出来。此种压模结构简单、操作方便、工人劳动强度比较低。设计压模时，应考虑到塑料收缩率，适当放大压模成形零件尺寸。此外，加料模腔 3 的容积应大于塑料压制前的体积。

6）烘焙处理。压好的塑料换向器连同压紧工具一起送到恒温箱内，在 120~130℃温度下，烘焙 6h，以除掉塑料中的水分和挥发物，并使塑料继续进行聚合反应，以增加绝缘稳定性和机械强度。然后除去夹紧工具，在 120~130℃温度下再烘焙 4h，以减少塑料的内应力，使组织均匀。烘焙结束时换向片对轴套的热态绝缘电阻应不小于 5MΩ。

5.4.3 塑料换向器的加强环

直径较大的塑料换向器应有加强环，最初的加强环是钢制的，机械强度比较高，但容易造成换向片间短路。现在均用无纬带绕制加强环，经烘焙处理后，机械强度很好，本身又是绝缘材料，故比钢制的加强环好。

绕制加强环所用模具结构如图 5-31 所示。一副模具可以绕制多个加强环。模具由轴、模心、挡圈、螺母等组成。模心外圆尺寸应等于加强环内孔尺寸并有一定的锥度以便于脱模。挡圈外圆直径等于加强环外圆直径。绕制设备可用车床或类似车床的专用机床。绕制加强环的工艺过程如下：

1）将绕制用模具放到恒温箱内加热到 (145±5)℃，时间不少于 1h。

2）从恒温箱内取出模具，在模具表面涂上脱模剂——浸硅橡胶的甲苯饱和溶液。

3）将模具夹在车床或专用机床的主轴上，从模具端头开始绕制，绕到与挡圈外圆平齐为止。拉紧无纬带的拉力强度为 1.0~1.5MPa。无纬带宽度最好与加强环宽度相等，若不相等也可以将无纬带撕开绕制，但要绕平整。

4）热固化处理。绕好的加强环连同模具放在烘箱中烘焙，温度为 130~140℃，时间 12~14h。

5）从恒温箱中取出加强环和模具，冷却到室温后脱模，加强环即制成。

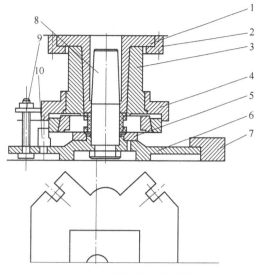

图 5-30　塑料换向器压模

1—上压板　2—上模　3—加料模腔　4—换向器带压圈
5—顶板　6—下模座　7—下压板　8—模心
9—螺栓　10—定位柱

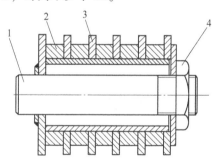

图 5-31　绕制加强环的模具结构

1—轴　2—模心　3—挡圈　4—螺母

塑料换向器压制好以后，还要半精车工作表面，精车端面（没有升高片端）达到图样规定的尺寸。有的塑料换向器还要铣接线槽。铣接线槽在卧铣床上进行，换向器内孔套在心轴上，心轴夹在分度头内，用片铣刀逐个铣槽。铣槽时要特别注意质量，因为如果铣坏了一个槽，整个换向器就要报废。

5.4.4 塑料换向器的质量检查

塑料换向器压制和加工完成后，应进行下列项目的质量检查：

1）外观检查。塑料表面应光滑，无裂缝、气泡、疏松等不良现象。塑料换向器各部分的尺寸应符合图样要求。

2）超速试验。将塑料换向器装在回转加热设备（参见图 5-27）的轴上，加热到 120～130℃，在额定转速下，旋转 60min，然后，超速到额定转速的 150%，旋转 10min。在试验前后，均应测量换向器工作表面的径向跳动量，在同一个位置的径向跳动量前后相差应不大于 0.03mm。

3）测绝缘电阻。热态（130℃）绝缘电阻应不小于 5 MΩ。

4）破坏性试验。只抽试 1～2 台，目的是检查塑料换向器的机械强度，保证安全使用，其项目如下：

① 低温试验，从室温突然冷却到 -40℃，检查塑料换向器的表面有无裂纹；

② 在 120～130℃ 温度下，换向器破坏时的转速应大于 2 倍额定转速。

购买及使用塑料时应注意压制塑料换向器所用塑料的储存期较短，故储存环境温度应较低，以免材料过期变质，影响塑料换向器质量。

5.5 紧圈式换向器的制造工艺特点

由于拱形换向器工艺较复杂，技术要求高，零件多，费工时，故较小型的换向器（直径在 190mm 以下）多为塑料换向器；直径在 >190～500mm 之间的换向器可制成内紧圈式的，而汽轮发电机励磁机的换向器及其他速度高达 3000r/min 的中型换向器，都制成外紧圈式的。

1. 内紧圈式换向器的制造

一次装配前的各工序，包括换向片和云母板的加工，排圆及云母板的烘压处理等，都和拱形换向器相同，只是钢紧圈的制造、套筒的制造及其装配方法有所不同。

内紧圈式换向器的结构如图 5-32 所示。钢紧圈 2 用铬钼钢制成，它的绝缘层 3 是用 0.12mm 的环氧酚醛玻璃布带半叠包 7 层，为增加绝缘能力，中间加包一层薄膜（如 0.06mm 的聚酰亚胺薄膜）。包好绝缘的钢紧圈放在压模内加热加压，温度为 180～200℃，时间约为 15min，压力大小可不规定，只要把上压模压到一定位置就可以了。

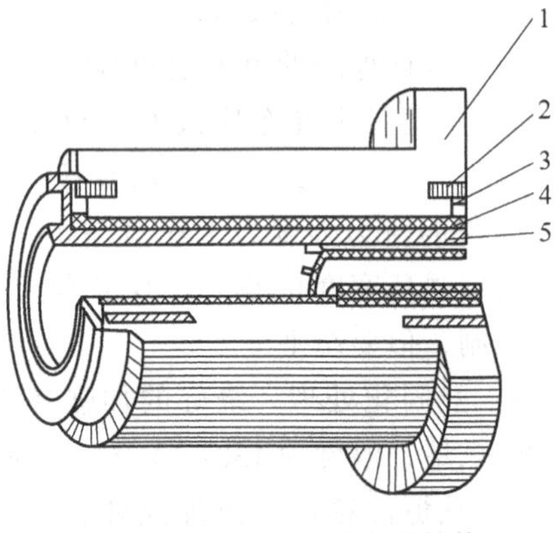

图 5-32 内紧圈式换向器结构

1—换向片 2—钢紧圈 3—钢紧圈绝缘层
4—套筒绝缘 5—套筒

将处理好绝缘的钢紧圈放在烘箱内加热到 120℃，保持约 1～2h，在热态下把它压到车好沟槽的铜片云母组内（配合过盈量为 0.20～0.30mm），冷却后即可起箍紧的作用。两面的钢紧圈都压进去后，即可去掉夹紧工具，用环氧树脂把有间隙的钢紧圈外圆处涂封。套筒的绝缘也是用玻璃坯布包到一定厚度，经烘压处理后车成所需尺寸，装配时把带钢紧圈的换向片组加热，在热态下把它压到套筒上（换向片组与套筒间有 0.20～0.40mm 过盈量）。

这种换向器比 V 形压圈式的紧固程度好，绝缘水平高，加工工时和材料消耗都比较少。

2. 外紧圈式换向器的制造

外紧圈式换向器结构可参见图 5-5。这种换向器一般沿轴向长度较长，故在一次装配中采用两套夹紧工具，如图 5-33 所示。两套夹具反向装置，两个压圈一齐向中间压紧，同时夹紧换向片组。

烘压工艺过程如前述一样。将烘压处理后的换向片组 6 一端车出大约 50mm 长的圆柱面，热套上一个较薄的临时紧圈 3，如图 5-33 所示。把上端的夹紧工具拿掉，换向片组 6 靠下端夹紧工具和临时紧圈 3 夹紧，然后把要套紧圈的地方车平，并控制其尺寸。车好以后垫云母，准备热套钢紧圈，如图 5-34 所示。

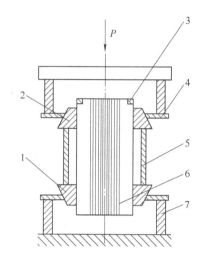

图 5-33　两套夹具夹紧换向片

1、2—锥状扇形块　3—临时紧圈　4—锥
形环　5、7—垫圈　6—换向片组

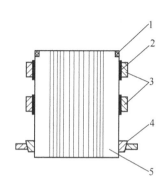

图 5-34　热套钢紧圈

1—临时紧圈　2—绝缘层　3—钢紧圈
4—夹紧工具　5—换向片组

紧圈的绝缘层用的是天然云母，把天然云母片贴在车好的圆柱面经过仔细测量的位置，并用白布带围紧，将天然云母按厚度不同分成组，一片一片相邻排列，如图 5-35 所示，每层云母片的厚度应一致，相邻两片间留有 2mm 的间隙，外面一层要把里面一层的缝隙压住。排够一定的层数并使云母片的计算厚度达到 3mm，然后在云母片外面包一层薄铁皮（整圆开口的薄铁皮应控制其外径尺寸）。把钢紧圈放入烘箱内加热到 400℃ 以上，使其内径胀大到比铁皮外径大出约 0.40~0.50mm（钢的膨胀系数为 11.9×10^{-6}），即可迅速把钢紧圈热套上去。图 5-34 中所示两个紧圈热套上去以后，再拿掉下端的夹紧工具，如上述方法在下端套上第三个紧圈。紧圈套好以后，车掉临时紧圈及其所包围的铜片，最后进行套筒装配及精车外圆等其他工序。

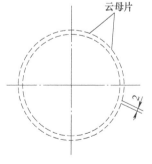

图 5-35　云母片的排列

用含胶的云母板代替天然云母可以降低材料成本，但云母板贴在换向片外面热套紧圈之前，要进行热烘处理。

5.6 集电环的制造

5.6.1 集电环的分类

集电环是集电装置中最重要的部分。根据电机转子引出线的需要，环的数目是不等的。例如，旋转磁极式同步发电机的转子，集电环中环的数目为 2 个；异步电动机的绕线转子中，环的数目一般为 3 个。集电环有各种不同的形式，其主要差别在于它的固定方法；但它们有一个共同点，就是把环和套筒固定在一起，并互相绝缘。把环和套筒固定在一起的整体称为集电环。集电环的形式有以下几种：

1. 整体式塑料集电环

整体式塑料集电环常用酚醛玻璃丝纤维（4330）压塑料连同三个金属环压制成一个整体，如图 5-36 所示。这种集电环结构简单，制造方便。主要用于一般用途电动机。

2. 装配式集电环

主要由金属环、衬套（薄钢板弯成的开口套）、衬垫绝缘和套筒组成，如图 5-37 所示。衬垫绝缘可采用玻璃布板或塑性云母板。衬垫绝缘一般为 0.2mm 环氧酚醛玻璃布板（3240）加若干层 0.05mm 厚聚酯薄膜组成（薄膜至少两层，可作为调整厚度用），其总厚度应比装配压缩后的尺寸增加 0.15～0.20mm，以保证装压后有一定紧度。这种结构形式的集电环广泛用于中型电机。

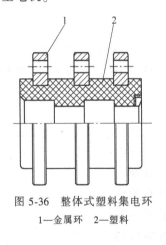

图 5-36 整体式塑料集电环

1—金属环 2—塑料

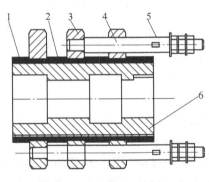

图 5-37 装配式集电环

1—衬垫绝缘 2—衬套 3—金属环
4—导电杆 5—绝缘套 6—套筒

3. 支架装配式集电环

绝缘垫圈用于金属环间的相互绝缘及金属环与套筒间的绝缘，借带有绝缘套管的长螺杆把金属环和绝缘垫圈压紧在套筒固定架上，如图 5-38 所示。其特点是金属环的直径较大，能安放较多块数的电刷，以满足大电流的需要。这种集电环适用于高速大型电机。

4. 热套在轴上的集电环

这种集电环的金属环直接热套在包有绝缘层的转轴（或套筒）上，以满足高电压、大电流和离心力作用下运行可靠的要求。这种集电环主要用于高速大型电机。汽轮发电机中，集电环就直接热套在转子轴上，如图 5-39 所示。这种集电环的表面车有 7～9 条螺纹槽及开有径向通风孔。螺纹槽的作用是当电机旋转时螺纹槽内有风通过，一方面加强了散热能力，另外，使电刷与环的接触良好，电刷磨出来的粉末有通路向一个方向逸出。这种有螺纹槽的集电环，一般只用在单向旋转的电机中。

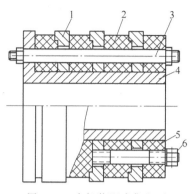

图 5-38　支架装配式集电环
1—螺纹槽　2—绝缘垫圈　3—夹紧螺杆
4—套筒　5—绝缘套筒　6—引出接线

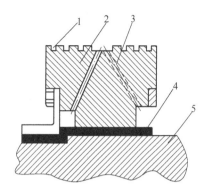

图 5-39　汽轮发电机集电环
1—螺纹槽　2—集电环　3—通风孔
4—绝对绝缘　5—轴

5.6.2　集电环制造的工艺要点

在集电环中，金属环、套筒和引出线头是最基本的构件。不同形式的集电环中，这三个基本构件的制造基本上是相同的。

在电机运行中，依靠电刷和金属环的良好接触，而把转子和外电路连接起来。作为导电用的金属环，必须有良好的导电性能，同时必须有良好的耐磨性和硬度。对于金属环的材料需质密、均匀，否则当工作日久时形成凹凸不平而发生火花。其表面粗糙度要求为 $Ra1.6\mu m \sim Ra3.2\mu m$。制造金属环的材料有黄铜、电解铜、青铜、低碳钢、锰钢及生铁。大容量电机中的金属环以用 50Mn 钢为宜，小容量电机的金属环可以用 45 号钢。

在每个环上都必须有引出线头，以便同转子绕组连接。引出线头和金属环的连接方式，一种是用扁铜排焊接在金属环上，焊接时要保证接触面大，焊得牢固，最好用银焊；另一种是用螺钉和金属环连接，这种连接方式用得最多。螺钉本身又可作为同转子绕组连接的引出线头。螺钉可用黄铜或钢制造。

套筒的材料一般用铸铁，根据套筒与金属环的固定方法不同其结构形式各异。铸铁毛坯在车床上加工，并在内孔留出加工余量，作为以后精车的余量。

整体式塑料集电环（见图 5-36）是用热固性塑料（酚醛玻璃压塑料），经模压成形。塑料压制质量的关键在于合理地选用压制工艺参数和塑料压模的结构。其压制工艺可参见本章 5.4 节。

装配式集电环的压装方法有冷压和热压两种。前者适用于衬垫绝缘为环氧酚醛玻璃布板的集电环，压装时先将三个金属环分别装入压装工具的三个内槽内，并使其定位，依次将多层玻璃布板和金属衬套放入，然后冷压入套筒。后者适用于衬垫绝缘为塑性云母板的集电环。装压时，先将裁好的塑性云母板预热软化并弯成筒形，将衬垫绝缘和衬套放入装在压装工具中已加热的金属环内，然后将套筒压入。云母露出部分均用合成树脂浸渍的无纬玻璃丝带或玻璃丝套管绑扎，以防止云母片在电机运行时飞散。

在集电环装压过程中，应注意使衬垫绝缘各层材料的接头处均匀错开，对缝不得搭接。为了使金属环同衬垫绝缘与套筒紧密贴接，一般通过调整衬垫绝缘的厚度，使其保证具有一定的过盈量。调节玻璃布板时可用 0.05mm 聚酯薄膜充填。

钢制金属环的外圆，精车后可以进行滚压，以提高耐磨性和降低表面粗糙度。

集电环装配完成后，必须进行机械强度和电气性能试验。

用锤子轻敲套筒，听其声音可判别出集电环和套筒连接是否牢固，如果装配得太松，应进行返修处理。

金属环和套筒之间、金属环与金属环之间，应保证有可靠的绝缘性能，因此必须进行耐压试验。三环进行三次：Ⅰ环对Ⅱ环（Ⅱ环接地），Ⅱ环对Ⅲ环（Ⅲ环接地），Ⅲ环对Ⅰ环（Ⅰ环接地）；二环进行二次：Ⅰ环对Ⅱ环（Ⅱ环接地），Ⅱ环对Ⅰ环（Ⅰ环接地）。

复　习　题

5-1　换向器由哪几部分组成？其结构形式有几种？

5-2　试述换向器的技术要求。

5-3　试述拱形换向器的工艺过程。

5-4　片间云母板与 V 形云母环所用云母板的主要差别是什么？

5-5　试述塑料换向器的优缺点。

5-6　拱形换向器片装和器装时有哪些主要工艺参数？

5-7　集电环的形式有哪几种？

第6章

电机装配工艺

电机装配可分为部件的分装配和成品的总装配。部件的分装配主要是定子分装配和转子分装配；成品的总装配主要是轴承装配、把电枢或转子安放到定子中并装上端盖、电刷装置的装配以及风扇、风扇罩、出线盒等的装配。这一章主要讨论交流电机装配中的若干主要问题。

6.1 尺寸链在电机装配中的应用

电机装配时，各零件的装配关系对电机的性能和质量有很大的影响。例如，零件的轴向尺寸公差定得不合适，没有进行尺寸链计算，则在电机装配后，零件间的相互位置不能保证设计要求。在严重情况下，可能使电机装配不起来。有时即使装上，也不能正常运行。故电机中各零件的尺寸公差，必须按尺寸链的计算方法进行校核。

计算轴向尺寸链的方法一般采用"极大极小法"，计算所用的公式见第1章。

6.1.1 小型异步电动机的轴向尺寸链计算

图 6-1 表示小型异步电动机各零件的装配关系。设计的意图是在装配时要求非轴伸端的轴承盖把轴承外圈卡死，要求 δ_2 的基本尺寸为 0.5mm，考虑了公差以后，δ_2 的最小值也不应该是负的。在轴伸端轴承盖的止口与轴承外留之间留下间隙 δ_1，以容纳各零件加工的公差，并考虑电机运行中的热膨胀。

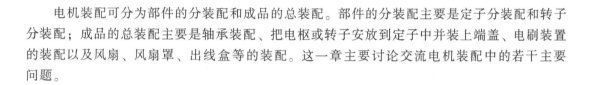

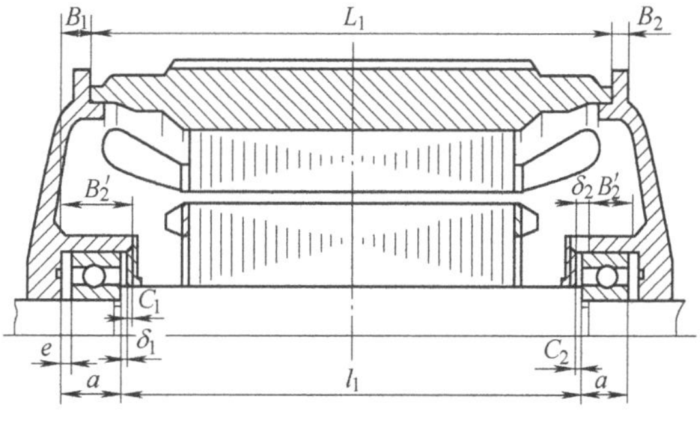

图 6-1 小型异步电动机装配示意图

从图 6-1 中可以分析出三个尺寸链来，如图 6-2 所示。

1. 轴伸端轴承室弹簧片预压尺寸的计算

图 6-2a 用来计算弹簧片的厚度。从图上可见，B_1、L_1 尺寸增加将使 e 加大，故为增环；而 l_1、a 尺寸增加将使 e 减小，故应为减环。以某小型异步电动机为例，由生产图样得

$$B_1 = 20^{+0.140}_{0}\text{mm} \quad L_1 = 282^{0}_{-0.34}\text{mm}$$

$$a = 23^{0}_{-0.12}\text{mm} \quad l_1 = 273^{0}_{-0.34}\text{mm}$$

根据式（1-15）~式（1-17）求安放弹簧片位置的尺寸

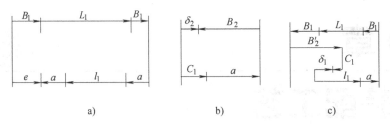

图 6-2 小型异步电动机尺寸链简图

L_1—定子机座止口两端面距离 B_1—端盖止口端面到轴承室底面距离 B_2—端盖

轴承室深度（非轴伸端） B_2'—端盖轴承室深度（轴伸端） l_1—转轴两轴承挡间距离

a—轴承宽度 e—弹簧片深度 C_1—轴承盖止口深度

基本尺寸 e = （增环基本尺寸之和）－（减环基本尺寸之和）

$$e = (282 + 2 \times 20)\text{mm} - (273 + 2 \times 23)\text{mm} = 322\text{mm} - 319\text{mm} = 3\text{mm}$$

e 的最大极限尺寸 = （增环最大极限尺寸之和）－（减环最小极限尺寸之和）

e 的最大极限尺寸 = $[(282 + 0) + 2(20 + 0.14)]\text{mm} - [(273 - 0.34) + 2(23 - 0.12)]\text{mm}$

$$= 3.86\text{mm}$$

e 的最小极限尺寸 = （增环最小极限尺寸之和）－（减环最大极限尺寸之和）

e 的最小极限尺寸 = $[(282 - 0.34) + 2 \times 20]\text{mm} - [273 + 2 \times 23]\text{mm} = 2.66\text{mm}$

从以上计算可知，e 的尺寸在 2.66～3.86mm 之间变化，而工厂生产图样中弹簧垫片的厚度为（4.6±0.25）mm，就是说在装配以后弹簧垫片是预先受到压缩的，因此就能压住后轴承外圈，以减少承受较大负荷的后轴承的轴向工作间隙、减少电机运转时产生的振动、补偿定转子零件尺寸链的公差和由于振动及热膨胀所造成的伸缩。

2. 非轴伸端间隙 δ_2 尺寸的计算

由工厂生产图样得

$$C_1 = 4_{-0.08}^{0}\text{mm}, \quad B_2 = 26.5_{-0.14}^{0}\text{mm}$$

从图 6-2b 可知，尺寸 C_1、a 是增环，而 B_2 是减环。故

$$\delta_2(\text{基本尺寸}) = (4 + 23)\text{mm} - 26.5\text{mm} = 0.5\text{mm}$$

$$\delta_2(\text{最大极限尺寸}) = [(4 + 0) + (23 + 0)]\text{mm} - (26.5 - 0.140)\text{mm} = 0.64\text{mm}$$

$$\delta_2(\text{最小极限尺寸}) = [(4 - 0.08) + (23 - 0.12)]\text{mm} - (26.5 - 0)\text{mm} = 0.3\text{mm}$$

从计算得知 δ_2 在 0.3～0.6mm 之间变化，能满足"卡死"非轴伸端轴承外圈的要求。

3. 轴伸端间隙 δ_1 尺寸的计算

由工厂生产图样查得

$$B' = 31_{-0.170}^{0}\text{mm}$$

从图 6-2c 可知：B_1、L_1、C_1 是减环，而 B_2'、l_1、a 是增环。故

$$\delta_1(\text{基本尺寸}) = (31 + 273 + 23)\text{mm} - (282 + 2 \times 20 + 4)\text{mm} = 1\text{mm}$$

$$\delta_1(\text{最大极限尺寸}) = (31 + 273 + 23)\text{mm} - [(282 - 0.34) + 2(20 - 0) + (4 - 0.08)]\text{mm}$$

$$= 1.42\text{mm}$$

$$\delta_1(\text{最小极限尺寸}) = [(31 - 0.17) + (273 - 0.34) + (23 - 0.12)]\text{mm} -$$

$$[282 + 2(20 + 0.14) + (4 + 0)]\text{mm} = 0.09\text{mm}$$

从以上计算可知，间隙 δ_1 在极限情况仍有很小的间隙，即能够满足容纳各零件公差及热膨胀的要求。

6.1.2　安装尺寸 C 的计算

自轴伸肩到距离较近的两个底脚螺栓通孔中任一孔的中心线的距离 C，如图 6-3 所示，是一个安装尺寸。尺寸 C 超差时就会影响其他机械配套时整个机组的安装质量，故在技术条件中规定尺寸 C 有一定的允许偏差范围。

从图 6-3 可知，安装尺寸 C 是由几个尺寸组成的尺寸链中的封闭环。图中符号代表的意义如下：

L_2—机座止口至较近的底脚孔中心线的距离；

B_1—端盖止口端面到轴承室底面距离；

L_1—定子机座止口两端面距离；

l_1—转轴两轴承挡间距离；

l_2—轴伸肩至轴承挡台肩的距离。

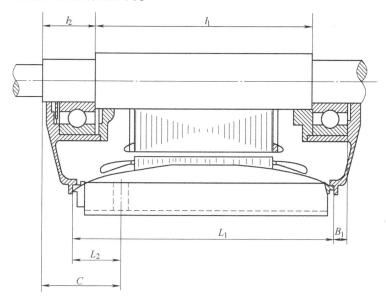

图 6-3　轴伸端装配示意图

由图 6-3 可以画出计算安装尺寸 C 的尺寸链简图，如图 6-4 所示。L_2、a、l_1、l_2 是增环，而 L_1、B_1 是减环。

仍以上述小型异步电动机为例，由工厂生产图样查得

$$L_2 = 52 \pm 0.5\text{mm} \quad a = 23_{0}^{-0.12}\text{mm} \quad l_1 = 273_{0}^{-0.34}\text{mm}$$

$$l_2 = 43_{0}^{+0.34}\text{mm} \quad L_1 = 282_{0}^{-0.34}\text{mm} \quad B_1 = 20_{0}^{+0.14}\text{mm}$$

根据式（2-15）~式（2-17）求 C 的基本尺寸及最大、最小极限尺寸

$$C(\text{基本尺寸}) = (52 + 23 + 273 + 43)\text{mm} -$$
$$(282 + 20)\text{mm} = 89\text{mm}$$

$$C(\text{最大极限尺寸}) = [(52 + 0.5) + 23 + 273(43 + 0.34)]\text{mm} -$$
$$[(282 - 0.34) + 20]\text{mm}$$

$$= 90.18\text{mm}$$

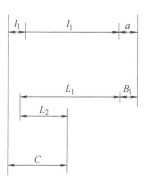

图 6-4　计算安装尺寸
C 的尺寸链简图

$$C(最小极限尺寸) = [(52 - 0.5) + (23 - 0.12) + (273 - 0.34) + 43]mm -$$
$$[282 + (20 + 0.14)]mm = 87.9mm$$

由计算得到 C 的尺寸为 $89^{+1.18}_{-1.10}$mm，完全符合装配技术条件上（89±2.0）mm 的规定。在电机与其他机械采用带轮或齿轮传动时，如果尺寸 C 超差，会使两个带轮或齿轮的轴向位置不能对准，影响传动的质量，若采用联轴器传动则可能装配不起来。因此，在电机生产中，保证安装尺寸 C 及其余的安装尺寸在公差范围内是很重要的。

从尺寸链的计算中可知，机座底脚孔的位置及转轴轴承挡台肩至轴伸肩的距离，对尺寸 C 的影响较大。而这两处加工时又容易产生较大的误差，故必须注意量具及模具的磨损情况，以保证工件尺寸在公差范围之内。

6.2 静平衡与动平衡

6.2.1 平衡的基本原理

电机的转动部件（如转子、风扇等）由于结构不对称（如键槽、标记孔等）、材料质量不均匀（如厚薄不均或有砂眼）或制造加工时的误差（如孔钻或其他）等原因，而造成转动体机械上的不平衡，就会使该转动体的重心对轴线产生偏移。转动时由于偏心的惯性作用，将产生不平衡的离心力或离心力偶。电机在离心力的作用下将发生振动。

振动对电机的危害很大，它消耗能量、使电机效率降低，直接伤害电机轴承，加速其磨损、缩短使用寿命。振动还会影响到基础或与电机配套的其他设备的运转，使某些零件松动，甚至使一些零件因疲劳而损伤，造成事故。直流电机电枢不平衡引起的振动，常是电刷下发生火花的原因之一。此外，由于机械上的不平衡还会产生电机机械噪声。离心力的大小可按下式计算：

$$F = Mr\omega^2 \tag{6-1}$$

式中　M——不平衡重量，单位为 kg；

　　r——不平衡重量偏移的半径，单位为 m；

　　ω——转子转动的角速度，单位为 r/s。

例 6-1　设在 ϕ200mm 的转子外圈处有不平衡重量 10g，求当转速为 3000r/min 时产生的离心力是多少？

解：已知

$$M = 10g$$
$$r = 100mm$$
$$\omega = 2\pi \frac{3000}{60} = 314r/s$$

所以

$$F = \frac{10}{1000} \times \frac{100}{1000} \times (314)^2 N \approx 98.6N$$

可见，较小的不平衡重量（尽管为 10g）转动时将产生较大的离心力（约为 98N）。因此，在电机总装配之前，必须设法消除转动部件的不平衡现象，即进行"校平衡"。电机转动部件的校平衡，是提高电机运行质量和寿命的一个重要工艺措施。

6.2.2 不平衡的种类

电机转动部件的不平衡状况可分为静不平衡、动不平静及混合不平衡三种。

1. **静不平衡**

如图 6-5 所示，一个直径大而长度短的
转子，放在一对水平刀架导轨上，不平衡重
量 M 必然会促使转子在导轨上滚动，直到不
平衡重量 M 处于最低的位置为止，这种现象
表示转子有"静不平衡"存在。由式（6-1）
可知，静不平衡所产生的离心力大小与不平
衡重量 M 成正比，与 M 的位置到轴心线的距
离 r 成正比，与转子转动的角速度二次方成

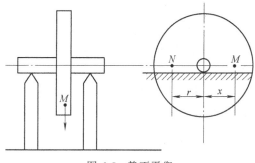

图 6-5 静不平衡

正比。这个离心力周期地作用于转动部分，因而引起电机的振动。

在图 6-5 所示情况下，由于转子静止时重心永远是处在最低位置（不考虑导轨与转子之
间的摩擦阻力），因此这种不平衡的转子，即使不旋转也会显示出不平衡性质，故称为静不
平衡。假如在与 M 对称的另一边加上重量 N 以后，将零件转到任一位置都没有滚动现象发
生，这时 M 对转轴中心线产生的力矩与 N 对转轴中心线产生的力矩达到了平衡，即

$$Mx = Nr \qquad (6-2)$$

此时转子达到了静平衡状态。这种方法称为静平衡法。

2. **动不平衡**

上面分析的情况，对于一些盘状
零件（如带轮、电机的风扇等）是近
似地符合实际情况的。但如果电机转
子较长，情况就不一样了，如图 6-6
所示。假如电机转子的重量在全体上
的分布是不均匀的，画斜线处是代表
过重的部分，由整体来看，重心 S 是
重叠在转动轴线上的，即是静平衡
的。也就是说 $Y—Y$ 轴线左边的不平
衡重量 M_1（重心为 S_a）与由 $Y—Y$ 轴

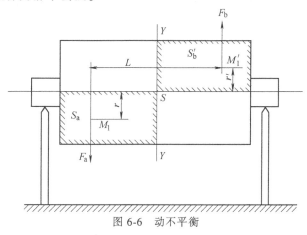

图 6-6 动不平衡

线右边的重量 M_1'（重心为 S_b）相平衡了，即 $M_1 = M_1'$，$r = r'$，$M_1 r = M_1' r'$，这时转子在静止
时可以停止在任意位置。但当这样的转子旋转起来后，M_1 和 M_1' 产生一对大小相等，方向相
反的离心力 F_a 和 F_b，形成一对力偶 $F_a L$，周期地作用在电机轴承上，引起电机的振动。离
心力偶的大小可以按下式计算：

$$F_a L = M_1 r \omega^2 L \qquad (6-3)$$

式中　L——两个离心力之间的距离，称为力偶臂。

这种在转动时才表现出来的不平衡称为动不平衡。由此可知，圆柱形的转动体在作静平
衡检验时，它可能是平衡的，但转动起来就不一定是平衡的了。

如果一个转子单纯只有这样的动不平衡，可以用加一对力偶的方法来平衡它。这对力偶

应与 F_aL 大小相等、方向相反，如加在位置适宜的转子两个端面上。这种方法称为动平衡法。

3. 混合不平衡

一般工件都不是单纯的存在静不平衡或动不平衡，而是两种不平衡同时存在，既有由不平衡重量 M 产生的静不平衡离心力 F，又有由 M_1 及 M_1' 产生的不平衡力偶 F_aL，如图 6-7 所示。这样就可以用大小相等、方向不是相差 180° 的两个不平衡为 F_a' 及 F_2 来表示。这种不平衡称为混合不平衡。实际上的转子不平衡多数属于此种。

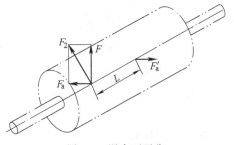

图 6-7 混合不平衡

6.2.3 校平衡的方法

校平衡方法的实质，就是要确定不平衡重量的大小及其位置，并加上或减去适当的重量使零件达到平衡。严格地说，任何转子都存在着混合不平衡，但在实用上，由于转子的情况及运行条件的不同，可以有不同的处理。当电机转子长度 L 与其直径 D 之比 L/D 较小且转速较低时，可以近似地看作一个盘状转动体，所以只作静平衡校验；反之，当 L/D 较大，转速又较高时，则必须进行校动平衡工作，详见表 6-1。

表 6-1 转子校平衡类型

转子条件		校平衡类型
圆周速度/(m/s)	长度 L/直径 D	
<6	不限	静平衡
<15	<1/6	
= 15	≥1/6	动平衡
>20	>1/3	

有的工厂对于中小型电机转子的平衡是以转速来分类的。一般的 2 极和 4 极电机要做动平衡（有的工厂 6 极转子也做动平衡），其他的只做静平衡。

转子平衡精度以单位重量许用不平衡量作为度量单位。Y 系列电机转子单位重量许用不平衡量不得超过表 6-2 的规定。

表 6-2 转子单位重量许用不平衡量 e

同步转速/(r/min)	3000	1500	1000	750
转子单位重量许用不平衡量 e/μm	8	16	25	33

转子单位重量的许用不平衡量的关系式如下：

$$e = Gr/W$$

式中　　G——不平衡量，单位为 gf；

　　　　r——不平衡量至旋转轴线的距离，单位为 mm；

　　　　W——转子重量，单位为 kg。

电机的外风扇是一个盘状转动体，因此它的平衡采用静平衡工艺。

应该说明的是，即使进行了校平衡工序，也不可能完全消除电机的不平衡，只能使电机的不平衡程度限制在允许的范围内。在这个范围内，不平衡的后果不至影响电机的正常运行。在校平衡后以电机轴承处的振动值（用测振仪器测量）来确定电机是否合格。我国在《电机基本技术要求》中规定了 Y、Y—L 系列电机空载时的振动限值。表 6-3 为电机中心高、转速和试验时安装方式与振动速度（有效值）限值的相应关系。振动限值分为 3 级（N—合格级，R—良好级，S—优秀级）。如无其他规定，电机的振动速度应符合 1 级（N）要求。

表 6-3　电机的振动速度（有效值）限值

试验安装方式	弹性				刚性	
转速/(r/min)	600～1800		1800～3600		600～1800	1800～3600
中心高/mm	45～132	>132～225	45～132	>132～225	>225	
振动等级	振动速度/(mm/s)					
1(N)	1.8	2.8	1.8	2.8	2.8	2.8
2(R)	0.71	1.12	1.12	1.8	1.12	1.8
3(S)	0.45	0.71	0.71	1.12	0.71	1.12

1. 校静平衡

校静平衡通常是在平衡架（见图 6-8）上进行。它是由两个保持水平的支架组成，在支架上有两根导轨。导轨的工作部分必须淬硬（56～60HRC），而且要磨光（$Ra0.8\mu m$ 以下），以减少摩擦力。两支架间距离应能调节，使工件及支架刚能保持水平状态。

导轨截面可以有平刀形、圆形和棱柱形，如图 6-9 所示。通常小转子校静平衡时，用圆形截面导轨较多，因为这种导轨刚性好、容易制造。当被平衡工件的重量较大时，采用平刀形或棱柱形截面。校静平衡有加重法和去重法两种。校风扇静平衡通常采用去重法，即在风扇上钻去重量，但由于通风的要求，不得将孔钻透。转子校平衡通常都用加重法，对铸铝转子是在平衡柱上铆上垫圈；对绕线转子，在转子压板上带有的鸠角

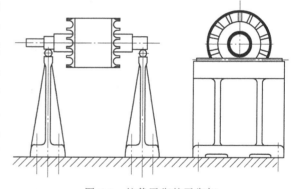

图 6-8　校静平衡的平衡架

形的平衡槽来安放平衡块，再用螺钉将平衡块固定，如图 6-10 所示。这两种校静平衡的方法都比较简单。由于转轴和导轨间的摩擦，使得误差较大，为了消除误差的影响，可以采用

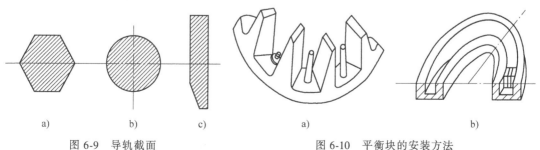

图 6-9　导轨截面
a）棱柱形　b）圆形　c）平刀形

图 6-10　平衡块的安装方法
a）笼型转子　b）绕线转子

下述的方法。

首先在导轨上令转子自由滚动，找出不平衡重量的方位，方法如图 6-11 所示。先令转子反时针方向滚动，如图 6-11a 所示，由于摩擦阻力的原因。不平衡重量 M 只能停在图示的位置，记下转子的最低位置 1。然后使转子顺时针方向滚动，同样 M 也不能停止在最低点，而是停在图 6-11b 所示的位置上，记下这时的最低点 2。显然 1、2 两点的中间位置 M，就是不平衡重的方位。平衡重量应该加在 M 点的对称直径方向上，需加多少，可以通过以下的步骤求得：

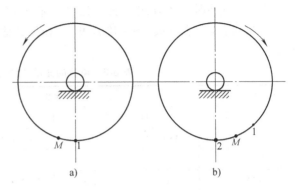

图 6-11 决定不平衡方位

1）转动转子，使不平衡重量 M 处于水平位置，然后在其对称直径上加一适当重量 N，使其距离中心为 r，如图 6-12a 所示，使转子尚能按箭头方向转过一个角度 θ（$\theta = 30° \sim 50°$），记下这个角度。

2）将转子转过 180°，使 M 处于另一侧的水平位置，如图 6-12b 所示，在 N 的地方再加上适当的重量 P，使转子能按箭头方向转过等于第一次转动的角度 θ。

两次的方向如图 6-12 所示，其摩擦力矩 m 应该是相等的。

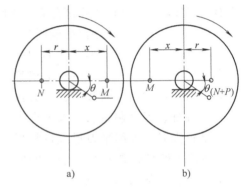

图 6-12 精确静平衡法

3）按以下的计算公式算出应加的平衡重量：

$$Mx\cos\theta = m + Nr\cos\theta \qquad (6\text{-}4)$$

$$(N + P)r\cos\theta = m + Mx\cos\theta \qquad (6\text{-}5)$$

由式（6-4）、式（6-5）中消去 m，得

$$Mx - Nr = (N + P)r - Mx$$

$$Mx = \frac{(2N + P)r}{2} = \left(N + \frac{P}{2}\right)r \qquad (6\text{-}6)$$

即在半径 r 处加 $[N+(P/2)]$ 的重量就可以使转子平衡。

2. 校动平衡

校动平衡就是在一定的设备上使转子旋转，测出其振动的大小和不平衡重量的位置，再设法予以平衡。实际上是既解决了动不平衡（由不平衡力偶产生的），同时也解决了静不平衡（由不平衡离心力产生的）。因此，进行校动平衡的转动部件就不再需要另作校静平衡了。

校动平衡的方法很多，在中小型电机制造厂都是用动平衡机法，即在一台专用的动平衡机上校动平衡。动平衡机的种类较多，有利用机械补偿原理的动平衡机，有利用摆架测量振动的动平衡机，如火花式动平衡机和闪光式动平衡机。

校动平衡时，为什么在两端面加上适当的重量就能消除圆柱体内部不平衡重量的影响呢？其平衡的原理可以从力学的分析方法来说明。

如图 6-13 所示，如果电机转子的不平衡重量 Q_1 及 Q_2 是分布在垂直于转动轴线的两个平面内，既不相等又不在直径方向对称分布，Q_1 与 Q_2 与转动轴线相距各为 r_1 和 r_2。根据力学原理，可以把 Q_1 转动时产生的离心力 F_1 由作用在端面 Q' 及 Q'' 上的两个力 F_1' 和 F_1'' 来代替，F_1、F_1'、F_1'' 必须满足以下的相互关系：

$$F_1(m + n) = F_1'(l + m + n)$$
$$F_1 l = F_1''(l + m + n) \tag{6-7}$$

同理，Q_2 转动时产生的离心力 F_2，也可以由作用在两端面上的力只 F_2' 及 F_2'' 来代替，F_2、F_2'、F_2'' 必须满足以下的相互关系：

$$F_2 n = F_2'(l + m + n)$$
$$F_2(l + m) = F_2''(l + m + n) \tag{6-8}$$

作用在左边端面的 F_1' 和 F_2' 必有一个合力，这个合力可以用一个方向相反、大小相等的力 F' 来平衡，根据 F' 的大小及方位就可以在相应的位置加上适当的重量 Q'' 来达到平衡。同样，在右边端面可加 Q'' 来达到平衡。

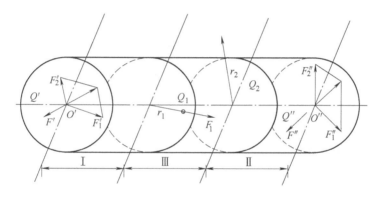

图 6-13　在转子端面上的校动平衡原理

由以上的分析可知，电机转子内部存在的任何偏重点所产生的离心力，都可以由作用在两端面上的力来代替，然后用两个平衡重量来平衡它们。

目前，我国许多电机厂都使用闪光式动平衡机，它是利用闪光确定不平衡位置，仪表指示不平衡量，反映出来的位置及不平衡量都比较准确。它的工作原理如图 6-14 所示。当工作物高速旋转时，由于偏重存在而产生的离心力可分解为垂直和水平两个分力，垂直分力使工作物更紧地压在摇摆架的 V 形槽上，而水平分力则使摇摆架作径向摆动。此摆动按正弦规律变化，振幅与工作物的偏重成正比，它的频率为工作物的旋转频率。

该振动使传感器的线圈在永久磁场中来回往复运动，切割磁力线而产生信号电动势，该电动势同样按正弦规律变化，且和离心力成正比。振动振幅由传感器转换为电信号以后，输入到电测量电路，如图 6-14 所示。整个测量电路由模拟解算电路、前置放大、选频放大、脉冲形成、闪光电路及直流稳压电源等部分组成。

传感器输出的电信号经模拟解算电路将信号进行补偿。切换变量后，进入前置放大级，经放大后进入选频放大级，消除相位误差，并通过改变选频放大级中的电阻或电容来改变频率范围，选出与转子旋转频率同拍的电信号，再进行放大。然后进入桥式整流电路，经整流后通入微安表，该表经过校准后改变为重量刻度，故能直接指示出不平衡重量的大小。另一

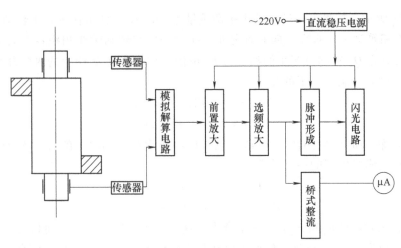

图 6-14 闪光式动平衡机原理

部分经过选频放大的信号则进入脉冲形成电路，形成负脉冲电动势使闪光灯发亮，其余时间则不亮。由于闪光频率与振动频率同步，套在轴上的号码环上的数字，看起来好像是不转动的，此时，在水平位置上的一点的闪光停像，就是所找寻的不平衡位置。

为了消除另一端的不平衡量对校平衡的一端的影响，在模拟解算电路中用了适当的电位器，将装在两摇摆架上的两个传感器的输出信号作适当的相互抵偿，故闪光法能直接分别测出两端的不平衡量。

6.3 中小型电机装配工艺

6.3.1 转子装配

电动机在运行时要通过转轴输出机械功率，因此，转子铁心与轴结合的可靠性是很重要的。当转子外径小于 300mm 时，一般是将转子铁心直接压装在转轴上，当转子外径大于 300、小于 400mm 时，则先将转子支架压入铁心，然后再将转轴压入转子支架。Y 系列电动机是采用将转子铁心直接压装在转轴上的结构。

转子铁心与轴的装配有三种基本形式：滚花冷压配合、热套配合、键联结配合。

1. 滚花冷压配合

在滚花冷压配合中，轴的加工工艺是：精车铁心挡——滚花——磨削，然后压入转子铁心，再精磨轴伸、轴承挡以及精车铁心外圆。

上述三种结构形式中，滚花冷压配合是过盈量最大的过盈配合，通常采用 H8/u8。但由于轴与铁心的配合面是滚花后的凸起部分，同时考虑到压轴时由于冲片在冲剪后所形成的切口，轴表面将被剥去一层金属而影响到配合的过盈值，其联结的强度不是很高，故只使用在小功率的电机中。

滚花的形状必须是与轴线平行的槽，合理的滚花尺寸如图 6-15 所示。图中，1.2mm 为滚花节距。由于装配时公差控制较严，故滚花后必须增加磨削工序，并保证表面粗糙度在 $Ra0.6\mu m$ 以下。因为当表面粗糙时，装配后将使粗糙尖峰被压平，配合面容易松动。

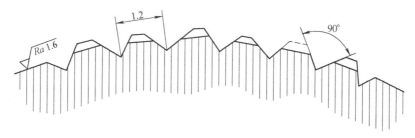

图 6-15　滚花尺寸

按滚花标准规定（见 JB/T 2—1982），最大滚出部分不得超出滚花节距的 50%。滚花以后，工件直径大于滚花前直径，其值为（0.25~0.50）t。现选用节距 t 为 1.2mm，故为 0.30~0.60mm。滚花后精度要求不宜过高，否则难于达到。在电机制造中采用自定公差，选用最小公差带为 0.10mm。此外，磨削余量不宜太小，故选定最小磨削余量为 0.05mm。因此，滚花工序间公差规定如下（以 H132 电机为例）。

精车铁心挡公差等级选用 H8：$\phi 48_{-0.05}^{0}$mm；

滚花后尺寸公差（自定公差 0.1mm）：$\phi 48_{+0.18}^{+0.28}$mm；

精磨后公差等级为 u8：$\phi 48_{+0.075}^{+0.125}$mm；

最大滚出部分：0.33mm；

最小磨削量：0.055mm。

采用滚花工艺时，过大的过盈也是不允许的。因为冷压压力的大小与过盈量是成正比的，过盈量太大时，可能压不进去，或者使材料内应力过大而发生变形或破坏。

2. 热套配合

一般均利用转子铸铝后的余热（或重新加热转子）进行热套。采用热套工艺可以节省冷压设备，同时转子铁心和轴的结合比较可靠。因为热套是使包容件加热膨胀然后冷却，包容件孔即收缩抱住被包容件，它保证足够的过盈值，可靠性较高。

对于热套工艺，冲片轴孔与转轴一般采用 H8/t7、t8 的配合。这种配合经过静力和动力试验证明是可靠的。

为了使热套工艺顺利进行，必须确定铸铝转子能松动地套到转轴上去所需的加热温度 t（℃），可按下式进行计算，经验证后确定：

$$t = (\delta + \alpha)/(ad)$$

式中　δ——配合的最大过盈量，单位为 mm；

　　　α——热套时必需的最小间隙，取为 0.003d；

　　　a——线胀系数，取为 $12 \times 10^{-6} K^{-1}$；

　　　d——配合面的公称直径，单位为 mm。

当代入 α 和 a 的数值后，可得到 t（℃）的下面的简化公式：

$$t = 8500 \frac{\delta}{d} + 250$$

根据以上计算的加热温度来控制铸铝时转子预热的温度；控制拆模和退假轴切浇口的时间。如果是压力铸铝的转子，还需要用加热炉重新加热。重新加热工序也带来一定的好处，即能使铸铝转子达到"脱壳处理"的作用，使电机的附加损耗有所降低。

热套工具如图 6-16 所示。底板 4 用铸铁铸成，两面磨平，垫套 2 按转子轴孔及端环内径的大小设计，并取 1~2mm 间隙。同一个中心高电机转子应考虑共用一个热套工具，对于不同的铁心长和不同的极数，其铁心端面到转轴非轴伸端端面的长度不同时，可以用改变垫块的厚度来适应需要。

3. 键联结配合

键联结配合的优点是能够保证联结的可靠性，便于组织流水生产；缺点是加工工序增多，在轴上开键槽会使转轴的强度降低，特别是在小型电机中影响更大。

采用键联结时，键的宽度按规定要求选择。为了简化工艺，通常可以与轴伸采用同一键槽宽度。

6.3.2 轴承装配

在中小型异步电动机中，广泛地采用滚动轴承结构。它比滑动轴承轻便，运行中不需要经常维护，耗用润滑油脂也不多。同时，滚动轴承径向间隙小，对于气隙较小的异步电动机更加适用。

Y 系列电机的轴承装配有以下三种结构，如图 6-17 所示。

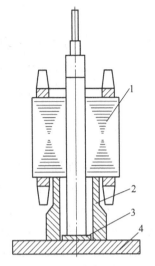

图 6-16 热套工具
1—转子 2—热套
3—垫块 4—底板

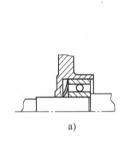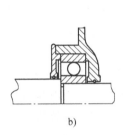

a)　　　　　　　　b)　　　　　　　　c)

图 6-17 轴承装配

在 Y 系列 H132（及以下）电机中采用了图 6-17a、b 的结构，使轴承外盖与端盖合而为一，简化了结构，减少了加工工序。在电机的前端（非传动端，见图 6-17b），采用轴承内盖，并使端盖轴承室端面与轴承盖之间留有间隙，以保证在装配时将轴承卡紧，使电机转子在运行时不发生轴向窜动；在电机的后端（传动端），轴承装配时，还在轴承与端盖轴承室底面之间加放了波形弹簧片，如图 6-17a 所示，利用波形弹簧压住后轴承外圆，以减小承受较大负荷的后轴承的轴向工作间隙，减小电机运转时所产生的振动和噪声。

Y 系列 Y160~Y280 电机采用有内、外轴承盖的结构，如图 6-17c 所示。根据负荷计算的要求，在后端（传动端）采用了短滚柱轴承。在前端（非传动端）采用滚珠轴承。Y160~Y280 中 2 级电机的后轴承采用滚珠式。为了使电机在承受轴向负荷时，前轴承不至从轴上脱出，使用了一只弹簧圈加以保险。Y 系列电机采用的轴承规格和振动限值见表 6-4。

轴承质量对电机的振动和噪声的影响很大。单列向心球轴承产生振动和噪声的主要原因是由于电机转动时，轴承钢珠受沟道波纹度的冲击，激发轴承外圈与电机有关零件（端盖、机座等）形成振动系统，从而引起电机振动与噪声。沟道波纹度越大，引起振动的激振力振幅也就越大。Y 系列（IP44）电动机中，电机的非轴伸端的轴承选用 Z1 型电机专用单列向心球轴承。由于 Z1 型轴承沟道经过二次超精研加工，轴承振动与噪声较普通级轴承为小。

由轴承本身质量问题产生的噪声，轴承行业正在继续改进。在成批大量生产中，为控制电机振动和噪声在一定水平、稳定产品质量，对于直接引起电机振动的轴承，要严格控制进厂。验收时，应按 GB/T 307.3—1996《滚动轴承　通用技术规则》和 ZQ15—1984《Y 系列电机轴承暂行规定》规定的方法进行检验。

表 6-4　Y 系列电机采用的轴承规格和振动限值　　　　（单位：dB）

中心高 /mm	极数	Y 系列（IP23）				Y 系列（IP44）			
		传动端		非传动端		传动端		非传动端	
		规格	振动值	规格	振动值	规格	振动值	规格	振动值
80	2.4	—				180204Z₁	43	180204Z1	43
90	2.4.6					180205Z₁	44	180205Z1	44
100	2.4.6					180206Z₁	45	180206Z1	45
112	2.4.6					180306Z₁	47	180306Z1	47
132	2.4.6.8					180308Z₁	51	180308Z1	51
160	2	211Z1		211Z1		309 Z1	55	309 Z1	55
	4.6.8	2311Z1	62	311Z1	57	2309 Z1	58	309 Z1	55
180	2	212Z1		212Z1		311 Z1	57	311 Z1	57
	4.6.8	2312Z1	64	312Z1	59	2311 Z1	62	311 Z1	57
200	2	213Z1		213Z1		312 Z1	59	312 Z1	59
	4.6.8	2313Z1	65	313Z1	60	2312 Z1	64	312 Z1	59
225	2	241Z1		241Z1		313 Z1	60	313 Z1	60
	4.6.8	2314Z1	66	314Z1	61	2313 Z1	65	313 Z1	60
250	2	314Z1	61	314Z1	61	314 Z1	61	314 Z1	61
	4.6.8	2317Z1	68	317Z1	64	2314 Z1	66	314 Z1	61
280	2	314Z1	61	314Z1	61	314 Z1	61	314 Z1	61
	4.6.8	2319Z1		319Z1		2317 Z1	68	317 Z1	68
315	2	316Z1		316Z1		316 Z1		316 Z1	
	4.6.8	2319Z1	69	319Z1	66	2319 Z1	69	319 Z1	69

轴承与电机装配不当引起振动与噪声的主要因素如下：

1）轴承径向游隙的大小。轴承在制造时有一个原始的径向游隙，这由制造厂决定。轴承装入电机后，因轴承内、外圈与轴承挡及轴承室有一定的配合公差，使轴承产生径向变形，引起游隙减小，故运行时另有一个工作游隙值。试验研究表明：当工作游隙为 $10\mu m$ 左右时，对噪声来说是最佳值。过大了会使振动加大，过小了则使噪声加大。工作游隙与原始游隙的差值主要与轴承内圈与轴承挡之间的配合类别及轴承挡加工精度有关。以往国产电机对上述的配合选得过紧，加工精度又低，致使大部分轴承工作游隙偏小甚至造成无间隙运行，这也是轴承噪声突出的重要原因之一。

2）端盖和机座的刚度。电机的定子、转子及端盖等组成了一个振动系统，轴向刚性较差的轴承与端盖将与电机的振动系统发生"调谐"，从而引起振幅较大的轴向振动，通过轴承传到端盖及整个电机而产生共振噪声。同时，电机的电磁噪声也会通过轴承传到端盖及整个电机。

3) 轴向窜动。由于定、转子之间的电磁力作用，斜槽时有轴向电磁力分量，以及轴向尺寸有加工、装配的积累误差等，电机运行时总有一些轴向窜动。如采取措施不当，就会出现低频"嗡嗡"声，并时大时小。

在轴向加弹簧元件（如波形弹簧片或螺纹弹簧），可以减少"嗡嗡"声，使声级稳定，还可以明显降低振动。据有关文献介绍，轴向预压力以98N为宜，它可以减少"嗡嗡"声。但需指出，只有在轴承合格，其他装配条件正确及弹性元件的弹性稳定时，才能达到预期的效果。

4) 轴承装配。轴承装配质量对电机噪声影响甚大，可相差5~10dB（A）。装配时要选择合适规格的润滑脂；注意装配时的纯洁度，不能混入铁末、细砂、灰尘等杂物；润滑脂的充填量要合适；轴承放入轴承室时要用手推，切忌锤击（机械行业规定、锤击后轴承精度就算报废）。此外，保证电机同轴度的各止口的精度及安装也必须正确，否则转子歪斜也会影响轴承的工作游隙。

在电动机滚动轴承中使用的润滑脂是一种半固体油膏状物质，由润滑剂和稠化剂组成，还含有一定量的胶溶剂和添加剂。润滑剂是起润滑作用的主体，主要是矿物油如锭子油、汽缸油等；稠化剂的基本作用是起稠化效应，也有一定的润滑作用，主要是脂肪酸盐类（即皂基），如脂肪酸钙盐（钙皂）、脂肪酸钠盐（钠皂）等；胶溶剂可以改善皂基和油体之间的溶合状态，或称结构改善剂；稳定剂主要是水或有机酸、醇等；添加剂可以改善润滑脂的性质（如加入石墨的润滑脂），能形成更坚韧的油膜。

表示润滑脂性能的主要是以下两项质量指标：

1) 滴点。即润滑脂受热到一定程度开始滴下第一滴时的温度，它标志润滑脂的耐热能力，各种润滑脂的最高工作温度应比其滴点低20~30℃。

2) 针入度。在一定温度下，用一定重量的圆锥形重锤在5s内落入润滑脂的深度，为该润滑脂的针入度。它表示润滑脂的黏稠程度。针入度过小，说明润滑脂太硬，因而不容易完全填充摩擦表面；针入度过大，说明润滑脂太软，又容易发生漏油现象。

选用轴承润滑脂时，应按使用条件，如周围介质的情况、旋转速度、工作温度等选用合适的润滑脂。当周围介质湿度较大时，应选用耐水性强的润滑脂；当轴承转速很高时，应选用稠度稀的润滑脂，否则当电机高速旋转时，产生很大的润滑脂内摩擦损耗，使轴承温度升高，电机效率降低。

小型电动机常用的润滑脂有以下几种：

1) 钙钠基润滑脂（SYB1403—62）。稠化剂为钙皂及钠皂的混合物，滴点为120~135℃，针入度为200~290mm，耐水性弱于钙基脂，允许在有水蒸气或较潮湿的环境下工作，工作温度为80~100℃，太低温度不适用。

2) 复合钙基润滑脂（SYB1407—625）。由钙皂、复合剂与润滑油组成，滴点为180~220℃，针入度为210~350mm，具抗湿性，耐高温，能在150~200℃下使用。

3) 二硫化钼复合钙基润滑脂（企业标准［110］）。由复合钙基脂添加二硫化钼而成，有耐高温、耐潮湿、抗压性能，适用于高温负荷的场合。

4）锂基润滑脂（Q/SY1002—65）。以锂皂作稠化剂，滴点为 165~190℃，针入度为 220~380mm，特点是耐寒、耐热、耐水、化学稳定性好。可用于低温和温度变化范围较大的工作环境。

轴承两侧的轴承盖，一方面保护轴承，使运行时不会进入尘土，另外也是贮存润滑脂的地方，要求在盖内的润滑脂不能过多或过少，一般为盖内容积的 1/3~1/2 左右。

由于新的轴承上都涂有黏度较大的防锈油，而且在包装和运输过程中又难免混入细沙或灰尘，因此必须清洗。清洗的方法是将轴承除去包装纸，放入 70~80℃的变压器油中，加热大约 5min，待全部防锈油溶去后，取出滴干，然后放到汽油槽内清洗，洗净后用压缩空气吹干。

洗净的轴承套到轴颈上有热套和冷套两种方法。一般都采用热套，因轴承内圈与轴颈之间的配合是过盈配合，加热后容易套上。

轴承加热是放在变压器油中进行的，温度为 80~100℃，加热时间为 10~15min。加热温度不能太高，时间不宜过长，以免轴承退火，缩短使用寿命。加热时轴承应放在加热油箱内的一个网形搁架上，使它不与箱底及箱壁接触。油面应盖没轴承，油应能自由对流，使轴承加热均匀，不至发生局部过热。

热套前，应将轴颈部分擦干净，同时必须先把已清理并加好润滑脂的轴承的内轴承盖套上。热套时，把轴承内圈对准轴一直推到轴肩，如果套不进，应检查原因。套不进的原因很多，可能是轴颈公差不对、轴颈处有杂物、飞边未去掉、套得太慢、轴承已冷却，轴承没有对准中心及没有放平等。如果经过检查，轴的加工无问题时，可用套筒顶住内圈，用锤子轻轻敲入。轴承套好后可用压缩空气吹去因热套而带入轴承中的变压器油，再在轴承内外圈里塞上清洁的润滑脂。2 极电机加 1/3~1/2 空腔容积；2 极以下的电机加 2/3 空腔容积，应均匀塞在滚珠或滚柱之间，润滑脂过多会引起轴承发热或漏油，过少则会加快轴承磨损和发出较大的响声。

6.3.3　定子装配

由于定于铁心外压装工艺可以使铁心在下线、浸漆后再压入机座，故它大大减少了下线的劳动强度，提高了浸烘设备的利用率，并能节约大量的漆，机座和铁心的加工可以平行作业，可以缩短生产周期，便于采用自动下线、浸漆自动化、铁心叠压机械化等新工艺；同时外压装的定子铁心与机座装配时可以采用过盈配合，保证了两者之间的接触良好，增加了热的传导能力。所以，我国的电机厂生产小型电机时大多采用外压装工艺。

定子铁心在嵌线浸漆烘干后，压入机座时必须保证轴向位置符合图样要求。否则会使线圈的一端伸得太多，造成总装配困难，并且会使电机的气隙磁动势增大，影响电机性能。同时，还会使转子受到一个轴向力，使轴承的磨损加快。

定子铁心在机座内的轴向位置，一般都是在压装胎具上予以保证。如图 6-18 所示，控制压帽上的尺寸 l，使压装后铁心的位置符合图样要求。

决定尺寸 l 的方法如下：由产品图样上查得机座止口端面到定子铁心端面的距离 L 的尺寸，该尺寸的公差是自由尺寸公差，而压帽上 l 的公差则取 L 公差之半。尺寸 D_1 及 D_2 受机座铁心挡内径及绕组喇叭口最大外径的限制，需根据这两个数据来确定 D_1 及 D_2 的大小。例如，某电机从图样上查得 $L=71$mm，查表得公差为 ±0.6mm，故压帽的尺寸 $l=(71±0.3)$ mm；

从图样上查得绕组喇叭口最大外径为192mm，机座铁心挡内径为210mm，故应取 $D_1 = 208$mm，$D_2 = 196$mm。

压装胎具的胀圈及心轴起胀紧定子铁心内圆的作用，在压装过程中保证铁心内圆整齐；底盘上的止口起安放机座的作用；底盘上镶焊的竖轴起导向的作用，使定子铁心在压入机座的过程中不易歪斜。

在压装完毕后，为了保证定子铁心在机座内不转动，单靠机座内圆与定子铁心的外止口的接触是不够的，

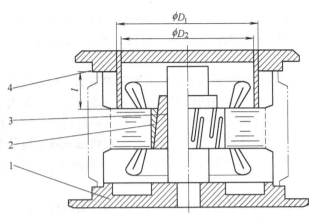

图 6-18　定子铁心压入机座胎具
1—下盘　2—底圈　3—心轴　4—上压槽

所以每台电机还要装上止动螺钉，使铁心完全固定在机座上。

6.3.4　气隙调整

对于整圆端盖滚动轴承的中型电机，当转子插入定子后，应先装滚珠轴承端的端盖，然后装滚柱轴承端的端盖，以防止滚动轴承受损伤。在一定要先装滚柱轴承端的端盖时，则此端端盖螺钉不应拧紧，待滚珠端端盖装上后，再旋紧螺钉。

端盖装上后，要进行气隙调整。调整的方法是用千斤顶（两端 4 个）调整端盖的相对位置，如图 6-19 所示。用塞尺在互差 120° 的三个位置进行测量（两端），直到气隙均匀度符合技术条件规定标准为止。调完气隙后将螺钉紧固，在卧式镗床上按图样规定位置钻铰定位销孔，并打入定位销。

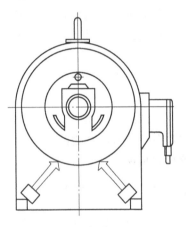

图 6-19　气隙的调整

6.3.5　电刷系统的装配

在带有集电环接触的电机中（如大中型异步电动机），电刷装配质量对导流的情况有很大的影响；在带有换向器的电机中，其换向情况的好坏，常和电刷系统的装配质量有密切关系。

1. 电刷

集电环和换向器用电刷一般为电化石墨电刷和金属石墨电刷。电化石墨电刷是用天然石墨经过加工去除杂质再经烧结而成的。按原料配比不同，又可分为石墨基、焦炭基、炭黑基等几种。炭黑基的电刷电阻系数和接触压降较高，宜用于换向困难的电机；石墨基常用于正常的电机。电化石墨电刷的硬度较小，磨损也较慢，电流密度一般可选在 $10 \sim 12 \text{A/cm}^2$。金属石墨电刷宜用于低电压、大电流电机，它是在石墨内加入 40% ~ 50% 的铜粉混合烧结而成的。它的密度大，硬度也较低，耐磨系数较小，电阻率较低，接触压降较低，磨损也较慢，电流密度一般可选在 $17 \sim 20 \text{A/cm}^2$。

2. 电刷的排列

在直流电机中，因为在正、负电刷下换问器的磨损程度是不一致的，所以必须合理地安排电刷排列的位置。电刷在换向器表面应错开排列，如图 6-20 所示。轴向位移对减少换向器表面轴向波浪度有利，周向位移对改善换向性能有利。为了保证优良的换向性能，各个极下的电刷组在换向器圆周上应均匀分布，为此，在装配时应用样板仔细检查。

电刷与换向器表面接触面积应在 75% 以上。电刷刷盒内表面应平整光滑，电刷在刷盒中应能自由上下滑动，电刷和刷盒之间的间隙不宜太大，以免电刷在刷盒内摆动。电刷在换向器表面上的压力应符合

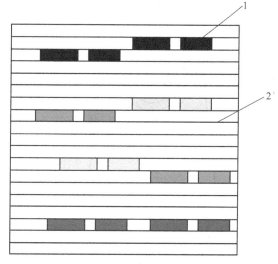

图 6-20　电刷排列示意图

1—电刷　2—换向器

图样规定。压力过低会引起电刷的跳动和火花，压力过高又会引起电刷及换向器的加速磨损，并且由于摩擦力的增大而引起换向器温升的增高。刷盒下边缘到换向器工作表面之间的距离要合适，如果过小，则在电机振动时刷盒会触及换向器造成损坏，如果距离过大，则电刷易于跳动，产生火花，甚至使硬质的电刷小块地剥落。电刷的接触表面应为凹弧形，为此可先把砂纸放在电刷和换向器之间拖磨，把电刷接触表面磨成和换向器表面一致的凹弧形状。

6.4　大型座式轴承电机装配的特点

6.4.1　座式轴承

大型电机的转子重，转矩大，滚动轴承担负不了这样大的载荷，因而通常采用滑动轴承。滑动轴承一般都放在轴承座上，如图 6-21 所示。轴承座通常用铸铁或铸钢制成。在轴承座上装有可沿水平直径拆开的两半式轴瓦，上面是轴承盖。轴瓦由铸铁（汽轮发电机的轴瓦用铸钢）制成，轴瓦的内表面浇上一薄层轴承合金。在转子较长的大中型高速电机中采用自整位的轴瓦，如图 6-22 所示。把轴瓦与轴承座配合的外表面做成球面或圆柱面，以使轴瓦按轴的挠度自动地相应调整；同时还可以补偿轴承安装时的误差，使轴颈处于它所需要的位置。

6.4.2　座式轴承电机的装配

大型座式轴承电机装配工作都是在安装地点进行的。

1. 电机安装前的准备

电机安装前应对设备进行验收，以便及时发现设备有无不完整和损坏现象，同时对安装基础也要验收。安装电机的基础在承受给定的静、动负荷下，应不产生有害的下沉、变形或

振动现象等，并应按基础验收的技术条件要求进行全面验收。

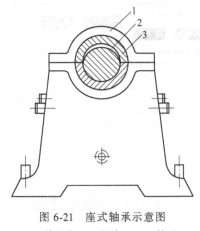

图 6-21　座式轴承示意图

1—轴承盖　2—间隙　3—上轴瓦

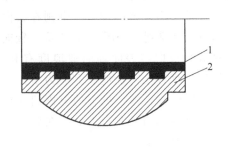

图 6-22　自整位的轴瓦示意图

1—轴承合金　2—轴瓦

2. 底板和轴承座的安装

底板是固定和支承电机并将负荷传到基础上去的中间板。大型电机的底板有的由若干块组成，有的是整块的。底板的位置要按基准轴线及规定高度安装。底板的水平度偏差（用水平仪校准）应不大于 0.15mm。

安装轴承座时必须保证电机或机组的轴线与已装好的机组的主纵轴线在同一垂直面之内，且各轴承座的中心高一致。一般需经预装和最后调整两个过程。轴承座最后调整是在调整轴中心线时进行。

3. 定子和转子的装配

定子和转子（电枢）装配之前应首先装好联轴器，然后根据定子和转子的尺寸大小和结构情况决定装配工艺过程。整圆定子的大中型电机，可先安放定子，而后穿过转子，再进行轴线调整；分半定子的大型电机，通常首先把转子安装在轴承座上，以便与已装好的其他机器初步对好中心，由于这时尚未安放定子，必要时可以轻轻地调整底板的位置。

转子初步对中心后，从轴承座上取下转子，再把定子吊过来安放在它应放的位置，并初步找一下中心，然后将前轴承座拆下，再把转子插入定子，待转子插入定子后，将轴承座重新装上。最后进行转子与已安装好的机器的最后找中心工作。此时，应按技术要求仔细调整轴向串动间隙、联轴器处两轴线的重合性及气隙的均匀性。这项工作必须仔细进行，否则在运行时由于机组联接的缺陷，也会引起电机的振动和损坏。

对于尺寸较小、重量较轻的电机，也可以把转子先插入到定子中，然后再一起吊装到轴承座上去，这样可以节省前轴承座反复拆装的工序；但此时定子和转子的吊装应各用自己的吊索独立地挂在吊车的吊钩上，不允许定子、转子一方面的重量由另一方面来承担，否则会引起部件的变形和损坏。

6.4.3　轴承绝缘结构

在安装大型电机座式轴承时，轴承座和底板之间必须垫以绝缘垫板。加绝缘垫板的目的主要是防止轴电流（也叫轴承电流）的危害，如图 6-23 所示。轴电流产生的原因很多，例如电机的磁场不对称所产生的脉动磁场等，它能在轴颈和轴瓦间形成小电弧，侵蚀轴颈和轴瓦的配合表面，严重时能将轴承合金熔化，造成烧瓦事故，同时，油膜的击穿使油质严重变坏，增加轴承发热，故必须予以足够重视。

绝缘垫板由布质层压板或玻璃丝层压板制成，厚度为 3~10mm，绝缘垫板应比轴承座每边宽出 5~10mm。

除在轴承座和底板之间放置绝缘垫板之外，同时对螺钉和稳钉也应加以绝缘。绝缘垫圈用厚度为 2~5mm 玻璃丝布板制成，其外径比铁垫圈大 4~5mm。与轴承相连接的油管接盘绝缘垫圈可用厚度为 1~2mm 橡胶板制成。

绝缘的轴承座安装后应检查对地绝缘电阻，轴承座组装后对地绝缘电阻应大于 5MΩ；电机总装后，在转轴和轴瓦有径向间隙条件下，轴承对地绝缘电阻应大于 1MΩ。

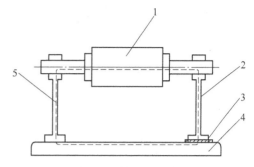

图 6-23　轴电流的路径
1—转子　2—轴承座　3—绝缘垫板
4—底板　5—轴电流路径

6.5　三相异步电动机的检验试验

6.5.1　概述

总装好的电动机，出厂以前要进行检验试验，其目的在于：验证电机性能是否符合有关标准和技术条件的要求；设计和制造上是否存在影响运行的各种缺陷；通过对检验试验结果分析，从中找出改进设计和工艺和提高产品质量的途径。

电机制造厂所做的检验试验一般可分为两类：检查试验（也叫出厂试验）和型式试验。根据标准和技术要求的规定，对每台产品都应进行检查试验。通过检查试验所得的数据及型式试验数据，制定出厂标准，以确定电动机的性能指标是否符合技术要求和能否出厂。型式试验是根据标准和产品技术条件所规定的试验项目，求取电动机工作特性和参数，全面地考核电机的性能和质量，从而判断该产品是否符合国家标准；该试验也是对产品结构进行试验。因此，试验目的在于全面地检验设计、工艺、材料、结构等是否合于理想，能否符合标准和产品技术条件。另外，制造厂往往通过型式试验数据进行分析计算，以制订电机的出厂试验标准。

检查试验的项目包括：

1. 机械检查

1）轴承检查。

2）外观检查。

3）安装尺寸、外形尺寸及键的尺寸检查。

4）径向跳动及底脚支承面的平行度和平面度的检查。

5）振动检查。

2. 电气性能试验

1）定子绕组在实际冷态下直流电阻的测定。

2）耐电压试验。

3）短时升高电压试验。

4）空载电流和损耗的测定。

5）堵转电流和损耗的测定。

6）噪声试验。

7）绕组对机壳及绕组相互间绝缘电阻的测定。

上述的1.1）、2）和2.1）~5）、7）项必须每台检查，1.3）~5）和2.6）项可进行抽查。

凡遇下列情况之一者，必须进行型式试验。

1）经鉴定定型后制造厂第一次试制或小批量生产时。

2）当设计或工艺上的变更足以引起某些特性和参数发生变化时。

3）当检查试验结果和以前进行的型式试验结果发生不可允许的偏差时。

4）成批生产的电动机定期的抽试，其抽试时间至少每年一次。

电动机的型式试验项目包括：

1）检查试验的全部项目。

2）温升试验；

3）效率、功率因数的测定。

4）短时过转矩试验。

5）最大转矩的测定。

6）起动过程中最小转矩的测定。

7）超速试验。

进行型式试验时，定子绕组对机壳及绕组相互间的耐电压试验，应在电动机的温升接近于工作温度时进行，并应于定子绕组的绝缘电阻测量、超速试验及短时过转矩试验之后进行。

各项试验对试验条件都有一定要求，从提高工效出发，型式试验程序应有一个合理安排，各制造厂略有不同，因此上述试验项目的程序仅供参考。

上述试验的试验方法按照GB/T 1032—2005《三相异步电机试验方法》进行。机械检查、振动检查和噪声试验将在以后几节中介绍。

6.5.2　三相异步电动机技术条件简介

为了保证电机产品使用安全、可靠和合理，国家和主管电机生产部门对产品提出了一定的标准、技术要求和验收规则，这些标准、技术要求和规则统称为技术条件。

技术条件是根据我国长期生产实践所积累的经验及用户对产品的意见，对大量产品进行分析概括而制订的。由于有技术条件的要求，因此可以把产品质量保持在一定的水平上，并将某些产品和零部件标准化，以利于生产和使用。

技术条件是必须严格遵守的，它是对产品技术要求的准则。但是随着生产的不断发展，技术的不断革新，经验的不断丰富，技术条件又不是一成不变的，它也应该不断改进，不断完善。

部颁标准JB/T 742—1966是J系列三相异步电动机的技术条件。它对组织生产、保证产品质量及促进设计和工艺提高与发展起了重要的作用。

国家标准 GB/T 10391—2002《Y 系列（IP44）三相异步电动机技术条件》，其主要技术要求如下：

1）规定电动机的防护等级（IP44）及冷却方式（IC411）。

2）规定系列产品的功率等级、电动机的型号与同步转速及功率的对应关系，见表 6-5。

表 6-5　Y 系列（IP44）电动机功率等级、电动机型号与同步转速及功率的对应关系

电机型号	同步转速/(r/min)			
	3000	1500	1000	750
	功率/kW			
$80L_2^1$	0.75 1.1	0.55 0.75	—	
90S	1.5	1.1	0.75	—
90L	2.2	1.5	1.1	—
$100L_2^1$	3	2.2 3	1.5	—
112M	4	4	2.2	—
$132S_2^1$	5.5 7.5	5.5	3	2.2
$132M_2^1$	—	7.5	4 3.5	3
$160M_2^1$	11 15	11	7.5	4 5.5
160L	18.5	15	11	7.5
180M	22	18.5	—	—
180L	—	22	15	11
$200L_2^1$	30 37	30	18.5 22	15
225S	—	37	—	18.5
225M	45	45	30	22
250M	55	55	37	30
280S	75	75	45	37
280M	90	90	55	45

3）规定电动机的性能指标，见表 6-6、表 6-7。性能指标包括力能指标和运行指标。

①　力能指标——电动机在功率、电压及频率为额定值时其效率和功率因数的保证值。

②　运行指标——在额定电压下，电动机的堵转转矩倍数 M_{St}/M_N、最大转矩倍数 M_{max}/M_N 及堵转电流倍数 I_{St}/I_N。

4）规定电动机的绝缘强度和温升方面的要求。

5）规定电动机在空载时测得的振动速度有效值及 A 计权声功率级数值的限值等。

表 6-6　Y 系列（IP44）电动机电气性能保证值

功率/kW	同步转速/(r/min)															
	3000	1500	1000	750	3000	1500	1000	750	3000	1500	1000	750	3000	1500	1000	750
	M_{St}/M_N				I_{St}/I_N				$\eta(\%)$				$\cos\varphi$			
0.55	—				—		—		—	73.5	—	—	—	0.76	—	—
0.75						6.5		—	75	74.5	72.5	—	0.84	0.76	0.70	—
1.1		2.2					6.0		77	78	73.5	—	0.86	0.78	0.72	—
1.5									78	79	77.5	—	0.85	0.79	0.74	—
2.2	2.2							5.5	82	81	80.5	81	0.86	0.82	0.74	0.71
3		2.2	2.0						82	82.5	83	82	0.87	0.81	0.76	0.72
4								6	85.5	84.5	84	84	0.87	0.82	0.77	0.73
5.5									85.5	85.5	85.3	85	0.88	0.84	0.78	0.74
7.5				7.0				5.5	86.2	87	86	86	0.88	0.85	0.78	0.75
11							6.5		87.2	88	87	86.5	0.88	0.84	0.78	0.77
15									88.2	88.5	89.5	88	0.88	0.85	0.81	0.76
18.5			1.8		7.0	7.0			89	91	89.8	89.5	0.88	0.86	0.83	0.76
22	2.0	2.0						6.0	89	91.5	90.2	90	0.89	0.86	0.83	0.78
30			1.7						90	92.2	90.2	90.5	0.89	0.87	0.85	0.80
37		1.9							90.5	91.8	90.8	91	0.89	0.87	0.86	0.79
45			1.8						91.5	92.3	92	91.7	0.89	0.87	0.87	0.80
55		2.0							91.5	92.6	92	92	0.89	0.89	0.87	0.80
75		1.9						—	91.5	92.7	92.8	92.5	0.89	0.88	0.87	0.81
90			—				—		92	93.5	93.2	93	0.89	0.89	0.87	0.82

表 6-7　Y 系列电动机电气性能保证值的容差

项号	名称	容差
1	效率 η 1）额定功率在 50kW 及以下 2）额定功率在 50kW 以上	$-0.15(1-\eta)$ $-0.10(1-\eta)$
2	功率因数 $\cos\varphi$	$-\left(\dfrac{1-\cos\varphi}{6}\right)$ 最小为 -0.02
3	堵转电流	保证值的 $+20\%$
4	堵转转矩	保证值的 -15%
5	最大转矩	保证值的 -10%

6.6　电机的机械检查

　　确定一台电机质量的优劣，既要进行电气指标的试验分析，也要进行机械检查。机械检查包括：气隙的不均匀度，轴承的运行情况，外观及表面质量，安装尺寸及外形尺寸，振动情况等。在电机技术条件中规定了各个检查项目的要求，可以按这些要求检查电机是否合格。

检查电机外观及表面质量，主要是观察电机的装配是否完整正确，并要求电机表面油漆干燥完整，无污损、碰坏及裂痕等现象。

轴承运行情况的检查是在电机转动情况下进行，轴承转动应平稳轻快，无停滞现象，声音和谐，不夹杂有害的杂音。此时还应检查电机的振动，要求振动不超过技术条件规定。

小型异步电机的气隙很小，而其气隙的不均匀度又直接影响到电机的性能和寿命。因此，在电机技术条件中规定了气隙不均匀度的偏差值（参见表 1-5）。

检查气隙的不均匀度的方法是在端盖上的相应于气隙的位置开三个相距 120° 的测量孔，测出互隔 120° 位置的气隙的三个数值，然后按照式（1-19）计算出气隙的不均匀度。

安装尺寸关系到电机与其他机械的安装配合，故有一定的尺寸及公差要求。现将主要安装尺寸的检查方法介绍如下。

6.6.1 轴中心高尺寸的检查

检查时将电机搁置在平板上，用高度游标卡尺检查轴伸接合部分中点的高度 H，用千分尺测量该部位的轴伸直径 D，如图 6-24 所示，中心高 H 可用下式算出：

$$H = H' - D/2 \qquad (6-9)$$

中心高的偏差主要是由机座及端盖的加工误差造成。机座止口中心线与底脚平面的距离的加工误差是造成电机中心高偏差的主要原因。在加工机座的工艺中有"先加工底脚后加工止口"和"先加工止口后加工底脚"两种方案，不论采用哪一种方案，都应该从夹具方面设法保证机座止口内圆最低点与底脚平面的距离在图样规定的尺寸

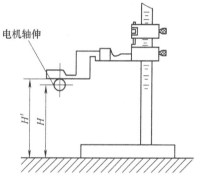

图 6-24 安装尺寸 H 的测量

公差范围之内。端盖轴承孔与止口不同心也是造成中心高偏差的原因之一。因此，为了减少加工端盖时产生的不同心度及椭圆度，要求止口与轴承孔在一次装夹中完成加工，同时装夹力不能太大，以免变形。

6.6.2 轴中心线对于底脚支承面平行度的检查

检查方法是将电机搁置在平板上，用千分表检查轴伸接合部分的两端到底脚平面间距离之差，换算到每 100mm 长度的平行度，如图 6-25 所示。

$$平行度 = (H' - H'')100/l \qquad (6-10)$$

造成轴中心线对底脚支承面不平行的原因很多，例如，铸铝转子压轴或热套转轴后转轴弯曲变形；机座两端止口不同心；端盖止口和轴承室内圆不同心及底脚平面在刨削加工时产生的不平行等。对于不同的原因应采取不同的方法来加以解决。

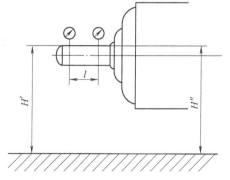

图 6-25 轴中心线对于底脚支承面平行度的检测

6.6.3 沿轴向长度的底脚支承面平面度的测量

检查时，将电机搁置在平板上，用塞尺检查底脚支承面与平板间的缝隙，以底脚的轴向长度为基准，计算出底脚支承面的平面度。

6.6.4 底脚孔中心的径向距离（安装尺寸 A）的测量

测量时，用游标卡尺测量两孔外壁间距离 A' 和内壁间距离 A''，如图 6-26 所示，进而算出 A 值

$$A = \frac{1}{2}(A' + A'') \tag{6-11}$$

6.6.5 底脚孔中心的轴向距离（安装尺寸 B）的测量

测量时，用游标卡尺测量两孔外壁间距离 B' 和内壁间距离 B''，如图 6-27 所示，进而算出 B 值

$$B = \frac{1}{2}(B' + B'') \tag{6-12}$$

造成底脚孔中心的径向和轴向距离误差的原因主要是钻模使用过久，钻套内孔扩大；或者是钻套淬火不好，硬度不高，使用时很快就使内径扩大，使孔距产生偏差。改进的方法是经常检查钻模的尺寸。

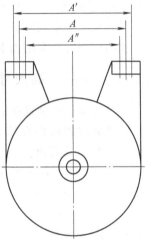

图 6-26 安装尺寸 A 的测量

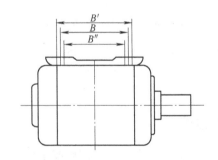

图 6-27 安装尺寸 B 的测量

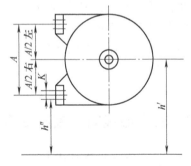

图 6-28 安装尺寸 $A/2$ 的测量

6.6.6 底脚孔对电机垂直中心线的径向距离的测量

测量时，将电机搁置在调节螺栓上（或架于两顶尖上）以角尺校正，如图 6-28 所示，使底脚支承面垂直于平板，用高度游标卡尺测量底脚孔壁与平板间的距离 h''，用游标卡尺测量底脚孔径 K，进而算出 $A/2$ 右值

$$\frac{A}{2}右 = h' - \left(h'' + \frac{K}{2}\right) \tag{6-13}$$

式（6-13）中，h' 可用高度游标卡尺及千分尺按轴中心高的测量方法测得（当电机搁置在调节螺栓上时）或由顶尖架的中心高确定（当电机架于两顶尖上时），$A/2$ 左由下式确定：

$$\frac{A}{2}左 = A - \frac{A}{2}右 \qquad (6\text{-}14)$$

产生 $A/2$ 尺寸不合格的原因，一种是钻模的钻套孔太大，钻孔时孔距超差；另一种原因是钻模的定位部分磨损过大，钻孔时钻模的中心线与机座中心线不重合，使左右两边的 $A/2$ 不等并超过公差值。

6.6.7 自轴伸支承到距离较近的左右两个底脚孔的中心线间的距离（安装尺寸 C）的测量

测量时，将电机搁置在平板上，如图 6-29 所示，用专用角板套入轴伸并与轴伸支承面接触，用精度为 0.05mm 的游标卡尺测量 C' 尺寸，用精度为 0.02mm 的游标卡尺测量底脚孔径 K，进而算出 C 值

$$C = C' - K/2 \qquad (6\text{-}15)$$

造成尺寸 C 误差的原因很多，主要是机座钻孔偏差及转轴的轴承挡长度误差所引起。

6.6.8 轴伸接合部中点的圆周面对轴中心线的径向圆跳动

测量时，将电机和千分表搁置在平板上，以千分表对正轴伸接合部分的中点，以手转动转子，检查轴伸的径向圆跳动，如图 6-30 所示。

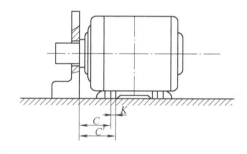

图 6-29　安装尺寸 C 的测量

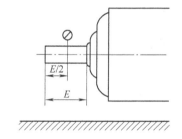

图 6-30　轴伸径向圆跳动的测量

6.7　电机振动测定方法简介

对于中心高为 45～630mm、转速为 600～3600r/min 的单台电机，空载运行时振动速度（有效值）的测定方法介绍如下。

6.7.1　被试电机的安装

对中心高为 400mm 及以下的卧式电机或电机高度的一半为 400mm 及以下的立式电机，应采用弹性安装。其弹性支撑系统的压缩量数值应符合有关标准规定。

为保证弹性垫受压均匀，被试电机应先置于有足够刚性的过渡板（如硬塑板、层压板）上，然后再置于弹性垫上，电机底脚平面与水平的轴向倾斜角度不大于 5°，弹性支撑面系统的总重量不超过电机重量的 1/10。当刚性过渡板会产生附加振动时，允许将电机直接置于弹性垫上。

对中心高超过 400mm 的卧式电机及电机高度的一半超过 400mm 的立式电机，应采用刚性安装。安装平台、基础和地基三者应刚性联结。如基础有隔振措施或与地基无刚性联结，基础和安装平台的总重量应不大于被试电机重量的 10 倍。安装平台基础应不产生附加振动或与电机共振。

对采用键联结的电机，测试时轴伸上应带半键，但必须采取有效的安全措施。对双轴伸的电机，非主传动端应根据实际使用情况决定是否带半键进行测量。

6.7.2　测点的配置

测点数一般为 7 点，如图 6-31 所示。在电机两端按轴向、垂直径向和水平径向各 1 点，机座中央顶部配置 1 点。

对座式轴承大型电机，如图 6-32 所示，中央顶部一点可用中央水平径向一点（点 4）来代替。对微型异步电动机可取消中央顶部的一点。

对有外风扇的电机可取消风扇端的轴向测点；但对斜槽转子的电机，应在外风扇的轴向测点上同时测量正、反两个转向的轴向振动。

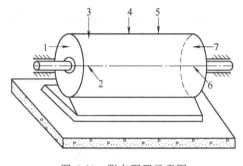

图 6-31　测点配置示意图

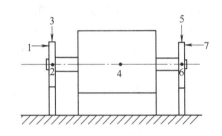

图 6-32　座式电机测点的配置

6.7.3　测量时的要求

电机应在空载状态下进行测定，此时转速和电压应保持额定值。测量时所用的振动速度测量仪器其频率响应范围应为 10～1000Hz，在此频率范围内的相对灵敏度以 80Hz 的相对灵敏度为基准，其他频率的灵敏度应在基准灵敏度的 −20%～+10% 的范围以内；测量误差应小于 ±10%；测量仪器的传感器与测点的接触必须良好；传感器及其安装附件的总重量应小于电机重量的 1/50。电机的振动数值以各测点所测得的最大数值为准。电机振动速度（有效值）限制见表 6-3。

6.8　电机噪声测定方法简介

由于电机容量的不断增大和近代电机的有效材料利用率的提高使电磁负荷增大，以及电机加强了通风等，结果都增加了电机噪声，甚至超过了劳动保护标准允许的限值；此外，噪声作为一种公害，也日益为人们所重视。本书仅概略地介绍电机噪声源及噪声测定方法，有关噪声理论问题可参阅有关专著。

6.8.1　电机的噪声源

从噪声产生的机理讲，电机中的噪声源基本上可分为三类。

1. 电磁噪声

电磁噪声是指电机运转时由电磁作用引起振动产生的噪声。电机气隙中存在各次谐波磁场，它们除产生切向力矩外，还会相互作用产生径向磁拉力。这种径向力是一种行波，称为径向力波。径向力波作用于定、转子铁心上使轭部产生径向变形，从而引起铁轭和机壳作径向振动。定子的径向振动引起周围空气振动，从而产生电磁噪声（因转子刚度相对较强，其变形可不予考虑）。电磁噪声与槽配合、槽斜度有密切关系，与电机结构刚度也有关。

电机的电磁振动通过其他构件传递出去产生的噪声，一般不称为电磁噪声而归入与电磁振动有关的结构噪声。

2. 通风噪声

通风噪声是电机运转时风扇和风道中或风路上的障碍物引起的涡流声和共鸣声，它是高速电机中的一种主要声源。

3. 机械噪声

机械噪声是电机运转时，由于机械上不平衡或撞击、摩擦等原因引起电机部件振动而产生的。它的种类很多，包括轴承噪声、旋转振动噪声、电刷噪声和构件共振噪声等。其中轴承噪声在采用滚动轴承的小型电动机中比较突出；电刷噪声常是直流电机的主要噪声。

6.8.2　电机噪声的测定

国家标准 GB 755—2008《旋转电机　定额和性能》规定了额定功率为 1.1~6300kW、转速为 960~3750r/min 的单台电机（电动机、发电机和交流机）在空载时的噪声限值，见表 6-8。噪声限值分为五个等级：ZJ—0、ZJ—1、ZJ—2、ZJ—3、ZJ—4。表 6-8 为 ZJ—1 级电机的防护等级、转速和额定功率与 A 计权声功率级限值的相应关系。其余各级的限值按如下规定：

表 6-8　ZJ—1 级电机的防护等级、转速、额定功率与 A 计权声功率级限值

防护等级	IP22	IP44	IP22	IP44	IP22	IP44	IP22	IP44	IP22	IP44	IP22	IP44
转速/(r/min)	960 及以下		>960~1320		>1320~1900		>1900~2360		>2360~3150		>3150~3750	
功率/kW	声功率级/dB(A)											
1.1 及以下	71	76	75	78	78	80	80	82	82	84	85	88
>1.1~2.2	74	79	78	80	81	83	83	83	85	88	89	91
>2.2~5.5	77	81	81	84	85	87	86	86	89	92	93	95
>5.5~11	81	85	85	88	88	91	90	90	93	96	97	99
>11~22	84	88	88	91	91	95	93	93	96	100	99	102
>22~37	87	91	91	94	94	97	96	96	99	103	101	104
>37~55	90	93	94	97	97	99	98	98	101	105	103	106
>55~110	94	96	97	100	100	103	101	101	103	107	104	108
>110~220	97	99	100	103	103	106	103	103	105	109	105	110
>220~630	99	101	102	105	106	108	106	106	107	111	107	112
>630~1100	101	103	105	108	108	111	108	108	109	112	109	114
>1100~2500	103	105	108	110	110	113	109	109	110	113	110	115
>2500~6300	105	108	110	110	111	115	111	111	112	115	111	116

ZJ—0 级：表 6-8 中限值加 5dB；

ZJ—2 级：表 6-8 中限值减 5dB；

ZJ—3 级：表 6-8 中限值减 10dB；

ZJ—4 级：表 6-8 中限值减 15dB。

1. 被试电机的安装

对轴中心高 H 为 400mm 及以下的卧式电机或电机高度的一半为 400mm 及以下的立式电机，应采用弹性安装，其弹性支撑系统的压缩量数值应符合有关标准规定。

为保证弹性垫受压均匀，被试电机应先置于有足够刚性的过渡板上，然后再置于弹性垫上，电机底脚平面与水平面的倾斜不应大于 5°。

当刚性过渡板会产生附加噪声时，允许将电机直接置于弹性垫上。

对轴中心高 H 超过 400mm 的卧式电机及电机高度的一半超过 400mm 的立式电机，应采用刚性安装。此时，安装平台、基础和地基三者应刚性联结。

安装平台和基础应不产生附加噪声或与电机共振。

此外，测试场所的地面为硬地坪，对声波有足够的反射。在任何情况下，电机的底脚平面高于地平面应不超过 80mm；弹性垫的面积应不大于基准箱投影面面积的 1.2 倍。

基准箱是在电机噪声测试中，确定电机外形尺寸的一种方法。它是环绕电机周围的最小直角六面体（包括反射面）。对于形状不规则的电机，如果突出部分为不可忽视的发声部分，则电机的外形尺寸应按该部分的外形尺寸确定，如图 6-33a 所示；如果突出部分为次要发声部分，则在确定电机外形尺寸时突出部分可不予考虑，如图 6-33b 所示。图 6-33 中由虚线部分的尺寸决定的箱体称为基准箱。噪声的测试距离应按相对基准箱的距离计算。

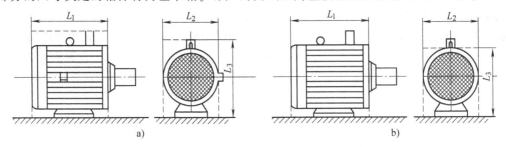

图 6-33 基准箱外形尺寸的确定

2. 混响室的选用和声源要求

在混响室测定电机的噪声时，混响室应符合有关标准的规定，其容积应大于 200m³，电机体积应小于混响室体积的 1/10。

声场类别可按表 6-9 确定。

表 6-9 声场类别

声场类别	点声源倍增距离声压级衰减值/dB
混响场	小于 1
半混响场	大于 1 小于 5
自由场[①]	5~6

① 自由场包括全自由场和半自由场，半自由场为一个反射面上的自由场。

3. 测点的配置

在半自由场和半混响场中电机噪声测点配置有三种方法：半球面法、半椭球面法和等效包络面法。它们的使用范围见表 6-10；测点的配置按图 6-34~图 6-37 的规定。

表 6-10　测点配置方法和适用范围

测点配置方法	适用范围	
	卧式电机	立式电机
半球面法	$H \leqslant 225mm, l/H \leqslant 3.5$	$\frac{1}{2}l \leqslant 225mm, l/H \leqslant 3.5$
半椭球面法	$H > 80 \sim 225mm, l/H > 3.5$	—
等效包络面法	$H > 225mm$	$\frac{1}{2}l > 225mm$

注：H 为电机中心高，l 为电机长度（对立式电机则为电机高度）。

图 6-34 中的测点半径 r 按下列情况决定：

1）$H \leqslant 80mm$ 的卧式电机，$r = 0.4m$，第 5 测点一般可以取消。

2）$80mm < H \leqslant 225mm$ 的卧式电机或 $80mm < 1/2l \leqslant 225mm$ 的立式电机，$r = 1m$。

在混响室测定电机的噪声时，被试电机应置于混响室的一处或移动数处，电机表面离墙壁的距离应不小于 1.5m。测点与墙面和天花板的距离应不小于 1m，与声源的距离应符合有关标准的规定。测点数应不少于 3 点，其相互间的距离也应符合有关标准的规定。对于噪声频谱有突出纯音成分或窄频带成分的电机，不采用混响室法做测定。

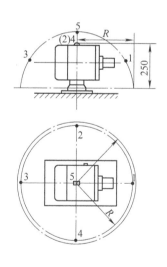

图 6-34　半球面法电机噪声测点分布

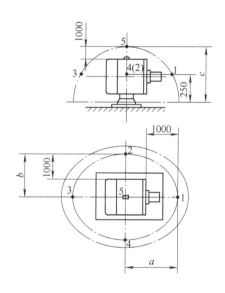

图 6-35　半椭球面法电机测点分布

4. 测量时的要求

电机噪声测定项目包括：

1）电机噪声的 A 计权声功率级。

2）电机噪声的 1/1 倍频程或 1/3 倍频程频谱分析。

3）电机噪声的方向性指数。

电机噪声应在空载电机状态下进行测定，此时转速（对交流电机频率应为额定值）和电压（具有串励特性的电机除外）应保持额定值。当用静止整流电源供电时，电源应符合有关标准的规定。

对多速电机或调速电机，应在噪声为最大的额定转速下进行测定。对转向可逆的电机，应在噪声较大的转向下进行测定。

测量时应采用精密声级计或精度更高的组合声学仪器；同时还应备有 1/1 倍频程或 1/3 信频程滤波器。

背景噪声的修正、标准声源的修正及混响室中噪声的测试结果计算均按有关规定进行。

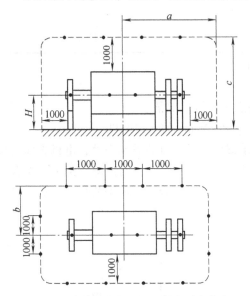

图 6-36　等效包络面法电机噪声测点分布

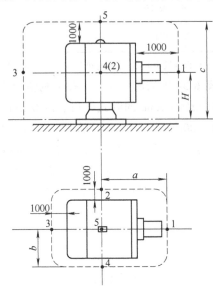

图 6-37　外形尺寸较大电机噪声测点分布

复　习　题

6-1　电机装配可分哪几种？各适应何种场合？

6-2　装配尺寸链的计算与分析对电机有何用途？

6-3　简述不平衡的种类。

6-4　试述精确校正转子静不平衡的方法。

6-5　在哪些情况下需要进行电机的型式试验？

6-6　试述装配工艺对异步电机质量的影响。

6-7　简述电机中噪声源的基本类型。

6-8　电机噪声测定项目包括哪些内容？

参 考 文 献

[1]　常玉晨. 电机制造工艺学 [M]. 哈尔滨：黑龙江科学技术出版社，1996.

[2]　黄国治，傅丰礼. 中小旋转电机设计手册 [M]. 北京：中国电力出版社，2007.

[3]　胡岩，等. 小型电动机现代实用设计技术 [M]. 北京：机械工业出版社，2008.

[4]　才家刚. 电机试验技术及设备手册 [M]. 北京：机械工业出版社，2004.

[5]　方日杰. 电机制造工艺学 [M]. 北京：机械工业出版社，1995.

[6]　龚垌. 电机制造工艺学 [M]. 北京：机械工业出版社，1983.

[7]　机械工程手册、电机工程手册编辑委员会. 电机工程手册 [M]. 北京：机械工业出版社，2000.

[8]　赵家礼. 电动机修理手册 [M]. 北京：机械工业出版社，1988.

[9]　刘一平，等. 电动机绕组修理 [M]. 上海：上海科学技术出版社，1995.